图书在版编目（CIP）数据

中国建筑与宗教文化之普陀山 /（德）恩斯特·伯施
曼著；赵珉译. -- 北京：中国画报出版社, 2022.6
（近代以来海外涉华艺文图志系列丛书）
ISBN 978-7-5146-2073-3

Ⅰ. ①中… Ⅱ. ①恩… ②赵… Ⅲ. ①普陀山—古建
筑—建筑艺术—介绍 Ⅳ. ①TU-098.3

中国版本图书馆CIP数据核字（2022）第029133号

中国建筑与宗教文化之普陀山

［德］恩斯特·伯施曼 著　赵　珉 译

出 版 人：方允仲
责任编辑：田朝然
营销编辑：孙小雨
责任印制：焦　洋

出版发行：中国画报出版社
地　　址：中国北京市海淀区车公庄西路33号
邮　　编：100048
发 行 部：010-88417438　010-68414683（传真）
总编室兼传真：010-88417359　版权部：010-88417359

开　　本：16开（787mm×1092mm）
印　　张：17.5
字　　数：330千字
版　　次：2022年6月第1版　2022年6月第1次印刷
印　　刷：万卷书坊印刷（天津）有限公司
书　　号：ISBN 978-7-5146-2073-3
定　　价：120.00元

出版说明

　　恩斯特·伯施曼（Ernst Boerschmann，1873—1949），国际学术界公认的第一位全面考察中国古建筑、第一位以现代科学方法记录中国古建筑、第一位以学术著作形式向西方社会传播中国古建筑与文化内涵、第一位在西方社会为中国晚清民国时期"硝烟战火中遭到直接毁坏的建筑"之文化遗产保护工作奔走呼号的德国建筑学家与汉学家。

　　伯施曼所记录的中国建筑有些已经毁于战火，有些已容颜大改，我们今天只能从伯施曼的记录中得窥这些古建筑的原貌，因此本书具有极高的史料价值和艺术价值，成为后人无法逾越的中国古建筑史领域的里程碑。中国营造学社、梁思成与林徽因等人对中国建筑史的研究，都深受伯施曼学术成果之影响，使中国建筑逐渐被纳入世界建筑史和中国艺术研究史的写作框架中。

　　另外，伯施曼的研究成果对中国文化在西方的传播也起到了极其重要的历史作用。他倡导的中国建筑研究，作为汉学不可或缺的分支得到了进一步的发展。

　　以下是本卷在编辑工作中的一些说明：

　　一、关于全书译、编、校方法与注释：作为一部 1911 年出版、由西方建筑学家躬身考察并记录的中国宗教建筑与文化巨著，本书的最大价值之一，即原书风貌与史料价值。限于当时的学术研究水准，原书解说文字中偶有错讹或争议之处；加之原作者以德语成书，时隔百年再译回中文（乃至古文），难度异常之大——尤其涉及史料甚少的偏远地区的风俗仪轨、器物名称、金石碑文等，只可根据作者德文描述及图片手稿进行"推断"，编校中未敢笃定妄断"此乃何物"。为最大程度地保留文献原貌及准确性，编辑过程中借鉴了古书校勘的部分方法——不动原文，对争议之处采用编注形式加以说明，以便方家探讨研究、批评指正。

　　二、关于全书行政区划、地名、寺院名、建筑名、物名、风俗仪轨等用法问题，保留原书旧制，还原 1911 年史料原貌。

　　三、限于 1911 年的制版、印刷技术，原书的图版、文字并非完全对应。在此次中文版的编辑过程中，我们尽量做到图文互应。

　　四、关于简、繁体字问题：为方便更多读者阅读，全书正文采用简体中文编排。由于书中许多文物古迹已消逝，考虑到文物复建问题，原书中涉及的碑文、楹联、匾额等珍贵记载，可能是恢复旧制的唯一详实史料——伯施曼特意请中国朋友逐一描摹汉字图样，再以图片形式插入德文原书，如此耗工耗时，可谓作者百年前的远瞩之见与对中国文物的良苦用心。然中国碑文、楹联、匾额等手书旧迹存在异体字及俗体字（对于历史遗迹，应遵从文物保护原则，保留旧制），若以简体字呈现，则会出现"简转繁对应不上"的问题——例如匾额"顯禪讚導"，若使用简体字"显禅赞导"，"赞"可对应的繁体字至少有"讚""賛""贊"

三种，则读者无法还原百年前的匾额到底是"顯禪讚導""顯禪贊導"还是"顯禪贊導"。故在涉及 1911 年德文原书中的碑文、楹联、匾额等文物手书旧迹时，一律采用"简体（繁体）"形式——例如"显禅赞导（顯禪讚導）"。

五、原书中年代使用不统一，并有错讹之处，本次出版对所有历史年代进行了核对，统一增加了公元纪年。

本书为国家出版基金资助项目，翻译、整理、编辑、出版是一项浩大繁重的文化工程，囿于翻译、学术、编辑等方面水平，错漏、不当之处在所难免，唯一颗文化敬畏之心朝乾夕惕，恳请诸位明公批评指正。

序　言

本书作者恩斯特·伯施曼（Ernst Boerschmann，1873—1949），是国际学界公认的第一位以现代科学方法记录、考察并著书，向西方介绍中国古建筑与文化内涵的德国建筑学家与汉学家，长期致力于我国晚清民国时期的文化遗产保护工作。他历时二十多年，行程数万里，跨越广袤的中华大地，留下了丰富的文字记录和图像资料，出版了至少六部论述中国建筑的专著。本书《中国建筑和宗教文化》（三卷），正是伯施曼关于中国古代建筑和文化研究的代表作。

伯施曼的中国考察显然不是孤立的历史事件。众所周知，19 世纪后半期以来，伴随着西方国家东进殖民的过程，各国学者也陆续来到中国内地，对各种文物古迹遗存进行考察。不可否认的是，这些考察混杂着多重动机，既包括对东方文化的兴趣，也包括对东方文物的觊觎以及向东方殖民的政治意图。以往学界较为熟悉的是当时各国在中国西北地区展开的考察活动。如德国在 1902—1913 年，由格伦威德尔 (Albert Grünwedel，1856—1935) 和勒柯克（Albert von Le Coq，1860—1930）分别率领的四支吐鲁番考察队，在我国新疆地区获取大量古代艺术品和文献材料。和英国的斯坦因，瑞典的斯文赫定，法国的伯希和，俄国的科莱门兹、科卡诺夫斯基、科兹洛夫、奥登堡及日本的大谷探险队一样，他们除了获取大量中国古代文物文献之外，也留下了丰富的考察记录。除了西北考察之外，西人的考察范围也扩展到中国的其他地区。在伯施曼之前踏遍中华大地的德国学者是地理学家、地质学家冯·李希霍芬（Ferdinand von Richthofen，1833—1905），1868 年到 1872 年，他先后七次走遍了大半个中国。回国之后，从 1877 年开始，他先后发表了五卷带有附图的《中国——亲身旅行的成果和以之为根据的研究》。这套巨著是他四年考察的丰富实地资料研究的结晶，对当时及以后的地质学界都有重要影响。伯施曼的考察和研究则有不同，重点在中国古代各种建筑及其背后所蕴藏的历史文化精神。

清末的中国正经历着前所未有的巨变，身为异国人的伯施曼很早就意识到保存文化遗产的紧迫性："可是，就像强占国土一样，白种人同样会强迫中国人接受现代化的机器与建筑，其本土文化传承由此不复存在。寺院沦为瓦砾，宝塔化为废墟，一如它们今日正在经历的这般。"更难能可贵的是，作者是站在尊重彼邦文化的立场上力图保存中华文化传统的，"感谢数千年来几乎未曾改变的内涵传承，原始而古老的素材被完好保存在中国的风俗、礼仪与建筑之中，呈现于我们眼前。我们需要做的，仅仅是认真阅读、感悟这些素材。"本书第一卷中，作者选择了观音菩萨的道场浙江普陀山，对普陀岛的概貌进行了介绍，重点对普济寺、法雨寺、佛顶寺的建筑进行了全面系统的记录，并在此基础上对各寺及岛上的宗教生活进行了详细的解说。作者在考察法雨寺玉佛殿的观音像时，就欧洲与中国在雕塑领域所秉持的艺术观作比，指出与欧洲重视艺术品本体相反，中国的佛像雕刻却具有生命内涵与现实意义。他认为，中国匠人并不完全遵照自然主义写实风格，对佛像进行一板一眼的临摹重复，而是倾向于以某种艺术风格，很多时候甚至是较为奇伟瑰丽的风格，将神祇形象与普通凡夫区分开来。在他看来，中国人是艺术风格塑造与表现领域的大师，"西方的自然主义雕塑只是丧失了创作意义与生命动力的呆滞物体，而反观中国雕塑艺术品，虽然其风格略为固化，在不同文化圈的西方人眼中稍显千篇一律，却仍然彰显着生命力与表现力，是一个富有生机的活体。这也许就是'理念'对阵'形式'的胜利。"作者对中华文化的热爱与尊重之情，溢于言表，类似的例子在书中多处可见。"所以，赶在这些含义深刻、样式繁多、常常令人叹为观止的中国构造建筑杰作，还未在种族交流大潮中，如明珠蒙尘般被完全抛弃湮灭之前，我们应当以绘画、文字、照片等形式，保留下它们的光芒。很遗憾，中国大地上的建筑此刻已直面消亡的威胁，因此，时不我待。对建筑师而言，这项科学研究更是一项刻不容缓的任务。"作者说出了自己的期望，"若德国人能将自己的勤奋与资金投入到这项梦幻的任务中，通过有条不紊的研究，在中国建筑艺术领域做出卓越贡献，那么这将是 1900 年远征在科学、艺术领域带来的后续影响，也将成为在建立稳固的贸易关系之外，远征结出的另一枚耀眼硕果。如果我们的政府能放眼长远，引领中国艺术史研究，世界学术界将因此受益良多，德国人民将因此受益良多。"

本书第二卷中，作者以祠堂为研究对象，参照欧洲梳理建筑及艺术文物的思路，按地域省份分类，有计划地归纳整合这些传统的中式庙宇。从早期的尧、舜、禹，到著名的历史人物介之推，三国时期的刘备、庞统、诸葛亮、赵云、关羽，从象征国家级祠堂的文庙到地方氏族的宗祠，通过作者细致入微的记录，人们得以窥见数千年来中国的民众如何从普通生活中提炼升华杰出人物与非凡事件，将其在宗教层面奉为神祇并赋予其神话色彩，得以窥见渗透进中国这片土地中的方方面面的宗教观念。这些祠堂的建造，使得古老的英雄人物至今还有血有肉地存活于大众之中，使得后世的记忆永远鲜活如新，由此整个民族本身也成为一段鲜活的历史。地方建筑如何体现"仁、义、礼、智"的国家思想学说，真实的历史人物如何被民间记忆而进一步神圣化，神圣而不可亵渎的英雄人物如何高高凌驾于众生之上接受后世膜拜，又如何维系着基层与国家之间的纽带，端赖作者如椽妙笔而再现。

在第三卷中，作者系统描述了 550 多座宝塔和塔群，将它们按照形制、所在区域和历史排序，勾勒出了中国宝塔建筑的大致面貌，并试图从中窥见中国佛教的历史走向，堪称"中国宝塔史第一次得到系统的梳理，呈现出它的全貌"。作者除了利用传统的文献记载和考古资料外，也利用了当时学术界的相关研究成果，如瑞典学者喜仁龙有关中国艺术的著作，日本学者常盘大定和关野贞编著的《中国佛教史迹》等，为全面展示中国大地上的宝塔建筑艺术奠定了极为深厚的基础。作者清醒地认识到系统整理不同时空宝塔资料的难度，为了避免研究可能会走上歧途，作者首先要从宝塔的形制着手，尝试将造型完全相同或近似的宝塔归在一起，从而对宝塔进行形制上的分类，将各种不同形制的宝塔由过渡的造型联系起来，同时注意到不同历史时期某些特定造型的宝塔与某些地区的景观密切相连。通过将每种形制的宝塔按照时间和空间的逻辑关系进行梳理，并为之找到相应的实例进行分析和归纳，才有可能去分析辽阔的中国大地上单座宝塔及塔群之间的相互联系，并为描绘中国宝塔的整体图景打下基础。这无疑给后来的研究者提供了切实可行的研究方法。

正如李希霍芬的《中国》是第一部系统阐述中国地质基础和自然地理特征的重要著作，直接促成了民国政府成立了地质研究所，开始了全国范围的地质调查，确立了民国地理学和地质学的基础一样，伯施曼的《中国建筑与宗教文化》系列同样具有学科奠基开拓的意义。由于战火硝烟、历史变迁等导致的古迹消逝，伯施曼的照片、拓片及临摹的图画，成为中国诸多文物古迹、偏远地区少见甚至是唯一的原始资料，给当时的中国学者提供了一个按图索骥和继续研究的目录，成为后人无法逾越的中国古建筑史领域的里程碑。中国营造学社、梁思成与林徽因等人对中国建筑史的研究，都深受伯施曼学术成果之影响。今次，中国画报出版社组织翻译出版本套书，可谓独具慧眼，而译者认真细致的翻译与补缺工作，尤其值得表彰。自 2005 年以来，海德堡大学艺术史专家雷德侯教授领衔开展了新一轮的中国佛教石刻调查与研究，主编《中国佛教石经》系列书籍，正陆续面世，而本书的出版发行无疑正续写着中德学术交流的华章。中国画报出版社委托敝人作序，何敢妄言？唯不揣简陋，聊赘数语，以志期盼与敬仰。

张小贵

2022 年 3 月 31 日于暨南大学

附图 1. 大慈大悲的观音菩萨

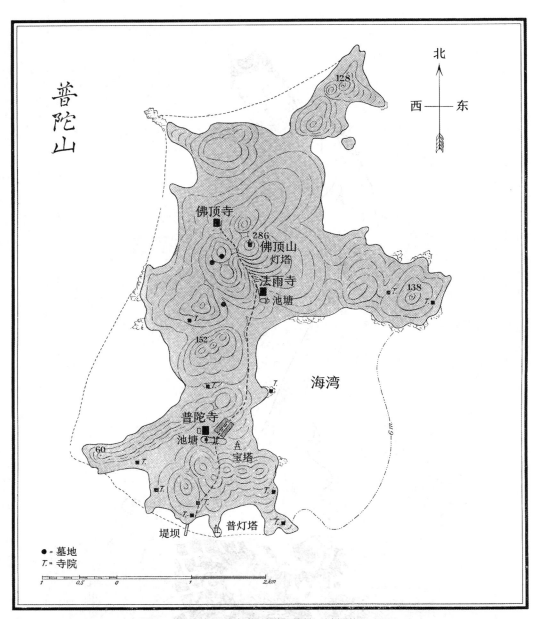

附图 2. 普陀山地图，根据英国航海图绘制，比例尺约 1∶46 500

目　录

引　言

中国田野调查的前情介绍

1906 至 1909 年间，本人在中国进行了大范围大跨度的实地走访，本卷便是此次田野调查收获的第一枚硕果。它的成书标志着一个新的研究领域的开拓，即通过建筑研究中国文化。

将中国建筑艺术同中国文化相结合，并最终实现有条不紊的深入研究，这主要归功于两位先生。在进一步阐述他们对本书的具体贡献之前，本人希望首先对这两位先生做一简要介绍。他们分别是：在印度及东亚宗教科学研究领域成绩斐然的学者约瑟夫·达尔曼（P. Joseph Dahlmann S. J.），以及在过去十年间推动并出版了无数德国文化作品的德意志帝国国会议员、法学博士卡尔·巴亨姆（Carl Bachem）。

建筑艺术这个文化学新的分支必将对未来产生深远影响。在这里，本人希望对促成自己完成现有研究的起因，及研究过程中获得的多方帮助做一细致说明。

在过去，研究中国建筑艺术这一想法饱受非议。可如今看起来，将这一想法付诸实施恰恰是我们这个时代所肩负的责任。

19 世纪是技术与交通领域经历创造性突破的第一个百年。在这个世纪末，世界列强在对外扩张政策的驱动下，相互抢夺势力范围。这其中，远东，尤其是中国，愈渐成为各列强争抢的焦点。恰在世纪之交的 1900 年，各列强组成联军，在中国北方与中国人交战，这是一个关乎世界的历史性事件。战争本身并无多大意义，但其之后的一系列政治影响在世界史上具有前所未有的深远意义。中国被迫参与到世界政治与经济生活中来。迄今为止，中国对此也表现出合作开放的姿态。可需要思考的是，曾经的世界被划分成两个阵营，一面是中国，一面是所有其他民族。其消极方面，是中国文化因此同我们的文化产生了根本性的差异。但就积极意义而言，正是中国文化的独特性、独立性与内含的深义，让其足以抗衡剩下的一整个世界。如果认识到战争与经济往来，势必伴随着对于科学知识的探索，那么这个客观存在的时代必将成为一个外部推动力，推动着我们与以中国文化为代表的另一种高级文明进行交流碰撞，并由此开创一个全新的学术典范、一个全新的艺术与科学研究领域。

这是本人进行中国建筑学研究的世界历史大背景，同时也是研究的内在动因。

而促进研究的外因，则与 1900 年发生的世界性历史事件紧密相关。1900 年是战争的一年，同时也是我研究工作的元年。

1900 年战争之后，列强占领军以强大的兵力，在直隶驻扎了数年之久。1902 年，我有幸以建筑顾问的身份被派往直隶军中，直至 1904 年回国。这是我的首次中国之行。在这两年间，"对中国建筑进行有计划的研究"这个想法开始形成，且随着时间推移，该想法日益强烈。中国建筑设施及建筑形式独一无二，完美艺术同深邃情感合二为一，这些都给我留下了深刻印象。在当时，我就已经从几何学角度，对北京西山碧云寺的大量建筑设施进行了考察。不过，至于这些单独的分散考察首次汇集成一个总体的目标轮廓，则要感谢那次意义重大的会面。1903 年 10 月，我在北京执行一项为期较长的任务，住在当地德军驻地的军官招待所中。在那里，我结识了正在东亚进行为期三年研究考察的约瑟夫·达尔曼。我们两人都对广博的中国文化表现出极大热情，均认为有必要从一切可能的切入点出发，深入探索东亚文化，这其中对于建筑艺术，尤其是宗教建筑艺术的原始资料研究是首要着眼点。1904 年 8 月，我在回国途中同达尔曼在上海进行了第二次会谈。经过这次交谈，我对自己将要进行的研究有了更明确的范围概念。我们见面的具体地点是上海徐家汇，这一地区自 1607年起便始终是基督教教区，1847 年后更是成为研究天主教的重要中心。当然，费迪南德·弗莱黑尔·冯·里希特霍芬（Ferdinand Freiherr v. Richthofen）[1] 男爵对该研究的推动也发挥了同样重要的作用。由此可见，我对中国的科学研究之直接起点发源于徐家汇及北京，而这两个地点从历史角度上看，又都与宗教紧密相关。17 世纪顺治及康熙皇帝统治下的北京，几乎可以称得上传播欧洲（尤其是德国）科学知识的沃土。而诸如沙尔（Schall）[2]、菲尔比斯特（Verbiest）[3]、托马（Thoma）、施通普夫（Stumpf）、柯克勒（Kögler）等德意志帝国天主教传教士，则在传播知识过程中扮演了举足轻重的角色。但凡从事中国研究的国际人士，若有可能，皆应怀着敬畏之心，前往北京内城西门外的那座美丽墓地。这些功勋卓著的传教士，便是安静长眠于此。

感谢达尔曼先生不遗余力的推荐，卡尔·巴亨姆博士关注了我的计划。在后者的引荐下，这一计划又获得了时任国务外交秘书的里希特霍芬男爵的支持。在 1905 年 3 月 17 日召开的国会会议中，巴亨姆博士又进一步唤起了国会对中国建筑研究的兴趣。其他政府部门，尤其是普鲁士皇家文化部，也均对这一计

---

1 费迪南德·弗莱黑尔·冯·里希特霍芬 (Ferdinand Freiherr v. Richthofen，1833—1905)，德国著名地理学家、地质学家，曾在亚洲多地进行旅行考察，著有《中国：实地考察报告及研究》等书籍。——译注

2 约翰·亚当·沙尔·冯·贝尔 (Johann Adam Schall von Bell, 1592—1666)，即汤若望。——译注

3 费迪南德·菲尔比斯特 (Ferdinand Verbiest，1623—1688)，即南怀仁。——译注

划表示赞同与支持。1906 年 8 月，国会通过决议，下拨研究经费，我的中国之行得以开启。我被公派至驻北京的皇家使馆，这一身份使我得以享受多种便利，尤其是可以在中国考察途中畅通无阻，不受丝毫掣肘。1909 年 7 月 31 日回国之后，我继续获得各界的众多支持，研究从而可以在更广的基础上深入进行。至今我还是普鲁士皇家文化部的职员，在整个工作期间，文化部因为我的特殊任务而给予我休假上的照顾。在这里，我向这些部门及所有人士表示最深切、最诚挚的感谢，是他们的帮助才让研究得以顺利进行。

尊敬的德意志皇帝陛下慷慨解囊，鼎力支持本研究著作出版发行，这是无上的恩赐。

中国建筑艺术研究介绍

为了说明在中国所进行的建筑研究的意义与范围，在此我援引 1905 年 2 月申请研究资金拨款时所提交的一份报告，此处与原文相比略有删减。虽然在实践过程中，研究对象出于必要略有扩大，但当时的报告仍能很好地阐明中国建筑实地研究的本质。报告具体如下：

鉴于同中国密切且活跃的经济联系，大众普遍认识到，我们有必要对远东地区，尤其是中国人的礼节、风俗、追求以及文化全貌有一个尽可能精确的了解。这种了解不仅可以帮助我们正确看待中国人及其特性，顺利出口本国商品，更能助我们从这个泱泱大国中汲取精华，进而发展自身。西方同中国的经济关系正处于萌发初期，充满着未知的空白，在这个背景下，在理论科学层面探索这些知识显得尤为必要。

当今不乏如夏德（Hirth）[1] 先生这样的有识之士正致力于该方面的研究，他们虽然从纯粹的文化历史及学术理论角度出发进行探索，但同时也非常重视从研究中汲取实践经验，并将其运用于现实。除去那些基于个人主观印象而非客观原始材料写就的泛泛之谈，当前确实已有相当多的书籍资料介绍中国，它们将理论研究与实践探索相结合，具有较高价值。可惜的是，这其中的德语资料少之又少。

尽管已有少量的专题研究对中国文化全貌做了深入详细的权威解读，但完成以上任务仍困难重重。事实上，一个人倾其所有，只可能成为语言学家或是经济、艺术领域专家，两者几乎不可能同时兼得。因为，无论是语言研究还是专业研究，其内容之广、程度之精，足以占据一个人一生的时间。想要较为完全地掌握汉语几乎是登天之难事，可若

---

1 弗里德里希·夏德（Friedrich Hirth，1845—1927）德国汉学家，在中国任职多年，精研中国历史。——译注

不具备一定的语言知识，对于专业知识的入门又无从谈起。因此，从事语言学研究的汉学家同相关领域专家携手合作始终是一个必要举措。

可有一个领域较为特殊。虽然该领域的研究也存在着自身的难题，但其可以免于语言研究与专业研究两者不兼容造成的掣肘，依靠相对较少的一些现有资料，精确描绘出一幅自成体系的中国文化大观图——这个领域便是古老的中国建筑艺术。建筑中蕴含着时代精神、民族灵魂，这些藏于深处的精粹，无法满足只求蜻蜓点水之人快速了解全貌的要求，却引得越来越多的认真从事建筑研究的学者投来关注的目光。

数量庞大、样式众多的中国建筑深藏有无限惊喜，等待着人们前去发掘。撇去那些迷雾重重的纯构造及建筑历史谜团不谈，我们只需想一想，建筑研究在当今受到人们何等的关注。德国国内迄今已出版了关于德国农舍、教堂的大量资料，它们同许多其他百科书籍一起，通过对建造者生活的描写，在表现其宗教信仰之外，还揭示出一个民族的面貌及其思想状态。那些住宅、教堂、寺院以及其他所有遵循人们的需求、习惯和观念而落成的建筑，均蕴含着这样的民族基因。对中国每一个文化分支的研究亦可参考这一方法进行。比如，若要相对详尽地梳理佛教在中国迅猛发展的脉络，唯一的办法便是对帙卷浩繁的资料素材进行整理研究。获得这些材料的途径并不只有单纯阅读历史、哲学书籍，更要着眼于屋舍、寺院等建筑实体，分析萃取凝聚于这些建筑之中的民族认知内核；其中的各类祭祀形式，又尤其能够代表这种认知内核。

无论如何，这些研究材料必须准确无误，有佐证支撑。所以，人们通过浩如烟海的文学历史及各类学术文献、相互对立的多方观点、添加了地域及个人色彩的叙述等方式，抽丝剥茧出真正的内核。这项工作的难点在于，虽然建筑物的大致全景可以通过绘画、图像、文字等载体得到呈现，但人们仍难以从这个实体当中提取出一个精准判断。虽然人们无法一开始就挖掘出蕴藏其间的内核，但这些作为研究对象的资料都得以保留，且其寿命几乎都长于建筑物本身。只要它们还留存着，人们日后就可以在这个坚实的基础上，对观点进行修正改进，最终得出更精准的解读。

事实上，对这些素材得出的暂时性研究结论，已被文化历史学家及国民经济学家拿去，作为支撑其研究的一个牢固根基。可对我们的研究而言，它只起到辅助作用——将我们的研究向前推进的主要动力是建筑史、纹饰学史、艺术史及构造学角度下的独特的中国建筑艺术知识。

面对各式各样的中国建筑，只求浮光掠影的观察者，仅满足于记住那些复杂拗口的名称，并以单调乏味的方式将其机械性地一一罗列。专家们会从中窥见，这个历经千年时光、文明发展至辉煌顶点的民族，具有何等细腻而又伟大的审美水准，以及对建筑的登峰造极的理解。在漫长的发展过程中，中国建筑吸收外来主题，传承发展本土理念，锻造出令人瞩目的艺术创造力，并最终结晶成一个独特的风格整体。这个统一的整体之中又蕴含着多样性，中国南北之间的风格差异便是此多样性的自然体现。对欧洲艺术史而言，研究中国建筑时最能引起人们兴趣的课题，便是找寻出当东方文明还未远涉至地中海地区时，那些精神纽带是怎样越过希腊、小亚细亚、亚述尔、印度和中国西藏，将远东同欧洲连接起来的。在中国建筑中，尤其是佛教寺院中，我们随处可见那些几乎是直接移植自希腊的建筑主题。这些具备明显希腊文化特征的立柱形状、构造理念以及花纹图饰，同常见的传统中式自然主义风格融为一体，常常散发着迷人的魅力。若我们有朝一日将最近出土于希腊、叙利亚、美索不达米亚、埃及的文物与印度、日本、中国的古迹做一整体的联系研究，并在其指导下探索未知的艺术初始混沌期及其之后的发展演变过程，那么我们一定可以从中相对轻松地描绘出艺术理念在东西方之间传播的路径，这对于艺术史及整个世界文化而言将会是何等巨大的一笔财富。

然而，中国幅员辽阔，对其建筑的研究因此范围巨大，难度也自然不言而喻。为了展现这些研究的对象之广、种类之丰，以下将着重对各种不同的建筑物做一一编排整理。所有这些建筑都值得人们进行深入研究，且这一项目编排也可作为研究的一个暂时性指导计划。不过需要注意的是，这一编排仅建立在直隶、山东两省建筑知识基础上，中国南方还有更多的建筑理念与建筑项目有待关注。此外，建筑形式本身也具有多样性，它会根据各个省份的气候及土质产生相应变化。

我们的研究对象覆盖了社会各阶层人士的住宅，下至平民百姓、富裕商人，上至文人雅士、官宦人家甚至王室宗亲。而最后一类群体的住宅往往同其办公场所建于一处，构成一个庞大繁复的建筑群。此外，研究对象还包括众多的以原貌或修葺过后的新貌出现的皇家宫殿，如北京紫禁城，南京及西安的旧时宫城。北京城中壮观的颐和园以及大量的皇家行宫、猎场、汤泉宫等，同样也是我们研究的一部分。它们中有一部分具有登峰造极的审美水平与建筑理念，可惜多已饱经摧残。

研究还囊括了各式行当的建筑，如澡堂、大小商铺、当铺、砖瓦厂、磨坊、细木工场、纸坊以及其他工厂、粮店等。至于满足中国人社交需求的场所，则有带着鲜明中国特色，尤其受到国人推崇的戏院与茶馆、多附带有美丽花园的酒楼、建于乡间或城市之中的亭台楼阁等。同我们欧洲大城市一样，较大型中国城市中也会有来自同一省份的老乡聚在一起，成立同乡会，并出资建造宏伟华丽的会馆，内有众多厅堂及酒家。达官显贵们则有自己专属的娱乐场地。

对于学堂、科举考试场所的研究又是一个独立且内容丰富的研究分支。接下来，我们的目光放到陵墓建筑之上。除去那些位于荒郊的群葬场不谈，陵墓是极受中国人重视的一个建筑种类。下至富人的私人墓葬，上至配有石道、祭堂、墓塔等形制森严、占地广阔的古今帝王陵寝，这些都称得上建筑艺术之瑰宝。由墓地出发，研究对象转向寺院。在时光的漫漫长河中，寺院建筑发展演变出了极为复杂多样的类型与风格。诸神都有自己的庙宇，这其中包括了分布广泛、极具中式风格的小神仙庙，也包括了气势宏伟的天坛与地坛。此外，不同的宗教信仰也催生了不同的宗教建筑，道观、佛寺、喇嘛庙、孔庙、清真寺等不一而足。诸如圣寺、石窟寺等出于某种目的而造的特殊建筑同样种类繁多。对寺院的研究也包含了对佛寺这类男性修道场所及尼姑庵这类女性修道场所的研究。这种按性别区分寺院的方式，不仅在佛教、喇嘛教及道教建筑中得到体现，更是同"阴阳"这一传统中国思想相契合。

中国的城市及乡村中还遍布着各种木制、石制或铜筑的牌坊、印度式或中式宝塔、城门、城墙、墙垛及其他装饰性建筑，它们风格鲜明，堪称纯粹的艺术珍宝。最后，研究还将着眼于各种城市设施、高超的园林艺术以及诸如运河、水利、石板路、桥梁等工程建筑。

通过对建筑实物的研究，我们还能理解真正的中国建筑文化，感知那些几乎总是伴随着建筑出现的精美纹饰与宏伟雕塑，继而明晰这些古今瑰宝的艺术价值，梳理其发展脉络。更进一步地说，我们还可以了解上至天才建筑师、下至普通工匠所使用的每一款建筑材料、每一个建造工艺、整个建筑行业图景以及令人叹为观止的中国建筑学科知识。如此一来，借助对建筑艺术这个意义最为重要、范围最为广阔的文化分支的研究，我们对中华民族的认知也将获得根本性提升。

研究过程中最为必要的是对每一个建筑物进行尽可能精确的测绘与记录，避免误差的发生。因此，记录主要采用几何测绘，尤其是对其进行平面几何测绘，所有特征性细节及其艺术表现都记录在案。此外，透视图与照片也作为辅助方式被运用于记录中。

若想较为深入地展开以上研究，势必需要几代人为之努力。这项开创性的探索目前没有任何前期成果可作参考，最好的情况也只是少数几位建筑同行或艺术家可以并且愿意进行大量有针对性的研究，为这一探索项目的发展提供坚实基石。最理想的情况甚至是，他们愿意将其作为自己毕生研究的对象。不过，研究的顺利进行不只是依靠对研究对象的热爱、对中华民族的了解以及对中文的精通，它还需要资金支持，并且是数额极为庞大的资金支持。我们必须清楚地认识到，若现在开启对中国建筑艺术的类似专项研究，那么我们能做的只是为这个浩大的工程搜集一些基石，将其筑成一个坚实的基础，从而使得后来的研究者可以在这个基础之上进行更深入的研究。我们必须整理不计其数的资料，择优筛选，以保障之后的深入研究。为确保这一整理工作的准确性，一些意义重大的建筑物必须得到重点关注，其研究成果需以专著等形式出版。例如，我们进行寺院研究时，首先便是借助对最为原始质朴的，供奉着战神、天神、地神的祭坛设施的描述，对研究对象有初步了解。这些建筑物反映出中国人古老的原始宗教信仰、自然崇拜及祖先崇拜，它们有些制式朴素，有些则以北京天坛为代表，规模恢弘。这些设施中还会糅合着一些其后添加的外来元素，这又引导着我们由此出发，按图索骥去探索与之相关的道观、内地佛寺或情况最错综复杂的藏传佛教寺院。

显然，仅对位于北京及其周边地区的寺院进行考察就已经是一项巨大工程，所以现阶段的调研集中在这一块地区展开。不过，此后我们也将目光投向中国中部、南部几座享有盛名的庙宇，不断扩展与深化了解，这即使单从宗教历史角度而言，也将是推动相关知识进步的一个巨大动力。住宅、娱乐建筑、教育场所、行政建筑等其他领域的研究，同样能够结出类似的丰硕成果。中国遍地都是研究素材，它们等待着我们去考察，去挖掘，从而呈现出一幅全新且更为精准的居住者生活及思想图景。总而言之，这是一片广阔的沃土，只要研究者们满怀爱与真诚，以严谨的态度与巨大的耐心投入其中，必将收获累累硕果。

我们要问问自己，在一个如此重要的专门领域，我们现在已经取得了什么成果。答案令人惭愧：零。或者确切地说，近乎为零。学术界已有若干论文着眼于中国艺术在瓷器、青铜器、绘画及其他小型工艺品方面的体现，这些领域的研究相对比较容易，我们手头就有相关实物素材，研究也完全可以在欧洲进行。然而，建筑研究只能在投入巨大劳力、对实物进行细致的实地考察条件下才能展开，所以建筑研究的专业性历来要求极高，非专业人士难当大任。而仅有的几位具备颇高艺术造诣、精通远东文化的专家，则因为本职工作的繁重，无暇进行此领域的研究。现在唯一的一篇相关专项研究，出自山东铁路的设计负责人希尔德布莱特[1]笔下。他利用在北京的短暂假期，前往大觉寺考察，随后发表了一份开创性的研究报告。在这篇完全出自个人浓厚兴趣、不追求任何名利的文章中，希尔德布莱特先生同样认为，从科学的角度讲，对中国建筑的深入研究迫切需要全职的专业人士参与其中。他不满于欧洲社会对这个领域缺乏认知，认为我们仅专注于对希腊、埃及及巴比伦古迹进行刨根究底的发掘，对其投入了大量的人力财力，只为得到一些看似比较有趣，可事实上却只是对早已知晓的建筑方式进行重复而无创新的论证。他的这一抨击不无道理。

如果将用于埃及、美索不达米亚、希腊等地的考古发掘资金中的极小一部分用于我们计划在中国进行的与之类似但投入更小的研究，或许可以促成众令人惊叹的崭新成果。这些成果会为我们呈现文化世界另一端的景象，描绘出那一方艺术世界的清晰图景，笼罩在当前亚洲艺术认知领域上空的未知暗云将由此散尽，艺术历史学将因此而经历飞跃式的发展。对我们而言，中国人及其风俗与艺术是一个陌生的存在，我们也很难跳出欧洲文化语境，摆脱自身传统与审美认知背景，去理解那个艺术世界中并不与我们出自一脉的陌生存在，去欣赏它们的美丽，去感知它们的重要性。然而，我们必须这么做。如今这个时代，"历史"及"世界史"概念不断获得全新诠释，政治及经济领域已无"地理距离"。面对如此形势，我们只有那么做，才能使"文化史"及"艺术史"概念也得到同步扩展。时代迫使着我们不仅要研究欧洲（至多再加上埃及和美索不达米亚），还应将目光投向远东，积极地把拥有灿烂文化却甚少为我们所熟悉的印度，尤其是中国纳入我们的授课与学习计划。感谢数千年来几乎未曾改变的内涵传承，原始而古老的素材被完好保存在中国的风俗、礼仪与建筑之中，呈现于我们眼前。我们所需要做的，仅仅是认真阅读感悟这些素材。

变化着的新时代同样降临在远东地区。灵活善变的日本抓住主动权，摆脱了传统的外在形式，向西方文化靠拢。很快，古老文化的辉煌时代将连带着那众多古迹消失在历史长河之中，留下的或许只有一个艺术行当。中国这位巨人同样经历着变革。它被来自西方的冲击所唤醒，沉睡在雄狮体内的古老活力、创造力、国家情怀以及其他作为优秀民族所具有的品质终将渐渐重焕生机。可是，就像强占国土一样，白种人同样会强迫中国人接受现代化的机器与建筑，其本土文化传承由此不复存在。寺院沦为瓦砾，宝塔化为废墟，一如它们今日正在经

1　海因里希·希尔德布莱特（Heinrich Hildebrand, 1855—1925），德国工程师，1899 至 1908 年担任山东铁路公司经理，负责胶济铁路的设计和修筑。——译注

历的这般。之后，人们只能徒劳地找寻这个已逝文化的残片，最终却只能在虚空的传说中寻得一二。到了那时，我们将再也无法深刻透彻地研究当代中国人的生活方式与艺术形式。

所以，赶在这些含义深刻、样式繁多、常常令人叹为观止的中国构造建筑杰作，还未在种族交流大潮中，如明珠蒙尘般被完全抛弃湮灭之前，我们应当以绘画、文字、照片等形式，保留下它们的光芒。很遗憾，中国大地上的建筑此刻已直面消亡的威胁，因此，时不我待。对建筑师而言，这项科学研究更是一项刻不容缓的任务。若德国人能将自己的勤奋与资金投入到这项梦幻的任务中，通过有条不紊的研究，在中国建筑艺术领域做出卓越贡献，那么这将是1900年远征在科学、艺术领域带来的后续影响，也将成为在建立稳固的贸易关系之外，远征结出的另一枚耀眼硕果。如果我们的政府能放眼长远，引领中国艺术史研究，世界学术界将因此受益良多，德国人民将因此受益良多。

中国之旅行程介绍

1902年至1904年首次中国之旅时，我选择常见的印度洋航线作为往返交通路线。当时，我着重考察了天津、北京、青岛三地。1906年秋，我再度前往中国。这一次，我经美洲、日本进入中国，穿越西伯利亚返回欧洲。关于这次中国之旅的所见所闻，今后将单独出版，以作深入阐述。在此，我仅对这一次中国之旅的行程做一大致介绍。

在1906年底至1907年初，我在北京度过了抵达中国之后的头几个月，为接下去将要展开的研究做着准备工作。其间一旦天气许可，我便外出进行一些为期两至三周的短途考察，探访了明皇陵、清东陵、热河行宫旧址及周边著名的藏传佛教寺院。1907年夏季，我围绕北京周边地区进行走访，主要考察了西山上的众多雄伟寺院，这其中便有被誉为中国最美寺院之一的碧云寺。

夏季过后是连续七个月的外出考察。我首先去了清西陵，接着前往位于山西的五台山。由山西返京后又乘火车一路南下，直到河南首府开封，并由开封顺黄河而下，四天后到达山东首府济南。从济南出发，我花了六周时间穿越整个山东，探访了泰山、孔子故里曲阜，途经济宁州。冬季来临，我继续南下，在宁波度过了这一年的圣诞节，1908年的整个1月份则在与世隔绝、四面是茫茫大海的普陀岛上度过，而普陀正是此丛书第一卷的主角。

3月初，我经海路返回北京，稍作休整之后，于1908年4月末开始此次中国之行的最后一项宏大行程，并于1909年5月初完成此长途考察。在超过十二个月的时间里，我由陆路横穿了整个中国，一直到达遥远的西部及陆地国土最南端。山西首府太原是此行的第一站，其后我横穿山西省，向南到达黄河大拐弯处。在陕西境内，我拜访了华山、首府西安，攀登了秦岭，并由秦岭而下，进入美丽富庶的天府四川。我在四川停留了四个月，之后从四川首府成都出发，向西挺进至此行最西站雅州府。座座雪山连绵在中国的西部与西北部，它们似有魔力，引诱着旅人继续向西进入西藏。然而，我不得不在此折返，回程途中又在峨眉山附近停留了三周。随后，我乘坐小船，沿着岷江继而顺着长江而下，抵达重庆。中途我顺路绕道著名的自流井盐区，在那儿待了九天。之后，我有幸搭乘德意志帝国巡洋舰"祖国号"，自重庆前往万县。这段行程之后的交通方式又变回住家用船或是帆船。行至洞庭湖，船只离开长江，转入湘江，前往湖南首府长沙。中途我又顺路去了江西省，与在萍乡管理中国煤矿的德国工程师们共同度过了 1908 年的圣诞节。

1909 年伊始，我探访了南岳衡山，之后由衡山出发，经陆路到达广西首府桂林，其后顺桂江而下，转入西江，到达广东首府广州。接下来，我经海路前往福建首府福州，随后又前往浙江首府杭州，在杭州城外风光旖旎、为无数人所歌颂的西湖边度过了这年的复活节。在这之后，我匆忙踏上回程，于 5 月 1 日抵达北京，正好赶上光绪皇帝的葬礼。

丛书目的及结构

考察期间，我沿着古老而繁忙的交通要道，一共走访了中国十八个省份中的十四个。我始终选择那些人口稠密且经济富庶之地，深入到当地居民的生活之中。这便是我的研究目的：这个饱含强大文化内在力量的统一中国，在今日为我们带来了怎样的思考？为了找到这个答案，我们必须把目光牢牢锁定在那些重要宗教圣地，或在中国人精神生活、经济生活中扮演中心角色的场所之上，将其中最为灿烂瞩目的建筑作为研究对象。我们研究欧洲文化时也多通过这一途径。若研究重点只放在距今数百年之久的古建筑与艺术品上，那么考古学领域的某些疑问以及艺术史某几个断篇中的一些问题确实可以因此得解，但我们根本无法由此深入中华民族蓬勃的生活内部，感知其生命的真切脉动。虽然中华文明现在仍保留着其发端之时的痕迹，但这个民族有权利要求外界了解并正确看待自己充满生机的今日新貌。我们只有从鲜活的当下出发，理解中国人独特的思想世界，才有可能明晰中国艺术形式的内在价值。

中国人的宗教信仰与哲学思想是其精神文化的高度结晶，所以这两方面将在文中得到重点关注。而中国艺术（尤其是建筑艺术）正鲜明体现了这些文化结晶。这种特质是欧洲艺术创作所无法企及的。通过这一方式，中国艺术创作为我们提供了一把理解中国文化和谐统一性的钥匙。

对建筑进行的现场精确几何测绘，为成书提供了素材基础。同时，书中还附有众多速写、照片及原始中文资料，将素材基础进一步补充完整。那些在中国寺院及其他建筑中随处可见的或抒情、或咏史、或阐发宗教奥义的铭文，也被大量收录于书中，且随附译文。译文格律尽量同原文保持一致，原文的声律韵味从而得以保留。本卷还详细描述了具体建筑细节、寺院及名山僧侣的生活、宗教仪式、建筑与远近环境之间的关系、建筑历史等，它们与图片、铭文等一同，为我们呈现出一幅包罗万象的全景，使得本书如愿成为一部以中国为介绍对象、网罗了众多第一手资料的汇编大全。此外，本书还借助原始素材，将具有普遍意义的中国文化思想作为探讨对象贯穿全书始终，因此对所有从事广义文化史研究的人士而言，它又是一本中国百科手册。

从书目标读者，首先是所有出于工作需要或兴趣爱好而研究中国的人士，这其中便包括建筑师群体。书中众多的中式建筑均有详细注解，这为建筑师们提供了一个全新的范式领域，进而为建筑史的比较研究提供了珍贵素材。除此之外，丛书对宗教研究者、哲学及美学家而言同样具有珍贵价值。他们可以从中发现，一个民族最细腻深刻的信仰，是如何以一种近乎自然而然的方式，清晰体现在其建筑艺术这种外在实体之上。这一认知意义重大，它同时也解释了丛书标题为何选用"宗教文化"一词。正是在中国这个国度，缤纷的宗教观念渗透进生活与艺术的方方面面。仔细的人仅通过观察具体外在实物，尤其是建筑艺术品，就能描绘出一幅特定的宗教生活图景。这种建筑艺术与宗教信仰融为一体的独特统一性，触动了研究者的内心，吸引着他们以整体的眼光来理解并阐释这两个领域。因此，我想进一步精确定义该丛书的核心目标：它既不为单纯描述宗教，也并非仅从外在形式角度分析建筑艺术——它将这两个方面结合在一起，致力于一个层次更高、视野更广的整体研究。从这个意义看，丛书已远远超过了作为汇编集所具有的范畴与价值，可同时又保留着一本原始文献汇编该有的广泛性与客观性。它以这种方式，向人们展示了一位努力以中国视野观察问题的欧洲人，是通过何种方式，感知中国文化的。对后继的研究者们而言，了解到这一点或许十分重要。

日后我们也许会从结构或历史角度，对中国建筑做一专项且独立的研究，又或以整体眼光探究其与印度及欧洲建筑艺术之间存在的千丝万缕的奇妙联系。不过，现在我们的首要任务，是对现有的精确几何测绘进行细致而有条理的整理。只有完成了这一步，我们才能够在此基础上得出具有里程碑意义的开创性研究成果，进而构建起一整个研究体系。中国人有自己的一套认知模式，它与西方的研究体系架构截然不同，这导致了我们这次的系统性研究很难从中获得助力。尤其在复杂的建筑艺术领域，几乎没有任何中国文献资料可供我们参考。相比之下，日本较早地接受并使用了西方研究方法，所以巴尔策[1]先生得以参考日本国内文献资料，在研究日本建筑艺术领域取得了出色成果。通过他的研究，我们对自成一格的日本建筑有了一个清晰的认识。而鉴于中日两国建筑艺术领域之间的亲缘联系，巴尔策的研究从某种意义上说为本丛书的研究内容提供了前期参考。此外，上文提及的 H. 希尔德布莱特先生的研究，则可被视为对巴尔策研究的直接补充。前者的研究建立在几何测绘的基础之上，在诸多方面成为我进行研究的指导典范。丛书中的绘图暂时只起到配合文字进行实物展示的作用，但在日后可被进一步分析研究，以它为素材完成一部中国建筑艺术专项著作也未可知。抱着这个目的，书中的测绘图尽量采用统一的比例尺，所有大型寺院平面图按 1∶600 比例绘制，局部图及正视图则按 1∶300 或 1∶150 比例绘制。各细节绘制也尽可能做到标准统一，以方便相互比较。

本书同样暂时无法对建筑物的历史地位做深入探讨。由于缺乏足够多的支撑材料，行文相关之处最多只能列出建筑物的建造时间，除此之外便再也无法给出真实可信的其他重要历史信息。虽是如此，但现在已有学者开始了这方面的研究。我们期待着，在未来学者们能拨开笼罩在中国艺术领域的迷雾，建立起包含建筑艺术在内的一个完整知识系统。[2]之后的卷册中也将对关于中国建筑艺术的现有研究作更为深入的评判。

以上关于结构与历史问题暂且略去不谈，丛书主要关注那些在图纸中体现得尤其明显的独特的中国建筑思想，以及建筑形式与纹饰图案的美学内涵。

丛书主要致力于梳理与描述建筑艺术与宗教文化之间的相互影响。而唯有掌握中文、了解语言文化，才能实现这一目标。若没有相应的语言知识，对于文化的研究只能流于表面。然而学习中文的难度之大，众所周知，若只掌握些许皮毛，那么一旦遇上带有哲思及宗教隐喻的诗赋铭文，翻译起来便困难重重，涉及到陌生的佛教思想更是难于上青天。但为了实现研究目的，我无法避开这些铭文。因此，我不得不努力尝试着对它们进行翻译。这些铭文，尤其是本卷中收录的铭文多蕴含佛教隐喻，这其中大部分表达为佛教术语，对此我部分进行改译，部分则对照原文逐字翻译。翻译过程中我一方面避免让这些陌生的梵文名称影响整体理解，确保为读者呈现的是宗教文化而非过于深入的专业宗教知识，另一方面始终明确，翻译的目的并非对各宗教名词做系统性的分类解释。此外，中国人早已对这些佛教概念中的大部分形成了自己的理解，这种中华文

---

1 弗朗茨·巴尔策（Franz Baltzer, 1857—1927），德国工程师，日本明治政府建筑顾问。——译注

2 在奥斯卡·敏斯特贝格所著《中国艺术史》（Oskar Münsvterberg, *Chinesische Kunstgeschichte*）第二卷，关于建筑艺术的一个章节中，便研究了某些建筑群之间的整体关系，这一研究意义重大。——原书注

化语境下的佛教概念，与原始的印度佛教概念截然不同，且通常正是这种本土佛教理解，构建起了中国僧侣与学者们独特的精神世界。

在此，我希望对丛书的翻译工作作如下定义：翻译的基本原则，是使每一位受过教育、对中国佛教有基本了解的德国人理解译文内容。当然，文中有时也对原始梵文名称略做注释，但此举主要目的在于尽量同原文情感保持一致，从而保留独特的中文神韵。

可即使将翻译的指导原则缩小至如此明确程度，中译德工作仍然困难重重。因此，我不得不求助专业的汉学家，烦请他们对我的转译进行指正。柏林民族学博物馆馆长 F. W. K. 穆勒教授向我伸出援手，尤其在语言及晦涩的佛教理解方面给了我巨大帮助，在此我向他表示衷心感谢。

在整理庞大素材的过程中，我把一些相互之间存在关联的具体建筑群归纳到了一起。这样做既保证了丛书作为汇编集具有清晰的条理性，又使得每一卷作为一个独立整体具有自身特色。对一个具有统一性的祭祀场所，以及大型佛教寺院的详细分析，比较适合放在丛书导入环节，所以我将这本《中国建筑与宗教文化之普陀山》作为本丛书的首卷。本卷以细致的研究多种角度呈现了蕴含在中国建筑之中的中国宗教思想。

关于本卷的最终成书，我还想作以下几点说明：

建筑师卡尔·M. 克拉茨（Karl M. Kraatz）先生在我的记录及速写基础上，对卷中几乎所有的测绘及部分钢笔画做了润色。

来自北京、多年来在柏林从事科学研究的王荫泰[1]先生在处理中文素材方面助我良多。

我谨在此对这两位先生给予我的帮助，表示最真诚的感谢。

德意志帝国印刷厂友情提供了中文铅字印刷。

正文中的图 3、8—12、21、22、24—26、40、41、53、162、201、206、207 及附图 6—2、6—3 中的照片，由我在宁波自一位中国摄影师手中购得，附图 1、3、14 原稿购自普陀山一众寺院。

其他图片均由作者测绘与速写而成，以做图示。

1911 年 11 月 4 日于柏林瀚蓝湖（Halensee）畔

1　王荫泰（1886—1947），山西临汾人，1912 年毕业于柏林大学法科，后任汪精卫伪政府高官，抗战胜利后被处决。——译注

第一章　普陀岛概况

目　录

普陀山灯塔

图 1. 西南方向视角之下的普陀山

1 地理位置

纵观中国东南边境，从长江入海口至越北交界区，甚至再往南去，海岸线上几乎布满了小型岛屿、海崖及礁石。它们密集排列，就像是一条不曾中断的飘带，半拥着大陆，塑造出肆意峥嵘、星罗棋布的中国海岸线姿态。若放眼北望，则只有山东半岛沿海呈现出如此图景。在江苏、直隶两省，海陆交界处并没有四散突兀的海礁，只有冲击而成的平缓沙滩。

东部沿海有一处区域，集中分布着数量尤其众多的海崖岛屿，那便是舟山群岛。在方言中，当地人将这里称为"Chu san"。从字面意思看，这个称呼意为"渔夫之岛"。群岛直接同宁波甬江入海口相连，并从南面将属于古都杭州的杭州湾同无垠大海分隔开来。就地貌形态而言，群岛山体属于宁波边缘山脉的延伸部分。就行政区域划分而言，群岛隶属于宁波府。

这是一座被上天眷顾的岛屿。岛上物产丰富，且背靠着自古以来便是商业重镇的宁波，这一切滋养了稠密的人口，也促成了交通运输的蓬勃发展。尤其突出的一点是，舟山群岛还是中国至朝鲜及日本贸易路线的中转停靠点。所有从南方北上至此或是由宁波出发的中国帆船，若想继续向东或东北方向航行，均需在舟山主岛之上的定海或是其东南端最后停靠点沈家门做一停留，以待扬帆远航的有利风向条件。有些时候，人们可以看到这一东北航线上千帆过尽的壮观场面。

繁荣且地位重要的航运交通，造就了水手们对这座前沿群岛特殊的情感寄托。这里是他们远航之前的最后一个庇护所，又是回程中的第一个避风港，所以自古以来，群岛就被往来于此的水手赋予了一种神圣的宗教意义。随着时间推移，群岛自然而然地成为了整个沿海地区水手们的信仰中心。这里的洋流汹涌莫测，迅猛狂暴的台风常年不息，船只航行在礁石与海湾之间危险重重，这一情况也使得人们产生一种宗教需求。他们需要祈求菩萨护佑自己及亲友平安出海，并将安全返航视为菩萨显灵。

舟山群岛除了对船只航行有重大意义之外，其地貌形态也同样应该引起人们的重视。它是中国整条海岸线上唯一一个数量众多、物产丰富的岛屿集群。这其中面积最大的是主岛舟山岛，群岛名称便是由此而来。群岛的优美景致时常为人所称颂，它的美丽远远超过

图 2. 宁波甬江

图 3. 宁波外滩上的法国汽轮 "利达号"

备受赞誉的日本濑户内海。船只穿行于辽阔海面与狭长海湾之间，一段美妙的行程由此呈现。数不清的海岛像一帧帧动画，不断变化着出现在人们的眼前。而海岛山脉也始终以全新的角度，为人们呈现不同的形态。不过，海岛之间的洋流也同样变化莫测、迅猛湍急。中国海的这一区域，以令人叹为观止的潮汐现象而出名，处于此地带的杭州湾入海口——钱塘江的潮汐景致更是一个自然奇观。钱塘江大潮也许是世界上最大最壮观的潮水，能与其媲美者寥寥无几。正是钱塘潮的这一潮汐作用，使得舟山群岛内部的洋流涌动变得激烈澎湃，且毫无规律可言。

所有这一切让群岛成为一个突出的存在。它承载着人们的宗教情结，总是被中国人拿去与那些不同寻常的现象联系在一起。如今，这座深入挺进海岸线东侧的群岛呈现一片繁荣景象。也许在遥远的从前，它就已是人们供奉并祭拜海神之所。随后，它被人们冠以佛教名山"普陀山"之名。在这一宗教的强有力影响之下，海岛的神圣色彩愈发浓烈。现在，它已成为中国最为耀眼的宗教圣地之一。

登上普陀山并非十分困难之事。每天都有船只从上海发往宁波，航程十二个小时。船只由英国、法国或中国公司经营，其内部装饰考究，给人舒适的乘坐体验。这些大型蒸汽轮船在宁波靠岸后，有众多中国小汽船在同一个码头上接驳（参见图4），驶向目的地，此段航程长为六至八小时。小船顺着甬江一路而下，途经无数建于两岸的冰窖储物建筑，驶过拥有约三万人口的定海厅 [1]，到达终点沈家门。借助帆船，又经过二至三小时的行程，人们便可最终登上普陀。而夏天朝圣旺季，小汽船则会直接停泊在普陀山的近海地带，人们借助人工桨划船，完成上岛的最后一段行程。

在夏季，一些原本只往返于上海与宁波之间的大型汽轮，还会加开特别线路，直通普陀山。这样一来，游客便可以有一整天的时间停留在岛上，从容地游览众多寺院，并前往美丽壮阔的岛屿东侧沙滩，沐浴一把清澈的海水浴。游客多来自欧洲，虽然他们人数并不算少，而且还有人写过一些略微详细的游记介绍，但绝大多数欧洲人根本就不知道这个美丽的存在。其原因便在于，游客来此只是短暂观光，其对普陀的描述也不可能涉及到具体深入的细节。而本人从 1907 年 12 月 31 日起至 1908 年 1 月 17 日止，在普陀山待了近三周时间，其间住宿在岛上的主要寺院法雨寺。充裕的时间使我能够细致观察这个海岛，并且将观察所得以文字及图片等形式记录下来。

1　"厅"为当时清政府的行政建置形式之一，相当于现在的小型城市。——译注

图 4. 位于宁波的中国沿海小汽船

图 5. 宁波附近的中国桨划船以及帆船船队

图 6. 甬江沿岸的冰窖建筑

图 7. 沈家门港口，船只从这里起航，前往普陀山

2 普陀山的宗教意义与历史探究

普陀山是大慈大悲观世音菩萨的应化道场，同时也是中国四大佛教名山之一。每座佛教名山都供奉着一位菩萨，除普陀山之外，其余三座分别为供奉文殊菩萨的山西五台山、供奉普贤菩萨的四川峨眉山、供奉地藏王菩萨的安徽九华山。从地理角度看，普陀山与峨眉山、九华山一样，均处于北纬30度位置上。从中国明代以来，观音菩萨通常以女性形象出现，她慈悲为怀，在普陀这方海岛之上庇佑往来船只免于海难倾覆，同时也象征着慈航普渡芸芸众生于人生苦海。如前所述，普陀山作为海岛这一特殊的地貌形态，尤其能彰显"护航、普渡"的特质。其所在的海上群岛不仅仅是海岸线上几笔突兀的起伏，更是向外发出的一种信号，告诫人们这附近平静的海面之下，隐藏着无数小规模的礁石，它们同危险的洋流与频发的大雾一样，会对船只构成致命威胁。所以，就这点而言，我们可以肯定地说，在佛教进入中国、普陀成为佛教四大名山及观音菩萨应化道场之前，这座海岛对往来船只而言，便早已是令人敬畏的神圣地标。

根据传说，早在佛教传入中国之初的汉朝，便有佛教徒梅福[1]于普陀岛上隐居修行。而普陀有历史记载的佛教渊源，则始于唐朝。我探访寺庙时遇上了一位高僧，从他口中听到了一个著名的故事。在这里，我尽量将其还原。

唐朝时，一位日本僧人经北京前往山西五台山，以迎取观音像回国。归国途中，船至普陀山附近，突遇狂风暴雨。惊恐之中，他祈求观音菩萨，并发下誓言，若菩萨保佑自己平安登陆，他定会在登陆地为其修建庙宇。最终，他同观音像一起，幸运地挺过暴风雨，在普陀登岸，之后他便在岛上专修寺庙以供奉观音。这就是普陀山佛教崇拜的起源。

法兰克（Franke）及布特勒（Butler）的论著更为详细地研究了普陀山作为佛教圣地的起源与发展。在这里，我引用其中的部分内容，并结合《古今图书集成》一书中的若干信息，为大家呈现另一个版本的故事。据其记载，917年，即后梁时期，日本僧人慧锷（Huingo，意为"无上睿智"）成功登上普陀岛。登岛之前，其所乘船只被困于莲花密丛，不得前行。他祈求观音："使我国众生无缘见佛，当从所向建立精蓝。"话音未落，密密麻麻的莲花四处散开，船只得以前行，并在海岛东岸的一处洞穴靠岸。一位张姓渔民作为亲历者，目睹了这一神迹的全过程，并将自己的房屋捐献出来以供奉观音像。"这间房屋随后便发展为一座小型寺院，并得名为'不肯去观音院'，因为，观音已经很明确地表明，她想要留在这座岛上。这间简陋的寺院便是清廷敕造普济寺的前身，同时也是岛上大规模整体宗教建筑出现的开端。"关于普济寺的第一个明确的官方记载，出现于1081年。当时，宋神宗（1067—1085年在位）颁下谕旨，肯定了其悠久历史，并赐其名为"宝陀禅寺"。

---

1 作者在文中称梅福为佛教徒，但事实上，梅福为汉朝著名道士。据《前汉书》卷六十七载，梅福字子真，原为南昌尉，后因避王莽之乱而离家遁世，足迹曾至普陀山。——译注

之后不久，这座拥有如世外仙界般的地理位置，同时又是大慈大悲观世音菩萨应化道场的普陀岛，便迅速闻名于佛教信徒中间，岛上寺院以及僧侣的数量也随之上升。

　　"然而，普陀岛越是出名，就吸引外界越多的关注，而这有时却给它带来厄运。明朝开国皇帝朱元璋（1368—1398年在位）虽从小生长在寺院，登基之后却开展了大规模的灭佛行动。1388年，他派遣一名皇子登上普陀，焚毁寺庙，并强行驱赶岛上住户离岛至陆地居住。不过，等到朱元璋的怒火消退，岛上的一切佛教活动重新恢复生机，且较之前更为蓬勃热烈。这一稳定局面在1554年因为倭寇的入侵而中止。当时，整个中国沿海深受倭寇侵袭劫掠之苦，普陀也未能幸免。人们仅有能力保护着观音像转移至定海，岛上其他一切均被劫掠或焚毁。1599年，普陀再次遭遇一场相似的浩劫。在这次的倭寇侵袭中，法雨寺也被大火烧毁，损失惨重。"

　　这期间，因为宗教活动，普陀山的僧侣与岛上的原住渔民、农民之间的冲突也一再发生。渔民以暴力驱赶这些他们眼中的外来入侵者，而后者则利用对其有利的政策，找上舟山县府衙门，控告渔民们逃避国家赋税，并要求政府承认观音菩萨——其实也就是承认自己对普陀岛的所有权。尽管当地政府做出了有利于渔民的判决，但僧侣们手眼通天，通过朝廷命官，上奏皇帝。最终，皇帝下旨，准许一部分僧侣定居于普陀某些特定区域。从时间线上来看，这些事件同上段所述的倭寇劫掠等事件交替发生。明朝末期，僧侣们仍为获得整座岛屿的所有权而做着坚持不懈的努力，这一次，他们终于如愿以偿。1606年，明万历皇帝（1573—1620年在位）的一道圣旨便说明了这一点。这道圣旨被刻于普济寺御碑殿的御碑之上，流传于世。在这里，本人节选布特勒所译碑文部分内容："为保天下民众幸福安康，皇太后发愿重建著名宗教圣地，普陀当居首位。然为达此目的，并不应额外增加民众税赋，或征用公共资源，故在宫中筹措认捐资金，朕当作表率。今特派官员一名至普陀，住持敕建事宜。御赐普济寺为'护国永寿普陀禅寺'，皇太后亲自手书赐额。"[1]该御名取"普陀之寺，护佑国家，庇佑捐赠者万寿无疆"之意。碑文后段则表达了对观音菩萨的感恩与赞美。

　　由此，普陀山迎来了它的鼎盛时期。一直到17世纪中期（时处清朝），这座佛岛总体而言都处于平稳发展阶段。不过，从清朝建立之初，普陀就始终受到一个新的威胁，而我们对此尤为感兴趣。普济寺史料有载："尽管自我朝建立伊始，便有红毛践踏寺庙安宁，但寺院香火从未中断。"此处的"红毛"即荷兰殖民者，他们一再袭击普陀山，给海岛带去灾难。法雨寺中有一撞钟，它见证了这一段历史。1666年，法雨寺被荷兰入侵者洗劫一空，该撞钟也被劫走。直到整整六十年之后，历经几番波折，该钟才又被重新放置回法雨寺内。

　　"普陀一再遭受海盗的攻击劫掠，损失极为惨重。岛上寺庙被大规模焚毁，所有珍宝被洗劫一空。海盗侵袭的后果便是，1672年，大清浙江省衙门强制岛上僧众离开普陀，移

1　原文为：圣母慈圣宣文明肃贞寿端献恭熹皇太后，含纯懿之真性，秉慧觉之上资，诸所焚修，祝厘护国保民者，朕一一钦承，无所爱惜。先是南海普陀寺，毁于祝融。我圣母恻然发念，欲缘故址而鼎新焉。朕仰承慈谕，首捐内帑。其自朕躬而下，悉输诚发愿，以次助施。遣官督建，迄今落成，而圣母喜可知也。因题额名大明敕建护国永寿普陀禅寺。——泽注

居大陆。这一清岛措施实施了长达十三年之久。时过境迁，海患平息之后，依靠官署及广大信众捐资，岛上又陆续建起新的寺庙建筑。1700年，康熙帝巡幸直隶时，下旨拨款重建普陀岛普济、法雨两大寺院……""尽管拨款数额巨大，但仍不能满足全部的重建费用。1732年，经浙江巡抚上书，雍正帝又为此拨银七万两，这才使得重建工作得以完成。我们今日所见寺院，便是这一次重建的产物。"关于更多的相关具体信息，可以翻阅两大寺院的方志，尤其是法雨寺的碑文进行了解。

近代以来，包括普陀在内的舟山群岛因为鸦片战争被更多人所熟知。1840年鸦片战争期间，英国入侵者侵占普陀岛，并统治该岛数年之久。自那时起，普陀便被迫纳入国际海运网络之中。蒸汽轮船的到来，使得无数香客以前所未有的规模前往普陀朝圣，大量寺庙被修建扩建，宗教活动因此蓬勃发展。事实上，过去十年间，凡是到过中国其他贸易活跃、财富迅速增长地区的访客，都发现该地的寺院香火旺盛，这一点几乎与普陀一模一样。中国有着数量尤其众多、规模尤其宏大的建筑群，在这个大背景之下，建筑物的倾塌衰败肯定不在少数，且不可避免。若有人只看到这些颓废之势，忽视积极的一面，恕我们不敢苟同。而在另一部分人眼中，对寺庙的大量投入与维护，更多体现出一种宗教层面上的意义，但这一切也同中国经济的日益发展密不可分。政府的扶植与促进、富豪的大量资金捐助，再加上普通大众的宗教信仰与崇拜，这一切都使普陀岛以及位于岛上的众多寺院，在今时今日迎来了它们的鼎盛时代。

3　岛屿简介

普陀岛向南北方向伸展，长度约为七公里。东西宽度最大处近四公里，最小处则仅为一公里左右。其形状极不规则，东面及东北面各有一个较大的出海口，此外便是数不清的各种小型海湾和岬角。根据里希特霍芬的研究，岛屿主要为花岗岩垂直节理地质，只有岛屿中部一小块地区较为特殊，由石英岩构成。花岗岩塑造了棱角分明的山体，斜坡处时而突兀着鬼斧神工的岩石奇景，时而堆积裸露着碎岩与石块。山崖大多直直插入大海，山海之间并无多少过渡，只有极少几处海滩主要由沙子构成，这其中最值得一叙的便是岛屿东侧的那一处。它的沙子干净细软，颜色也极为漂亮，整个沙滩顺着东侧巨大的陆地裂口带一路延展。此处并不像其他海湾一样受到淤泥堆积阻塞的困扰，所以，这里是人们享受海水浴的绝佳场所。位于北部的佛顶山海拔高度约290米，为海岛地势最高之处。不过，里希特霍芬估计此峰高为350米，而我本人无法对其精确测绘。佛顶山山顶矗立着一座灯塔，今日，灯塔中安装着德制照明设备（参见图15）。塔旁建有一小型寺院，院中为数不多的僧人同时也是这座灯塔的看护者。黑夜，灯塔亮起，人们将闪耀于夜幕中的灯光生动地形容为"佛光"。佛顶山无论是在海拔最高的山巅，还是在其他区域，都存在着严重风化、

图 15. 位于佛顶山顶峰的灯塔

破碎的巨大岩石体。其他稍矮的山丘亦有此类情况。这些脆化的岩块经不住风雨侵蚀，终于骤然坠入海中，山体于是出现一个个洞窟或深缝。流水顺着裂缝流入山体，再从这些洞穴中慢慢渗出。人们在这里面搭起小庙，或者至少于凹陷的崖壁中设立佛龛，供奉包括观音在内的各类神祇。

在这众多洞窟中，最负盛名的一个佛洞位于岛屿东北部。日光照耀，洞窟中水汽氤氲，随着光线照射角度的变化，空气中出现一个个不同的人像轮廓。这被人们理解为佛祖显圣。伴随这一景象的还有不远处传来的浪涛轰鸣，那便是佛祖的声音。所以，此洞窟得名为"潮音洞"。在峨眉山也有一处能让人产生类似联想的自然景观。站在峨眉最高峰，有时能看见底下深邃山谷中闪现无数明亮火光，这其实只是磷火，但人们将其理解为"佛光"。无论在何处，中国人总喜欢把自己的宗教理解附加于这类正常的自然现象之上。

岛屿主登岸口位于第一个岬角南部，旁边便是海岛东南最高峰。这里修筑有石堤，其中一段越出海岸，凸入水中。众多小船紧挨着堤坝停泊，它们船头朝向大海，船尾靠着石堤。较大一些的船只则在附近抛锚。泊船处边上建有一座小型寺院（参见图8），这也是人们登上普陀所见的第一座庙宇。小庙四周环绕着一片小树林，林中树木密集生长，遮天蔽日。林旁修有一条干净的走道，通向一座牌楼。此牌楼便是普陀的真正入口，只有穿过它，才算正式踏入了这座海岛。牌楼不远处矗立着一座白色小灯塔，它指引着海上航行船只来此停泊靠岸（参见图9）。

图 8. 位于普陀山码头的寺院及其院门

图 9. 码头附近的小型灯塔

图 10. 寺庙建筑

图 11. 寺前空地

图 12. 寺院内景

图 13. 念经堂为新建之物，装有玻璃窗

图 14. 新修建的寺门

岛上遍植草木。樟树林、橄榄树林、无花果树林茂密生长，还有那修长翠竹成片成群。郁郁葱葱的茂林修竹打破了远处山岩呈现出的荒凉单调之感。在眼下这个时节，山体植被稀疏，岩石裸露，只有一些低矮灌木和苔草覆盖其上。

　　整个岛屿仅为宗教活动服务，所以岛上几乎只有寺院这一种存在。只有在普济寺附近有一个小型商贩聚居区，这也是唯一的例外。而且，他们的生意也只局限于售卖礼佛用品及最基本的日常餐饮。用餐问题并不难解决，一般来说，大批香客都在寺庙用斋，而寺院的主要收入则来源于香客们的善款。

　　普陀岛上有三座主要寺院。离码头仅十分钟路程处坐落着普济寺，也被称为"前寺"。岛屿东侧有一大型海湾，岸边为美丽的沙滩，在这海湾北端便坐落着法雨寺，亦称"后寺"。而在佛顶山山峰附近，则建有"佛顶寺"。这三大寺院各有一位住持，不过，从级别上来说，佛顶寺住持品级略低于另外两个寺院住持，而后两者同级。三名住持之下设有一个监察会，统管普陀岛上的所有寺庙。他们对违反戒律寺规的僧人做出处罚，并有权将其从原属寺院放逐至另一寺院。但是，一般来说，每个寺院都有自己的一套管理体系，在财政收入方面尤其如此。三大寺院统领着普陀山七十个或大或小的从属寺院。不过，这些庙宇通常只有为数不多的几间建筑。此外，岛上还有大量的小型房舍、棚屋或洞窟，里面独自居住着极为虔诚的苦行僧，他们清心苦修，以求证悟。这些建筑同样归属于三大寺院。举例来讲，法雨寺拥有从属寺院二十五个，外有约五十个被称为"茅寮"或"寮棚"的小棚屋。整个普陀岛估计共有僧侣约一千五百人，其中普济及法雨两寺各有僧人约二百人。

　　除了三大主寺外，一众小寺庙也同样别具一格，值得一览。它们很多都建在陡峭险峻的海崖之上，人们乘船靠近普陀岛之时，从汪洋上便能一睹其独特风采。另一些则屹立于山丘之巅，或攀援依附于起伏的山体之上。所有寺院都建有外围墙，院中草木葳蕤，有时甚至成片成林。这些树木多为参天古树，虬枝峥嵘，引得无数人为之惊叹与赞颂。院内围墙上大多嵌有石壁，上刻诗赋。因为有源源不断的信众善款，所以普陀岛上从不缺少带着气派山门的新兴建筑。现代化的痕迹时不时便出现在人们眼前：古老的中式建筑中不见了传统窗纸的踪影，取而代之的是玻璃制品；有些地方甚至还建起了高层楼阁，且数量多到给人一种习以为常的感觉，仿佛这里就是上海、宁波或者更南边的广州等发达大都市。而一张纵横交错的道路体系网，则将这些大大小小的寺院相互连接在了一起。

　　岛上的主要干道始于码头，一直通到最北端的佛顶寺。整个主路系统总体施工质量过硬，布局四通八达，有岔道通往一众小型寺院。路面铺以石板，大多为40厘米 × 40厘米的尺寸规格，长一些的石板甚至达到1.2至1.5米。道路宽度则可达2.5米。不过，也有一些路段仅仅是土路经过

图16. 路上的僧侣

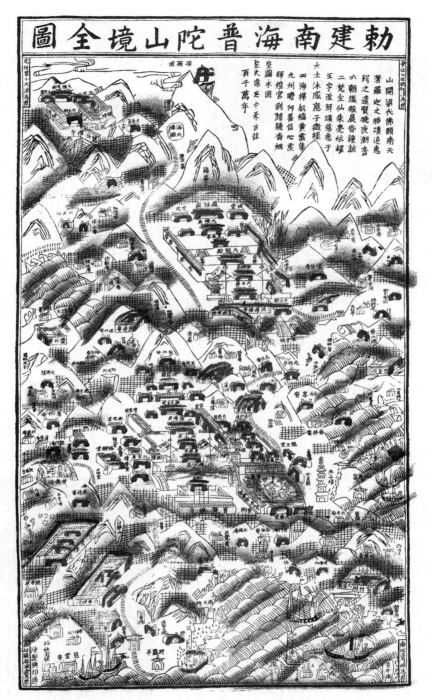

附图 3. 普陀山及其庙宇与圣迹。原画来自普陀山

图 17. 寺院指路石

简单的修整扩建，并在两旁种上新竹，或是直接扎上竹篱笆。道路两侧还生长着普陀寺常见的各类参天大树。这里没有一条独立封闭的道路，每一条都被纳入到相互连接的路网系统中。在每一个路口或是每一条岔道边上，都竖立着一块指路石。有时恰巧碰上这个位置建有一面围墙，路石就直接刻凿在墙体之上。石块上刻有此路通往的寺院名称，寺名底下一般还有两个字"进香"不可缺少。

"进香"意为"向前行进，举起双手，呈献香火"。这是一个极具佛教色彩的用词，同时也表达了对无数来此礼佛的香客们的邀请。

山丘起伏处精心修建有宽阔舒适的大台阶，礼佛之道同普通的休闲散步并无二致。人们攀登佛顶山时，能领略到美轮美奂的自然景致。在诸如此类风光旖旎之处，都设有一块打磨光滑的简单长条石，它垒在两块低矮石头之上，充当长椅供行人休息。在极其陡峭的山坡路段，人们还在蜿蜒的台阶两侧安装了时髦的欧式栏杆和扶手。虽然这是一件西洋玩意儿，可它们安在这佛教名山中却毫无违和感，反而给人一种浑然天成的感觉。距法雨寺东面不远处有一条道路，只修到半山腰便戛然而止，这是整个庞大的道路系统中唯一一处空白。山脚下清澈绵长的海滨浴场环拥着细软美丽的沙滩，汹涌澎湃的海涛时刻撞击着突兀的礁石。间或有潮水余波轻柔涌上沙滩，金黄的沙面随之起伏涌动，原本被覆盖在底下的小石块露出了黑色的尖角，整个海滩随之生动活跃起来。顺着海滩往前走，人们眼前会突然出现一个宽阔深邃的山谷平地，它的这一侧是佛顶山主体区域，而走过山谷，则是整个岛屿最东端的海角天涯。谷地中盘踞着一个巨大的流动沙丘，高度惊人。不过，因为此地常年刮东北风，所以年复一年，整个沙丘明显地朝南移动。当我翻越沙丘时，大风卷着沙粒呼啸不止，我不得不在飞沙走石中继续行程。

图 18. 指路石

中国人拥有丰富的想象力，同时又偏好通过神话想象来满足自己的各种现实需求。所以，诸如普陀这种古老神圣、每年香客无数的岛屿，就势必会衍生出一个个震撼的传说，且世代流传。这些充满神奇色彩的传说，很多都起源于一些微乎其微的事物，譬如一个文字游戏、一段随意的注解，或是一次不经意的观察。而这些信息会被聪明的中国人精确攫取并无限扩大，继而迅速创造出一个完整的故事——在今天的中国，我们仍能时常惊喜地体验到这种想象与创造的过程。同样是并不严谨合理的内容，为何中国的此类神话传说明显出众于其他民族？其中一个原因便在于，它们深深根植于中国的宗教及历史之中，根植于孕育了传说的这片土地之上。在文明未曾开化的原始社会，甚至在德国乡间，都流传着一些极其荒诞的故事，可我从未在中国听闻过诸如此类的低级传说。在这里，天马行空的想象经过巧妙构思与润色，成为流传广泛的民间传说。这种情况在普陀岛表现得尤为明显。岛上的传说都与观音菩萨有关，故事的深层内涵也多为表现她的慈悲为怀。下文中我想为大家复述这样的一个小故事，它讲述了一尊崖石名称的由来，其中便体现了前句所述普陀岛传说的特点。

从停泊着船只的码头出发，沿着道路来到普济寺山门前的桥边，不远处有两块岩石极为引人注目。它们形状奇特，轮廓好似女性形象。关于它们，便流传着这样一个故事。

几百年前，两位年轻妇女来到普陀进香拜佛。当时她们住在小船之上，而船就靠着堤坝停泊在这两块岩石旁边。其中一位恰逢月事，身体条件让她无法坚持每天来往于住处与寺院之间。而且在当时的中国，处于生理期的女性被视为不洁，她也不被允许靠近寺庙及供奉于庙中的菩萨。这种情况下，她只能每天待在船上，她的同伴则上岸进香礼拜。至于每天的两顿餐食，则由同伴从寺庙中带回。同伴有时先自己吃完，再打包带回船上，有时则直接拿回船上一起用餐。可是有一天，同伴忘了送餐这件事情，等到过了好久终于记了起来，带着饭菜匆匆忙忙赶回来时，却惊讶地发现她已经吃过了。留在船上的妇女告诉同伴，之前有位老妇人来过这里，给她送来吃食。可是，这方圆数里荒无人烟，这件事情显得十分怪异。她们百思不得其解，最终一致认为，这位老妇人就是大慈大悲观世音菩萨的

图 19. 建有寺庙的山谷

图 20. 普陀岛西北侧山峰

化身,她感受到了两位香客的虔敬与真诚,故护佑其免于饥饿的困境。为了纪念这一事件,两块岩石便演变成了两位年轻女子的轮廓。

就在这附近还有两块小一些的岩石,它们的外形看起来就好似两只乌龟的背壳和脑袋。据说,大慈大悲观世音菩萨曾经就站在这两块岩石上讲授佛法。所以,它们得名为"二龟听法"。

乌龟的寿命大多长得惊人,所以它们是长寿的象征。在位于杭州的浙江省总督府前有个池塘,里面养着许多乌龟,每天都有好几百人来到这里向它们投喂食物。人们坚信,当中一些近两米长的巨龟从宋朝起就已经生活在这里了。也许这其中有些夸张的成分,但从中可以看出,乌龟被认为是永恒的象征。所以,关于上文中由石龟衍生而来的"二龟听法"这一语句,还有着其深层含义,即佛法效力亘古永恒。

中国有无数关于普陀山的书籍,其中当然收录了众多类似的语句与传说,此外还有对海岛历史以及具体庙宇的深入介绍。可惜,因为文字不通等原因,我很难利用这些文献资料,只能参考《古今图书集成》以及法兰克、布特勒研究中的有限的几个故事。对中文原版书籍的翻译及在此基础上的深入研究与利用是一项意义重大的工作,同时也是一份造福后人的事业。不过,在这一卷中,我关注的重点在建筑、佛教体系以及碑刻这三个方面,通过研究得出自己的观察与结论,间或通过注音的形式补充以僧侣们的注释。

书中会对三大寺院进行深入描述,而法雨寺又是重中之重。倾费诸多笔墨并不只是单纯因为三大寺院的具体细节体现了佛教寺庙的典型建筑特征,还因为它们体现了整座海岛的特征,体现了岛上随处可见的对于观音崇拜的艺术特征。

第二章　普济寺

图 21. 位于普济寺前莲花池上的大型拱桥

　　距离普陀主码头约 1000 米处，坐落着岛上三大寺院的第一座，同时也是建筑最为恢宏的寺庙，即普济禅寺。只有当寺庙中的僧侣达到一定人数、朝暮课诵形成一定规模、整个寺院拥有了一定地位之后，该佛寺才有资格在其寺名中加上"禅"这个字。[1]"禅"意为"清心苦修、以悟佛法"。类似普济寺的大型寺院中都修有一个专门的佛堂，主要供剃度受戒的僧人进行修禅功课。不过，修禅并不拘泥于形式，僧人也可在外云游悟道。除普济寺以外，法雨寺全称也为"法雨禅寺"。这两大寺院还各有别名。根据地理位置划分，因普济寺距离登陆地最近，故称"前寺"；而法雨寺位置靠后，距前寺极远，故称"后寺"。就其影响力及重要性而言，两寺不分伯仲。但同第三座主寺佛顶寺相比，这两者则略胜一筹。佛顶寺位于佛顶山山峰附近，而该山又是整座岛屿海拔最高的山体。由于位置偏远，所以无论是在香客数量还是随之而来的香火收入方面，佛顶寺都不可能同另两者相提并论。

　　尽管在康熙皇帝时期（1662—1722 年在位），普济寺住持就已经拥有了显赫地位，但直到 80 年前，寺院住持才获得资格升座"方丈"，寺庙等级也相应高升一等。普济寺现任方丈就是本岛僧人，剃度于岛上一个小寺院，而该小寺院也因此名声大振。

　　码头栈桥连接着一条平坦的石板路，通往一座小山丘的山脊处。道路沿途经过若干间

1　此为作者对中国寺院体系的误解。"寺"与"禅寺"是包含关系，"寺"为统称，如禅宗寺院称为"禅寺"，律宗寺院称
　　为"律寺"，并无高下之分。盖因后期禅宗在中国更为盛行，禅寺普遍规模更大，故给德国作者留下错误印象。——编注

图 22. 碑亭，内有诸碑刻

开放的大型亭阁，亭阁与路两侧都林立着石碑或木制匾额，上书汉字。登上山脊，人们便可将恢宏的普济寺全景尽收眼底。寺院坐落在一个宽阔山谷之中。建筑东面临海，开阔浩渺，另三面则被群山环绕。一条主路引导人们往东北方向前行，进入寺院。主路两侧分布有许多小型寺庙，不过数量最多的当属众多商贩们的店铺及住房，香客和岛上僧侣们的一众生活需求便有赖于这些商贩。在这一章节中，我将借助平面图（参见图 27）及若干张图片，对普济寺进行大致描绘，并由此得出类似建筑的主要特征。而在介绍另一主寺法雨寺的章节中，我则会对这些特征进行具体深入的展现。

普济寺南面横有一个莲花池，其长度超过了寺院整体宽度，并向东延伸。池塘东南部横跨有一座长长的拱桥，它在水面上划出一道优美的半弧。拱桥台阶低矮，非常适合人们行走。桥上的扶手雕饰精美，拱桥同周边风景融为一体，呈现出一种整体和谐之美。

寺院中轴线南起碑亭（参见图 22）。它位于山丘边上，按照中国传统亭台式样修建，各地孔庙及佛寺中经常出现这个建筑。此类碑亭（亦称"碑堂"）内均竖有巨大石碑，碑体建于

图 23. 长桥、莲花池、商铺

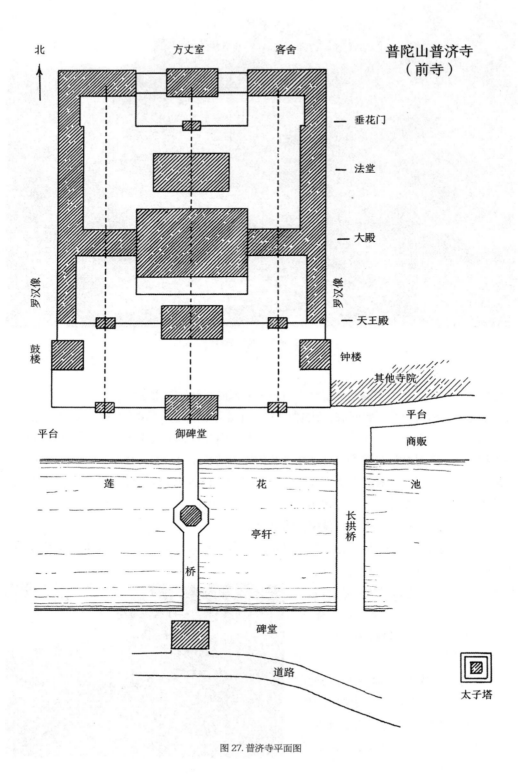

北　　　　　方丈室　　　客舍

普陀山普济寺
（前寺）

垂花门

法堂

大殿

罗汉像　　　　　　　　　　　　　　　　罗汉像

天王殿

鼓楼　　　　　　　　　　　　　　　钟楼

其他寺院

平台

商贩

平台　　　　　　　御碑堂

莲　　　　　花　　　　　池

亭轩

长拱桥

桥

碑堂

道路

太子塔

图 27. 普济寺平面图

图 24. 御碑亭，内有御书石碑

碑趺或龟趺之上。碑面上镌刻的文字一般记载了该寺的建院或发展情况，帝王巡幸寺院或其他重大事件也会被刻入碑文作纪念。碑文最后通常以诗赋结尾。

除拱桥外，池塘上还修有一座较为低矮的石板平桥（参见图 25）。它的中部略宽，修建成平台式样。平台上建有一座八角小亭，亭子飞檐翘角，顶尖托起一颗硕大的圆球（参见图 26）。亭子八角形的基座由砖石砌成，开有门窗，亭内设有可供休息的长椅若干。

在寺院正式建筑的南面，也就是在寺院与莲花池之间，修建有一条东西走向的主干道。道路在寺院山门前的这一段修得较为开阔，形成一个类似于前庭的区域（参见图 24）。寺院主入口为廊厅形式，其台阶两侧放置有石狮一对。不过，廊厅多数时候闭门不开，其主要功能并不是供人出入，而是安放康熙帝时期落成的几块极其珍贵的碑刻。所以，这个廊厅也被称为御碑厅（亭）。该建筑为重檐设计，其两层方形拱顶的四周墙体部分由石块砌成，内部藻井四面各雕刻有飞龙一条，四条飞龙均朝厅门方向腾飞。拱顶外部墙面雕有相互交缠的凤凰图案，引人注目，所有凤凰同样朝向厅门方向。建筑内部正中建有一个宽大的四边形碑趺，其上矗立着一块高而阔的石碑，上方还修有一个木制穹顶，类似尖顶帐篷式样。法雨寺宏大的念经堂中也有此类设计（参见第六章）。寺院房舍殿厅的柱子都立在坚固的圆柱形柱基之上，柱身下方刻有雄浑苍劲的云龙戏珠浮雕。不过，此处御碑亭的基柱较细，雕饰面积较小，相比之下，天王殿中的柱子明显更为粗大，浮雕也更为精美。

人们进入寺院一般不走这个位于正中的殿厅，而是由两边较小的石砌侧门而入。一路进深，侧门所在的东西轴线上还依次开着其他的大门。可见，普济寺建筑布局共依三条轴线展开，分别为中轴线与东西侧轴线。

图 25. 长拱桥、石板平桥、莲花池、亭轩、碑亭

图 26. 带有亭轩的石板桥，桥对岸即普济寺

三扇院门背后是宽敞的第一进院子（即前院），前院北端的东、西两侧建有钟楼、鼓楼各一。它们为多层建筑，带中国传统的重檐歇山顶。两者纤细而立，为院落平添一份灵动与生机。前院开有两扇侧门，引导人们通往寺庙内院。其门上修有宽大的飞檐，檐下垂吊着一对样式质朴的木制檐柱，这便是中国传统的建筑形式垂花门，在私人住宅中尤其常见。沿着中轴线往前便是天王殿，殿中一尊弥勒佛高坐于玻璃佛坛之上。塑像通体镀金，佛祖大肚能容，带着常见的笑脸，神态自然。工匠们以苍劲有力的刀工，在佛前供桌的正面与侧面镶板及两端翘起的飞角处雕刻出大量玲珑精美的纹饰图案。虽其他殿厅中的供桌亦是如此精美繁复，但天王殿中的浮雕尤其巧夺天工。浮雕半人高左右，较为平整，构图巧妙，栩栩如生，其表面镀上一层金粉，间或细腻地涂以泛着青光的银粉。浮雕除了在人物面部涂上白色之外，并未再使用任何其他色彩。这些浮雕或是直接暴露在外，或是隐藏于玻璃隔屏之后，但描绘的均是佛教传说中的故事。时至今日，这些故事也仍然是宁波地区传统匠人雕刻时的重要素材。普济寺中有许多艺术作品为新近之作，其中大多只有十几二十年的历史。弥勒佛身后立着身披华美甲胄的佛教护法韦驮，其跟前同样放置有精美供桌一张。殿堂中的四大天王则神态各异，惟妙惟肖。

天王殿后放着一个巨型铜制香炉，人们经此处可到达大殿前方平台。平台栏板之间的望柱造型平常，但其顶端均雕刻以飘逸的莲叶形状，这种取材于大自然的灵动创作并不多见，不失为一种惊喜。平台上放置有五个大型祭祀器皿[1]，均以青铜制成，造型古朴。正中的香炉背后建有两小段左右对称的台阶，通往上方一个小型平台。焚香时，人们便需登上这个平台，以完成整套仪式。

大殿既没有开放式的前堂，也没有殿周回廊（参见图28）。为了扩大使用空间，所有配套区域都被规划在一个大殿之内，整个建筑从而得以进深五间。大殿仅有一凸出修建的屋檐作为遮挡，人们踏过殿门，就直接进入了内殿。大殿屋顶为重檐结构，日光得以透过两层之间的狭小缝隙投射进大殿之内，用以照明，这种设计与西方教堂建筑有着异曲同工之妙（参见图29）。从平面图看，大殿在中轴线上被划分成前后五个殿厅。中殿宽度达到惊人的8.5米，其两侧连接有通道平台，高度较中殿略低。横梁依照对角线组成一个个正方形，而这些正方形又相互连接，构成一个稳定的整体系统。中殿在南北与东西方向上占据了极为宽阔的空间，从而为佛像群的放置提供了充足的面积。大殿的东南及西南角落各设有耳房，供守殿人居住。房间旁搭有小棚屋，一些僧人在此或售卖礼佛用品，或解签算命，或在信众礼佛时做一些自己的分内事。西侧棚屋的北面摆放着大鼓一面，东侧相应位置则是撞钟一口。大鼓的东面设有一供奉着关公的小型祭坛，撞钟西面则是韦驮祭坛。这两尊雕像栩栩如生，皆为大师之作。韦驮像通体镀金，其身体略向前躬，身姿优美却又威严肃穆。他手持宝杵，身披华胄，头戴兜鍪，周身环绕有飞扬的彩带，雄姿英发立于帷盖之下。祭坛前的供桌为康熙年间所制，出产于福州。桌子镶板及曲线形的桌腿之上密集地雕刻有

---

1 作者所言"五大型祭祀器皿"，应为佛教五具足——指香炉一具、烛台一对、花瓶一对，按个数为五，则称为"五具足"，
是摆在佛教寺院供桌上的供器。——编注

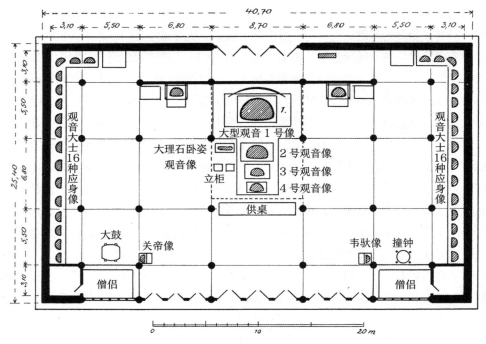

图 28. 大殿平面图

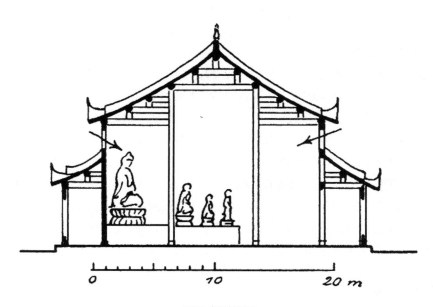

图 29. 大殿剖面图

精美绝伦的纹饰图案。近看可以发现，图案对称排列，且式样极为繁多。木制供桌并未同韦驮像一样被镀上金粉，而是被刷了一层暗棕色的油漆。其框架也做工精致，独具特色（参见附图17—2）。

位于正中的主佛坛南北方向占地两间（参见附图4），它是我在中国所见到过的最独具一格且巧夺天工的一件艺术作品（参见图28）。佛坛上放置有四尊不同形态的观音像（参见图29）。最北的一尊体型最大，它端坐于莲座之上、帷盖之下，身穿法衣，略微坦胸，通体镀金。其身后是常见的寺庙帷幕，把塑像区域隔离出来。

这尊大型雕像的前方平台上是三尊前后排列的小型观音像，它们面朝南方，身穿真实法衣，其面积几乎占据了一整间进深。靠北的2号观音坐像须弥座略高，其目光并不似身后的那尊大型观音一般神圣而不可靠近。总体而言，这四尊佛像在神情与姿态方面更多的遵循了自然主义的表现手法，但同时又保留了仁慈可亲这一真实凡人所具有的特征。这里所传达出的信息非常明确：作为菩萨，观音神圣威严，俯瞰尘世凡夫俗子；但当面对僧侣与香客时，她又展现出其慈悲亲切的"人"之一面，而信众处于这种感受之中，愈发亲近与依赖这位菩萨。目光回到2号观音像，它由青铜制成，外罩浅灰色丝质披风，其上绣有墨绿色竹叶。竹叶萌发于玲珑可爱的新竹之上，在风中不知疲倦地灵动飞舞，始终给人以生机与快乐。在场的一位中国人对我说了一句"菩萨在微笑"，之后又告诉我，"笑"这一汉字就包含了"竹"这个部首。因为备受人们的喜爱，所以在中文语境中，新竹被冠以"观音竹"的美称。

3号观音像较2号更小，其所坐的宝座也较为低矮。塑像由木头镀金制成，通身罩着一件红色刺绣披风。这尊观音像的目光较前两者更为慈祥亲切，并引导人将视线放到位于其南面的最后一尊4号观音像上。它是四者中最接近于真实人物形态的一尊，只不过塑造时也许按照美丽女性的形象进行了略微理想化的表现。此外，它也是四者中尺寸最小的一尊，约真人大小，呈站立姿态。如此一来，它便高于位于其身后尺寸略大但呈坐姿的3号像。4号像由青铜制成，身披巨大而华丽的丝质披风，上面绣着众多花卉。这四尊观音像并不是按照简单的由大到小或由高到低顺序排列，而是在序列末尾，通过跃然站立的4号观音像，再次给人以强调与震撼之感，这种排序体现了相当程度上的宏大布局意识，彰显了极其深厚的艺术表现功底。

高筑的主佛坛所在的两块区域周边环绕有木制栅栏。栅栏样式简单却牢固扎实，其每根栏杆顶部均做成蜡烛形状。栅栏内2、3、4号观音像所在的大型平台的西面有两个立柜，上方放置着几座雕刻有观音像的小型佛龛。因为柜子上了锁并贴了封条，所以我只能猜测里面可能存放着经书、佛像等珍贵物品，至于具体为何物便无从知晓了。

这两个立柜背后是一尊由白色大理石雕刻而成的观音睡像，其价值珍贵，又生动有趣，我之后只在福州鼓山见到过类似的雕像。观音像被保护在一个长条形玻璃箱之内，观音右肘撑地，手掌托着头部，左臂舒展放于躯体之上，通身罩着一件黄色刺绣披风。雕像整个姿态犹如佛祖涅槃，非常引人注目。大理石质地极为细腻精良，无瑕的白色材质泛着莹莹的微光（此处请参见本书第三章第五节关于玉佛的描述）。

附图 4. 普济寺大殿主佛坛

佛坛前的供桌雕饰考究，其上摆放着五具足、灯台、花瓶及香炉。供桌、观音像连同佛龛等只占据了宏伟大殿的中间区域，剩余的大片宽敞空间几乎全供僧人及香客们礼佛朝拜。据僧人介绍，这里可以容纳3000人。他说的这个数字应该没有问题，不过若真有3000人涌入大殿，那场面肯定十分拥挤。

靠北侧还设有若干小型佛龛及供桌，其中立有一石，上面刻着精美的观音像。东西两侧各辟出狭窄的一溜区域，其上共摆放有观音三十二应身像。它们均端坐于须弥座之上，尺寸约为真人四分之三大小，通体镀金。这其中有一些观音像被塑造得较为自然逼真，但总体而言并无多大艺术价值。

普济寺的法堂并无多少亮点可言，甚至可以说看起来极其寒酸。我们在下文的法雨寺一章中也会介绍到，法堂布局一般都比较相似，佛坛前会修有讲经台，其上设有围栏，摆放有桌椅，供僧侣讲经及诵经使用。事实上，法堂就是一个传经说法的场所。佛教著名寺院宁波天童寺的法堂就极其雄伟恢宏。为首的僧人站在讲经台之上，向一众修为较浅的僧侣传授佛法，指引其言行举止。

因为普济寺法堂之上的二层是另一个大型空间，所以法堂一层修建有平整的搁栅平顶充当天花板。二层空间北侧有一个玻璃佛龛，里面庄严端坐着一尊略微大型的镀金释迦牟尼佛像。同一佛龛中还摆放有一尊白色大理石观音坐像，它同法堂中的观音睡像出自于同一块原石，其神态亲切，惹人注目。它身披一袭纯红斗篷，头戴类似于教皇所用的三重冠冕，这种装扮着实吸引人们的眼球。它的面容透着浓浓的温厚与友善，整体形象极为柔美亲切。

大殿所在院落的两侧偏殿中放置着罗汉像，每侧九尊，共计十八尊。罗汉即等级较低的佛陀。[1] 这种布局实在是不同寻常，一般而言，罗汉像均被摆放在主殿之内。

法堂周围建有回廊，回廊北部区域置有众多匾额，其上刻着由皇帝指派至普济寺的历任方丈姓名。这些匾额样式简单，被固定在架子上。人们在每座衙门、众多的寺院以及每位家学渊源的文人或世代为官的官员家中都能见到类似的匾额。

这一排匾额靠着法堂北面摆放，正对着坐落于中轴线上的方丈室。人们从此处出发，向北穿过一道漂亮的垂花门，上完一段样式较为奇特的台阶，便可来到方丈室门前。建筑正中是方丈的礼佛堂，屋内墙壁上挂着一幅佛图，上面描绘有达摩祖师与第十八位罗汉的故事。值得一说的是，位于十八罗汉之末的伏虎罗汉生活于6世纪前期，在证得果位之前是一位声名远播的佛教信徒。这幅佛图前方放置着桌椅，供方丈诵经时使用。房间侧面狭窄的墙上还挂着若干画像，其中有一张关帝像。关羽因其所代表的仁义智勇等传统美德，被中国人奉为楷模。

建筑二楼为藏经阁。阁中林立着一个个高大的书柜，给人一种森严的压迫感。藏经阁中共计有佛经典籍84000卷。

一楼礼佛堂东侧为方丈住所，不过此时，方丈并不在寺中，而是云游去了宁波及上海。

1　罗汉在大乘佛教中，为修行果位低于佛、菩萨的佛弟子，而在上座部佛教中，罗汉则是修行所能达到的最高果位。普济寺属大乘佛教体系，故作者有此说。——编著

图 30. 位于法堂楼上的大理石观音像

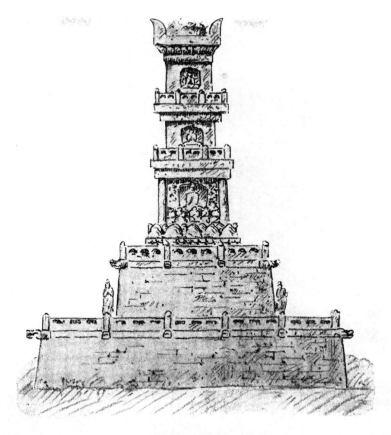

图 31. 太子塔正面图

再往东是一个偏院，里面设有客舍。寺院众多的僧人则住在另外多个偏院之中。

前寺东南侧矗立有一座太子塔（参见附图 5）。由于在中国的八卦风水学中，东南角为风水宝地[1]，故宝塔被视为前寺的风水塔。又因为前寺在普陀岛上有着举足轻重的地位，同时宝塔也处于岛屿的东南角落，所以它进而成为整个海岛的风水宝塔。宝塔全部由石块砌成，层层叠叠，巍峨壮丽。最底层的塔基为一个宽阔的正方形平台，平台四周原本建有一圈石制围栏，每根望柱顶端雕有蹲坐的石狮。虽然它们现今已不复存在，但其上的二层基座仍保留有与之相同的围栏与雕饰。幸运的是，雕刻于塔基对角线四个角落之上的螭首还保留至今。底层平台之上建有类似的二层平台，只不过面积略小。其上的四个角落各雕凿有一位尺寸如真人大小的力士，雕像身披甲胄，护卫着这座宝塔。虽然雕像的形象并未带有非常明显的宗教色彩，但某些元素仍会让人将雕像与佛教四大天王联想到一起。四者

1　东南角在八卦中代表巽位，易学认为若东南角"缺角"，对风水不利。八卦为整体体系，并无作者所言固定"某角"为风水宝地。——编注

附图 5. 太子塔，位于普济寺东南

图 32. 下层塔身，南面为两尊观音雕像

中有一位正拨弄着手中的六弦琴[1]，而在山东、河南特别是山西的众多传统祭祠中，也有很多类似姿势的铁制武士像[2]。当然，这些地区的佛教寺院中也不乏它们的踪影。据我所知，这些雕像均为宋朝年间（960—1279）所制，带有浓重的华夏色彩。从艺术创作角度而言，它们或许同那些先秦两汉时期林立于墓道两侧的古中国雕刻俑[3]有着一脉传承的紧密关系。前寺的宝塔建成于元朝（1271—1368），而这个朝代的艺术创作特征，正是选取多样的中国传统元素为主题，并通过高超的技艺将其表现得至臻至美。保存至今的元代众多塔楼、牌楼或碑刻等其他建筑艺术很好地证明了这一点。所以，宝塔上的四尊武士像或许可被解读为佛教四大天王，但就其所展现出的艺术造型而言，人们应更多地从中国古代传统艺术角度，而非宗教角度加以理解。

二层塔基之上还建有一个基座，其上雕凿着缠绕的飘带、祥云状横饰带以及流水山崖等图案。基座上拔地而起一座三层宝塔。一层四个角落各立有一根独立的柱石，共同撑起

1　作者所言"六弦琴"，应指持国天王手中的法器——宝慧琵琶。——编注

2　作者所言"武士像"，疑指中国的金刚力士像。——编注

3　"俑"指的是古代陪葬用的偶人，作者所言"雕刻俑"，应指的是墓道两侧的石像生。——编注

这一层空间。柱石上方砌有互成直角的横梁，形成突出于一层空间的台口水平饰带。类似的水平饰带同样隔开了二层与顶层空间。顶层连接着大幅向外挑出的花环状檐口，其上雕凿有半弧状山花蕉叶纹并四个位于檐口四角的冠饰。塔顶似乎本应为锥体设计，锥尖上镶嵌宝珠一颗，不过时至今日，塔顶仅存破损锥体依稀可辨。

这座三重宝塔的每一层每一面都雕凿着佛龛，共计十二个。每个佛龛内都有佛像石刻。上层壁龛中端坐着毗卢佛，值得一提的是，很多僧帽上所绣图案即毗卢小像，故僧帽又被称为"毗卢帽"。中层壁龛为释迦佛，下层则为观音、普贤、文殊及地藏王这四大菩萨。所有这些石像均为半浮雕工艺。底层石柱之间还坐落有独立雕像。南面正中为南海观音，其左右两侧分别为善财童子与龙女，再往两侧是两位罗汉，这五尊雕像均并排放置。底层东西两面则各有五尊罗汉像，再加上北面的六尊，至此，十八罗汉完整现身。

法兰克依据《古今图书集成》，在其研究中介绍到，该宝塔建成于 1334 年。当时正处于元顺帝（1333—1370 年在位）时期，皇子宣让王[1] 出资约三万马克，修建而成此宝塔。该塔所用的石灰石均取自举世闻名的太湖美石，建成后塔高达到三十一米。《古今图书集成》一书如此评价这座宝塔：塔上佛雕姿态各异，但均法相庄严、容貌端丽、眼神生动。宝塔所有的雕像，包括护塔使者、石狮及莲花在内，都是如此栩栩如生，呼之欲出。世间未有能与其媲美者。

这座宝塔又被称为"太子塔"，此名称同出资修建该塔的元朝皇子并无关系[2]，而是同佛祖本身有关。释迦牟尼出家前便是身份高贵、拥有继承权的太子，保留对其的"太子"称呼，彰显出佛祖的崇高与光辉。

虽然太子塔多处倾塌，但它仍然是岛上的一颗明珠，对普陀意义非凡。

1　帖木儿不花，元世祖忽必烈之孙，元天历元年（1328）受封宣让王，镇庐州。——译注

2　此系作者谬笔，据《普陀山志》及 1922 年常盘大定等学者考证，"宣让王施钞建，故又名太子塔"。按元人习惯，宣让王虽非已确定继承帝位之太子，但为元顺帝之皇叔，一般可称为太子。——编注

第三章　法雨寺

目　录

1　法雨寺历史

1581 年，即明万历年间，高僧大智创建了法雨寺。据传，大智法师当时从四川峨眉山来到普陀朝圣，被这座海岛深深吸引，于是长留于此，用茅草搭起一间棚屋，并取名为"海潮庵"（参见法兰克著作）[1]。其后，这个简易的小棚屋很快便发展成寺院规模。不过，1599 年，寺院历劫被毁，这一点在上文已有提及。之后，明万历帝下令重建该寺，并于 1606 年赐其名为"镇海寺"，取"镇伏海波"之意。到了清康熙年间，经过著名高僧别祖师[2]的多方努力，寺院得以大规模重建与修缮，整个重建工作直到 1705 年才宣告结束。据说，当时的统治者康熙皇帝曾目睹了大慈大悲观世音菩萨显圣，受其感化，故拨巨款资助寺院重建，并要求众僧全力以赴参与这项工程，不得拖延懈怠。许多故事都记载了康熙与这座佛教圣岛之间存在着非同寻常的紧密联系，而诸多实物也印证了这一点。前寺附近坐落着一座比较特别的小型寺庙，其主殿屋顶铺有明黄色的琉璃瓦。据说，康熙帝的一些妃嫔曾居住于此，诵经礼佛。寺庙之前保留有描绘这一场景的画像，不过时至今日，画像已消失不见。

当时的法雨寺方丈性统大师，还同普济寺方丈一起，随着康熙帝出游。康熙乐于同有识之士及得道高僧谈经论道，在其著名的南巡杭州期间，这两位方丈便于皇帝左右伴随了一段时间。康熙被佛法所感化，下旨拨款重修普陀众寺。一般而言，小至楼宇、大至整个城市，建筑在遭遇诸如火焚之类的劫难之后，都会于重建时冠上新名，寺庙当然也不例外。当时，康熙帝便为寺院重新赐名"法雨禅寺"，同时御赐匾额一块，上书"天花法雨"四字。此匾至今仍高悬于法雨寺大殿正门之上。

这句题词意蕴深远又颇具诗意。当然，同所有出现在寺庙中的碑文题词一样，它来源于佛经典籍。人们或许可以借助下面的这首诗赋[3]，进一步领悟"天花法雨"这句匾文的含义。本人先在此处对"尘土"一词稍作解释，以此我们能够更好地理解诗文最后一段的意思。中国人倾向于将生活及生命中的纷扰与缺憾称为"尘、垢"。在中国，特别是在多泥沙冲击平原及黄土层的北部、放眼皆为荒漠的西北及西部，漫天飞扬、无处不在的尘土是让人极为厌恶的一种存在。出于这样的一种思维与观点，中国人把现实生活的世界，即存在着缺憾与不完美的世界，称为"尘世"。

法雨
带着佛光
佛祖跏趺授道
万众簇拥

1　据《普陀山志》记："大智，讳真融，自峨眉山来，礼洛迦，见光熙峰泉石幽胜，遂结茅以居，题曰海潮庵。"——编注
2　作者所言"别祖师"，应指别庵性统禅师。别庵是大慧禅师之嫡派。——编注
3　由于德文原书未附中文诗赋及铭文原文，一些诗句着实无法再推找回中文原诗，在此统一歉意说明。——编注

图 33. 法雨寺西侧庭院

聆听圣言偈语

看——天花如细雨四散
飘落至佛祖衣衫之上
沁人的甜香悠远绵长

圣言如细雨滋润万众
由此
尘浊尽洗
灵台清明

　　位于这个海天佛国之上的众多寺庙，都同康熙有着千丝万缕的联系。康熙帝对普陀的偏爱，首先源于海岛独特的地理环境以及旖旎的风光景致，而此处供奉的观音或许又是另外一个值得注意的因素。康熙是一位多情的帝王，对他而言，观音是女性理想而完美的化身，他不仅从观音身上看到了端庄温和之美，更是将她视为掌管爱情的神佛。[1] 康熙去世

<hr>

1　观音与掌管爱情无直接关联，在中国，观音菩萨以救苦救难为己任，推测作者之意为"主世间姻缘之菩萨"。——编注

之后埋葬于北京清东陵，他的两位皇后也安葬于其陵寝附近，与之相连的另一座墓中还安葬着他的一众宠妃，人数不少于四十二位。从中体现出的康熙帝风流多情的这一性格，或许便能解释为何其如此热衷于对观音崇拜的推广。人们若是阅读法雨寺御碑亭中的碑文，便能更深入地理解这一点。

寺院的主体部分为康熙年间重建的结果，当时大规模的重建工程于 1705 年告一段落。在之后的岁月中，寺院又经历了一系列小规模的修缮与扩建，直到 1735 年雍正一朝，全部工程才宣告结束。1880 年左右，一场大火烧毁了寺院大部分建筑，直到近期，大规模的重建工作仍在继续。法雨寺之所以能迎来这个浴火重生的新时期，离不开著名高僧化闻大师的努力。今日我们能看到，在最高平台之上巍峨屹立着雄伟的建筑群，它们是整个寺院最北端的建筑，这便是化闻大师在成为法雨寺方丈之后主持修建的。化闻大师原籍京城，学识渊博，在来到普陀出家之前，已担任多个官职，据传他甚至官至候补道台。像他这种学富五车又身居高位之人出家为僧的事例，虽说并不是比比皆是，但也不在少数。他同众多的富绅高官关系密切，寺院因此获得了前所未有的慷慨捐助。法兰克于 1891 年 5 月参观法雨寺时，机缘巧合之下结识了化闻大师，他称赞大师是位博闻多识、亲切友善之人。

2　建筑概览

（此处请参阅卷末附图 32）

本节将大致描述法雨寺的结构布局、历史发展以及具体的建筑用途。进一步的详细描述将在下一章中为您呈现。

进入法雨寺的方式有二，人们可以由南面的主干道进入，也可经前寺背后的一条地势非常低的小道进入。小道沿着向下的斜坡而建，斜坡一路向前，直到海陆交界处才戛然而止，以突兀礁石的姿态立于海边（参见附图 6）。从这条小道上，人们可以望见远处佛顶山山脚的法雨寺。向东看去，右手边是一道绵长的沙滩，沙滩平坦，白色细沙泛着微黄，沿着海岸线划出一弯柔美的弧线。法雨寺主殿那明黄的屋顶闪烁于浓密树荫之间，引人注目。不过，人们通常会选择从西侧的一道山门进入法雨寺。这道山门距通往佛顶山的主干道还有一小段路程。若由此山门进入，人们会沿着中轴线稍偏右的路径来到一个莲花池边。池塘长约八十米，宽约三十米，位于寺庙中轴线偏东位置。一座精美石桥横跨于池塘之上，当中暗藏玄机——这才是寺庙的真正入口，法雨寺建筑从此处开始才展现在人们眼前。过了石桥，沿着精妙布局的石板小径拐过两道弯后，路面略变宽阔，继续往前，便是一座两层凉亭。凉亭的一层四面通风，没有围墙，内设若干长椅，供行人休憩。在这里，因烈日暴晒而疲惫不堪的人们可以稍作休息，恢复体力。所以，在中国，这样的休息场所被统称为"凉亭"。凉亭内部的北侧墙壁设有隔间，专供守卫及膳房使用。护院僧人就同若干尊佛像一起，居住在凉亭二楼的祭坛边上。从凉亭出发，往东不远处便是沙滩，沿着沙滩继续东行，便可一路走到海岛的尽头。这座两层建筑，同莲花池入口一样，都被包围掩映在葳蕤枝叶、扶疏翠竹和其他茂盛灌木之间，一派葱茏幽深景象。凉亭往西的一路则通往寺庙的一号及二号前院，由此，人们也就来到了法雨寺寺院建筑的真正主体区域。建筑整体长达二百四十米，前院宽为五十米，主院宽度则为六十米。

一号前院的南侧为一面影壁，影壁旁立有牌楼一座。前院里密集生长着许多苍虬古树，它们盛大的树冠遮天蔽日，整个屋宇在这绿荫笼罩下几乎消失不见。二号院子的东西两侧各有一根木制旗杆，高耸于石制基座之上。

沿着依中轴线修建的宽阔露天台阶拾级而上，到达天王殿前的开阔平台。穿过平台，继续向上走一段，只见两只石狮立于主殿门左右两侧，天王殿便真正展现于眼前。当然，人们也可以选择依侧边轴修建的小台阶，上至东西殿门处。不过，通常情况下，只有东侧殿门常年使用。三扇殿门的设置凸显出南北方向上三轴一体的概念，这不仅符合中国人传统的世界观，更契合了佛教一体三身的观点。人们在深处第六进院落的法堂中，也能感受到这种三线理念及布局。目光回到天王殿，中间那扇大门自然是主入口，通往供奉有四大天王的殿厅。而位于侧边过道上的东西偏房则供护院僧使用。

天王殿及两扇角门背后坐落着狭长的三号院子，其进深不深，却横跨了整个东西方向。院子的东西两端各有厢房三间，房内的佛龛里供奉着几尊佛像。房间面积并不大，平时也很少使用。因整个寺庙依山取势，四号院地势上高于三号院，两者之间由一面护墙隔开，墙体正中延伸出一道台阶，通往上方的四号院。护墙高达 3.1 米，由不规则的石块堆叠成自然形态，并浇灌以强力泥浆。穿过护墙，沿着宽阔且方正的长阶，人们便来到了四号庭院所在的平台，其上的护栏均修建成矮墙式样，一字延展。庭院东首有钟楼一座，西首为鼓楼一座。

同之前一样，四号院与五号院之间也被一面相同的护墙隔开，并由两道落差为三米的台阶连接。正中的护栏由一块块雕饰在望柱中间的石制栏板组成，栏板外侧（即南面对着第四重庭院的方向）刻凿有飞腾巨龙（参见附图 10—2），每块板上各有一条。蛟龙均朝正中昂首，焦点位置上，一龙前爪握有明珠一颗。栏板内侧也雕刻有花纹装饰。

平台最南端坐落着玉佛殿，它南北进深十一米，东西长十九米。平台与两道台阶交界边缘并无护栏。玉佛殿北侧为法雨寺的主体建筑，即大殿，其进深达到二十六米，东西跨度四十三米。殿门口放置有五具足。通往这一层平台的主台阶依着整座寺庙的神路而建，台阶正中雕刻有云龙戏珠的浮雕，引人注目。前部平台的围栏由经望柱连接的石制栏板砌成，栏板上刻有二十四孝图。大殿几乎直接建在平台之上，其地基只比平台高起了矮矮一级，平台围栏紧贴着大殿成排的柱子。人们可以沿着大殿回廊行至东西两端，下几层台阶重新走回院子中。大殿北面建有一方形人工水池，深两米，四周砌有矮墙，里面养着鱼蟹等。根据佛教教义，每个寺庙均辟有此类水池，且须精心喂养池中生物，以显佛教对于畜道的

附图 6—1. 普陀东部海岸，背景为位于佛顶山山坡之上的法雨寺

附图 6—2. 东南面礁石，海岛东岬角一瞥

附图 6—3. 普陀港

关爱与慈悲[1]。

五号院的西面坐落着一栋依南北方向延展的两层长条形建筑，其面阔十间。值得一提的是，佛教中极少出现这样的偶数。一层大厅的前堂为敞开式设计，相当于一个有顶棚覆盖的走廊。二层建筑越过走廊，向外挑出，飞扬的屋檐高高翘起，又向内弯出弧度，如此一来，建筑进深得以扩大。一层后堂按照进深3：3：4的比例被一分为三。最南端的房屋面阔三间，正中一间的西侧设有一个朴素的开放佛坛，供奉着众多供养人的功德牌。这些人都是寺庙的大功德主，其中大部分为资金捐助。因此，这间房被称为长生牌殿，这些供养人的功德会被永远铭记。最南端房屋的四面分别放置着一张宽阔舒适的睡炕，若遇上寺庙内香客或访客人数过多的情况，人们也可在此处暂时解决住宿问题。不过，我这次去时，木工们正在维修这四张睡炕。

一层中间的房屋同样面阔三间，充当仓储使用，故称为杂物库房。库房整个正面的门窗外部均雕饰有精美的窗棂装饰。

一层北侧的房屋面阔四间，充当药房使用，名化育堂。"化"意为"教化"，"育"意为"抚育幼童成长"。人们可以进屋参观，只不过屋中用一张柜台隔出营业区域，其后挨着供药剂师及其助手使用的药品库房及起居室。

在进深十间的基础上延展所得的二层取名云水堂，那些云游至此的僧侣便旅居此处。云游僧一般会在这里停留数月甚至数年之久，他们并不属于法雨寺一员，若想进寺禅修，大多需等待一段时间，直到念佛堂或是禅堂空出位置，方可进寺。在通过一场考试之后，他们便可搬离云水堂，前往这两处地方。云水堂北面紧挨有一座面阔七间、高度达两层建筑，即客厅，客厅前堂与云水堂之间有台阶相连。客厅所在的楼宇因为地势关系，比位于它前方的云水堂高出约一层楼的高度。

如上段所述，供香客及访客投宿的建筑物紧挨着云水堂西侧而建。具有此类使用目的的建筑被统称为客堂，此处取名为"松风阁"。松树象征着坚韧与力量，建筑被冠以此名，表示其无惧风雨，坚固永存，而在此的居住者也会拥有同样的人生。松风阁建成时间不长，面阔七间，虽高达两层，但只有一楼。它自西向东连接起两个狭长的庭院，北面则连接着八号院。客厅所在的五号院院内西侧第二座建筑南面有一个过道，其上修有一条台阶通往八号院东北角门，这是进入八号院的唯一方式。八号院院内西首还有一间简易小屋，充当厨房及仓库。松风阁主要功能自然是为香客提供住宿，但其正中三间为小型佛堂，佛堂左右两侧分别有两个及四个卧室。松风阁建筑群构造独立，自成一体。为了应对蜂拥而至的访客，整个建筑工期非常短。显然，人们是仓促完工，具体建筑细节并无多大亮点可言。

五号院东侧坐落着同西侧相似的一栋建筑，两者相对而建。它也南北进深十间，下层按3：3：4的比例划分，前厅同样做成走廊形式同庭院相连。唯一的区别在于，东侧这栋建筑每间进深更深。一层后殿内部同样配有供众多工匠休息并存放工具的房间。若想维持一个如此大型寺庙的正常运转，人们根本离不开这些手工匠人的各种工作。

---

1 作者所言，应指寺院的"放生池"。佛经认为"诸功德中，不杀第一"，信徒放生一次就积德一次。——编注

二层全部贯通，包括一层前殿走廊上方的区域，都被用作僧人的集体斋堂。同与之相对的西侧二楼云水堂一样，它的北侧也紧挨着一栋建筑，只不过此处为厨房。人们经厨房走下几步台阶，便可到达斋堂。同样的，斋堂东面靠狭长的十三号院子一侧有一崭新楼宇，专为满足大量香客不断增大的住宿需求而建。厨房与斋堂之间有一条狭窄的过道，通往这一住宿楼。从建筑正面看，它较斋堂略微向内缩进，但由于整个地势明显东高西低的关系，其地基远远高于旁边这栋高大的建筑物。斋堂所在的这栋进深十间的楼体东侧，有一部分是建在山崖之上，其底层一半的墙体同时也充当院落护墙使用。斋堂与厨房之间被十三号院子隔开，院中有一条深水沟，用以收集并排出厨余废水以及雨水。斋堂底层面积极大，占地九间四殿，相互贯通，形成一个整体。房屋西侧前堂没有墙壁，为开放式走廊设计。在夏季，大量香客来到法雨寺进香拜佛，其用餐均在此进行。另外，此处就在厨房边上，故其作为斋堂的位置条件极为有利。建筑两列柱子上方横跨有搁栅平顶。北侧有一楼梯，通往二楼（参见附图29—4）。一层正中为一小佛堂，面阔三间，里面摆放着众多小型佛像。东边连接着三间单人间，供寺院高等级僧人居住。这些僧人被分派到寺庙各处，巡视并维护寺法庙规。建筑两侧厢房分别由六个大小不一的单间组成，均呈两行三列形式排布，两列之间有走道互通。这一设计体现了建筑的多样性。这栋楼房自身并无精致而丰富的雕饰，仅为满足客观需求而以极快的速度被建造起来。前不久，二层还辟出了一个较大的针线房。

大型僧人斋堂北侧是一座一层厨房，其前堂全部打通。人们自禅堂北前厅下楼梯，便可到达这里。厨房南首前堂外侧立有一字排开的柱子，上悬挂锣一面，锣钟一根。钟起锣响，便是宣告用膳时间到。宽敞的伙房内，北墙呈半圆形状，以此同众多的大型炉灶以及大小不一的石砌锅炉弧度相契合。正对厨房入口的墙角处有一佛台，灶神端坐其上。神像背后开有一扇门，通往内室，里面贮存着柴火、烟囱等厨房物品及设施。厨房南侧放着几张桌子，供厨房师傅准备斋饭使用，桌子可容纳二十至二十五人。房屋东侧也有一扇门，推门便可走到室外的小院中。

正对着这个一层厨房建筑的是一座二层楼宇，同样被用作客厅。它靠着五号院子的西墙。不过，人们经六号院子所在平台，也可到达此处。楼房占地七间三殿，最东首的殿厅为开放式设计，既作为前堂，又相当于屋前的一条宽阔走道。中殿正中三间为客厅，供人们交谈及进餐使用。同其他房间相似，这里墙壁中轴线上挂着佛像卷轴画，上书偈语。在别处，这个位置上一般也可能建有佛坛，上面供奉小型佛像。房屋北间西半部分是一个小型的开放式前堂，只占地两间。前堂北端连接厨房前的小院落，南端则连接着一个小型住宅院落。这个院子占地超过两间，故较之同其相连的客厅南间，进深更深。待客大厅两侧各有两片区域，上有屋舍数间，供地位较高的僧侣居住。这些僧房一部分可自大殿进入，一部分则可经西面前堂进入，而部分西前堂甚至还被作为这些房间的配套设施使用。整栋建筑最南端仅是一条过道，它与另一条走道相连，通向寺院西侧围墙。这条过道还连接着上文中提到的一段楼梯，自楼梯下，人们便可到达新近修建而成的松风阁。

楼房二层共有客房七间，西侧有一狭窄过道供人进入（参见附图29—3）。房中均放有木板床，其中六间客房有五张床，剩余一间内放有七张。同其他建筑的二层一样，人们可以从楼北侧同其相连的房屋一楼出发，沿其北过道上楼，继而达到这里的二层南过道。由于要留出宽度给过道，故二层朝院子一侧靠里收缩。这样一来，其底下的一层游廊显得突出在整体建筑之外。

九号院西侧有几栋楼宇，组成了一个建筑群落。它们本作为客房接待香客，不过现在，里面住着一些德高望重的老僧。他们潜心修行，基本与世隔绝，在这熙攘的法雨寺中过着离群索居的生活。小院边上建有一栋客房，面阔四间。根据建筑进深，僧房在南北方向上被划分出两个主要区域，其具体房间分布如下：东半边南面为一个小型厅堂，用以待客及进餐；厅堂北面连接着起居室；最北首是一个小型厨房，厨房往北即上文所提的厨房小院；僧房南面同样建有一个小院落，只不过其另有入口与外面的主路相连，与这个位于两栋僧舍之间的院子并不连通。一条狭窄走廊自僧房小厅堂始，贯穿建筑西半部分。走廊一路延伸，所经之处有房屋三间、小型别院一座，最终通往另一栋供高等级僧侣居住的房舍。这栋房舍高两层，一层由一个中厅及与之相连的四个房间构成。自窄梯上二楼，布局同底层一致。这两栋由长廊相连的僧侣房舍都没有前堂，房顶均以雄伟壮阔的姿态横亘覆盖于建筑之上，基柱均大幅向外侧推出，如此一来，即使外面风雨交加，来这儿的人们也不用担心自己会被淋湿。

让我们的目光回到寺庙建筑的中部主体部分。

自五号院北面的连接平台出发，走过角落处的台阶，便来到了同样面积巨大的六号主院。中轴线行至御碑亭边上位置，建有一向上的宽阔长阶，这条长阶即神路，其中轴线斜面浮雕上刻着云龙图案。

御碑亭一半位于这个第六级平台之上，一半位于平台南侧扩展部分之上。御碑亭其实是一个殿厅，内立帝王碑文石刻。御碑亭后设有两个小香火炉，它们稍偏离中轴线，开口都在面向平台中央一侧。香火炉以砖浆砌成，用以烧香祈福。

六号主院的北面坐落着法堂，法堂两侧各有一个小型祠堂，东面为佛母准提祠，西面为武圣关公祠。

院西有一座一层房屋，面阔五间。事实上，其原有占地面积仅为三间，后又向外扩建两间。正中三间为举行年轻僧人剃度入牒仪式的场所，正中的墙上挂着几幅带有偈语的画像。一条走道自东院入，穿过此处，复向西延伸，连接起一条带顶游廊，贯穿两个扩建地块。除举行剃度仪式之外，房屋还充当待客及用餐空间，所以相应的，现在这里还放置有桌椅长凳。建筑东侧为开放式前廊，人们可沿前廊南面的一段阶梯，进入前廊。事实上，阶梯也是前廊的一部分。南面与之相邻的区域由于辟出了一个阁楼，所以被分隔成两个低矮的楼层。经此楼，人们可达更南面的客厅二楼。这个一层房屋的北面还有一栋贴着院子边缘而建的屋舍，它看起来也属于整个建筑。但它事实上是一个往北的扩展建筑，被当作茶房使用，人们可自十一号院子进入此处。

令人瞩目的禅堂位于六号院东侧。它是一个一层建筑，正面建有一宽敞走廊，面阔五间，东西及正中均有出入口。这里居住着在本寺剃度出家的僧侣，他们是法雨寺的核心人员。不过，在最高一层平台的东北首还建有一栋建筑，名为"礼佛堂"，那里同样居住着本寺僧人。只不过，礼佛堂的僧人都是精通佛法的年老高僧。禅堂东首设有一个前堂，其南面同狭窄的十四号院相连，而这个院子有一半已是建在悬崖之上。目之所及，四处均是峥嵘突兀的崖石，这不禁让人想起，传说中，法雨寺便是孕育脱胎于这巍峨大山之中，它同浩大的天地自然融为一体。

禅堂北面建有若干盥洗室，均干净整洁。再往北，是一个面阔三间的两层建筑，带有前堂。它原本充当客房使用，不过现已空置不用。这些建筑内部都建有楼梯。楼梯绕过中庭门厅设有佛龛或是佛像的隔墙，向上通往二楼。二楼布局一目了然，同底层并无二致。

若沿着一条蜿蜒曲折、多处破损的阶梯继续北行，则会经过若干个连接平台，最终到达海拔最高的平台之上。多栋一字排开的建筑矗立于此，引人注目，它们同时也是法雨寺整个寺院建筑的最北端所在。不过，在这尽头南面，还有一个位于西侧的大规模住宅群值得一叙。

六号院西首走廊延伸至关帝庙附近处开有一扇大门，通往十一号院。其上雕饰精美，图案出众，极为引人注目。甫进院门右手边，即院子北侧方向上，修有一建筑，面阔三间，此处即为监院住所。监院即寺院八大执事之一，掌管并负责寺庙财库事宜。正中的门厅作为待客及餐厅使用，内摆放有圆桌一张，凳子若干。房间北面隔墙处设有一玻璃小神龛，内供奉着武圣关公。神龛前摆放着一张祭桌，上有祭器及丝绣若干。门厅东侧房间向外延伸，与走廊相连。西间则经略微扩建，充当存放大量证明、账本及其他重要文件档案的空间。管理一个如此大型的寺院，需要账房人员大规模的工作与投入。所以，一天下来，账房僧人几乎始终埋头于账簿之中，偶尔才会坐在户外舒适的木椅上，沐浴在阳光下闲谈。账房所在的这栋建筑后面还有一个狭窄的小院。

而进十一号院门左拐，人们会闻到一些令人作呕的味道从某个房间飘过来。厨房垃圾被清理之前，就一直堆放在这儿。另外，这里还存放着许多腌菜罐子，它们自然不会散发出多么美妙的气味。这间屋子旁边便是上文提及的茶房。事实上，茶房有一半建筑面积属于挨着六号院的剃度殿厅。

十一号院中建有一两层建筑，面阔七间，覆盖了整个院子西侧，它同样充当客舍使用。一层的正中三间为待客及就餐空间，屋内摆放有桌椅若干，墙壁中央挂着一幅佛像，上书偈语。房间大部分时候对外开放，房前的走廊一半为其附属建筑，故其面积因此增大。佛龛隔墙背后修有楼梯，通往二楼。建筑师依据二层狭长的形状，巧妙地将其布局分割成多个走道及客房。客房大小不一，房内均摆放有简单而极具宁波当地特色的床榻。一楼北厢房还有四个房间，其中一个为待客间，另三个为卧房，它们紧挨着旁边的十二号院，但两者并不连通。十二号院面积虽小，却比较特别。院中种满鲜花，且并不以花坛围起，花儿肆意而灿烂地生长。一根竹制水管贯通整个院子。因法雨寺背靠佛顶山坡地而建，这水便来源于这座山峰。院子北边尽头拐弯处是一个平台，上面种着古树修竹以及茂密灌木。

我便借宿在这北厢房三间客房之中的一间。同这栋建筑的其他房间相比，北厢房环境清静，且设施略佳。这里的客房根据设施配备情况及面积大小，被精细划分成不同等级规格。访客可以根据自己的个人喜好，从中选择适合的房间。我的房间显然不是最高规格，这一点我们之后便会讲到。不过，由于其处于背风地带，且面积较小，所以在寒冷的冬季，这个房间是个非常不错的选择。每间房中都放置有两到三张床、几张桌子、洗脸台、椅子及一个柜子。待客厅同时也充当起居室使用，厅中摆放有圆桌一面，椅子若干，另有小方桌几张。进门对面的墙便放有几尊锡制仙鹤像，鹤首回望，鹤嘴托着烛台。仙鹤像旁放着镜子、花卉以及一些供器。

建筑南边两间住着法雨寺典座，还存放着大量食材及众多认真登记的账册。典座掌管寺院粥斋事宜，亦属于八大执事之一。分发室中摆放着一些必要的橱柜以及案桌。

这一两层建筑的背面西侧是一个长条形厨房建筑，两栋建筑物仅通过一条狭窄的走道相互隔开。两边楼宇均飞檐翘角，完全将中间的这条窄道遮蔽在相互交错的阴影之下。厨房建筑中设有各种不同功能的房间，如灶房、备餐房、锅炉房、柴火房等。这个厨房是整个法雨寺最西面的建筑，再往西便是寺外。

十一号院有一条游廊，其延伸至院子南侧茶房边上时，在其底下开有一道门，通往院外。出门东行，便来到了上文提及的剃度堂背面。再往前走，是一条封闭式游廊，其窗户一侧是一个长而极窄的院子，院子南端设有一盥洗室。

若出门往西走，则可至十号院。院中建有一栋高大气派的楼房，充当客舍使用。建筑高两层，面阔五间，设有前堂。正中三间南北贯通，整体构成了一个宏大的待客厅及起居室。室内中央放有一面巨大的镜子和一张宽大的坐榻，两侧还各有一列桌椅。它们做工精良，摆放顺序也极为讲究。东西厢房中同样摆放有数张方桌，从而可以容纳更多的访客。此外，窗户边上还放着一些半圆形桌子，以便需要之时灵活摆放。东西两侧放完桌椅后只留下一溜狭窄空间，窄道墙上开有房门，通往四间卧室，每间卧室中均放置有睡床两张。佛坛隔墙背后有一房间，仅充当储藏室使用。建筑东北角的房中设有通往二层的楼梯，因其占据了一定的空间，故这个房间的可用面积相应减少，只放置了一张睡床。

二楼面积同样依据各使用功能，被划分成了走道、众多的房间以及一个中厅。不过，这个位于正中的厅堂占地面积只有一间。院内西侧有一间简陋带顶小屋，用以存放工具及柴火。整个北侧种植着大片鲜花，一直延伸到北墙处，花圃并未用砖石围起来。几个偏院里不见任何树木的踪影，这一奇特之处极其引人注意。纵观全寺，也只有在主院中轴线上种植着一列树木，它们密集排布，高大壮观。十号院走廊西端开有一扇门，门外连接一个走道。顺着这条道走下去，人们会找到一个盥洗室。它干净整洁，设有六个位置，其外围墙上的壁龛甚至还供奉着厕神。

让我们现在把目光收回到法堂北侧平台以及最高一级平台。在这两处之上横亘着成排房屋。它们是整个法雨寺最北端、地势最高、气势最恢弘的建筑。

1. 建筑正中殿厅被分为七个部分。因为人们将达摩祖师视为中国禅宗始祖，所以这个厅被命名为"达摩堂"，以此纪念这位佛教宗师。建筑东边部分有方丈室，西边则有若干房间，供班首等地位仅次于方丈的高级僧人居住。二楼建有藏经阁，它同一部分居住房间相连。

2. 寺庙东北角建有念佛堂，其一层设有一间殿厅，追思并纪念业已圆寂的寺院历任方丈及其他高僧。殿厅两侧设有若干卧室。建筑二层才是真正意义上的念佛堂，即诵经修行之所。一些极其虔诚的年老高僧隐居于此，潜心诵经礼佛。

3. 达摩堂西侧有一条狭长区域，被充当厨房使用。隔着厨房坐落着一栋建筑，面阔三间，用来招待最为尊贵的客人。这栋建筑一层的待客大厅雕梁画栋、雄伟华丽。二层的起居殿厅面积稍小，连接有四间客房。所有的房间布置均富丽堂皇到极致。

4. 西侧建有一小型佛堂，即珠宝殿。抛开殿内陈设不谈，单建筑本身就具有极高艺术价值。佛堂还配有两间侧房。此建筑与最西边房屋之间有一条走道，顺着走道会发现一个楼梯，通往二层。因为位于建筑正中的小佛堂上下贯通，直达屋顶，所以二层只有两侧房间可供人居住。

5. 法雨寺西北角有一栋两层楼房，它是整个寺庙最西端的建筑。其一二层正中均有一小型待客间，其旁各连接着四个起居室，供地位仅次于方丈的四大班首[1]使用。

一些佛寺会专门辟出一个场所，安置那些因年事已高而无法严格遵循寺庙苦修戒律的老僧。比如宁波天童寺中就有这样的一处地方。不过，法雨寺并非如此。法雨寺中的年老僧人大多居住于念佛堂中，少数则可能离群独居于远离寺院主要建筑的寮房或是隶属于法雨寺的小寺庙之中。

在这一节对法雨寺建筑进行了大致介绍之后，下一节中我们会对其具体区域进行深入描述。

3 入口建筑

3.1 池塘与桥梁

寺庙山门之前修有一方池塘，它是整个寺庙建筑的起始点。池塘为不规则四边形，四周砌有由花岗岩精心打磨而成的围栏。围栏造型朴素，望柱之间的栏板上未做任何雕饰。

按照中国传统风俗，宫殿、寺庙或者达官显贵的陵墓前必须有活水。今日的人们在兴修土木时，通常会以人工的方式做到这一点。至于为何会有此种思想，从工程技术角度看，这一点非常容易理解：首先，在暴雨等恶劣天气下，流动的水体接纳并带走大量降水，从而避免建筑积水情况的发生。其次，中国人多深信风水之说（本书第六章有详细描述），认为风水是否相宜决定了好运或是厄运。如此一来，这种建筑物前的活水设计便被提到了宗教信仰的高度。一个生动的案例便是位于北京的清代帝王陵，陵寝中精心设计有众多的河流水道，水域之上还配套建有一个宏大完整的桥梁系统。再次，中国古时便有在宫城四

1　四大班首指首座、西堂、后堂和堂主，属禅宗寺院的核心领导层，地位仅次于方丈。——编注

图 34. 法雨寺前的莲池与桥梁

周修筑护城河的传统，即使条件有限，至少建筑正面的护城河必不可缺。北京天坛就有一个完整的护城河体系，那些沟渠暗道至今仍清晰可辨。最后一点便是水自身的珍贵价值。无论是在日常生活中，还是在诗歌、艺术、宗教以及哲学观领域，"水"对于中国人而言始终是一个意义非凡的存在。

所有附近山脉的流水全部汇入法雨寺门前的这方水池，再经过水池东南角的一道闸门，顺着沟渠排入附近那片海域，最终汇入无垠的汪洋。与这流水相似，各种思想、一切苦楚、整个个体生命，所有这些自四方出发，交汇于一点，那就是对永恒真理的思索。而这个至高无上的真理，则蕴藏于佛与佛法之内。怀着这种信仰，人们各自启程，奔向永恒之海。水池上架有一座石桥，人称"汇海桥"，意为"汇聚万水，流入大海"，其桥名便有此番深意。据说跨过这座桥，便是跨过了人生所有的烦忧与喜乐，了却了红尘追求与前尘往事，踏进院门，来到佛祖身边，以得真理永恒。

汇海桥为单孔拱桥，由打磨平整的细方石精心砌成（参见附图7—1）。桥身于中心凸起处变宽，形成一个平台。平台四个角落各放置有雕饰成摇鼓形状的石凳，其上凿有带状纹饰。拱桥栏杆为光滑的四方形望柱，每根望柱顶部端坐有石狮一只。望柱之间的栏板内侧多刻有精美浮雕（参见附图7—2）。平台之上的六块栏板（左右两侧各三块）以笔墨纸砚这类经书典籍为表现主题，此外还有一些巧妙组合的人物刻绘。甚至在极少被人注意到的桥面上，也平刻有一圈大型纹饰。两段台阶栏板之上的雕刻则展现出一幅田园生活画卷：山羊互顶、公牛角力、狗儿斗相，还有无数奇形怪状的岩石与树木图形，间或出现一些仿似人形的轮廓。人就这样隐没于自然之中，同其融为一体。有时不经意的一瞥，也会恍然发觉这其中原来还有"人"的踪迹。而这些画中的人，却也在窥视着动物们的一举一动。流畅的雕刻工艺，将这种晦涩而深刻的内涵轻而易举地传达出来。在其中一幅巧妙设计的石刻中，两只健壮公羊互相角力，一只羊羔站在一旁，而掌管森林的山鬼则隐于高处，悠然看着尘世中这场滑稽可笑的纷争。画面最上方还以抽象的手法刻有一片树叶，其表现手法及工艺明显高出同框的其他石刻一截（参见附图8—1）。人们在其他石刻中，也能发现这种高超艺术的存在。第二块栏板上，鸡群嬉戏于菊花丛，突然，昂首阔步的公鸡发现乱石丛中有一个人正直直地盯着它们看，刹那惊恐万分，而母鸡对此毫不知情，仍悠闲地蹒跚于花丛中（参见附图8—2）。第三块石板上，两头水牛相互顶角，其中一头水牛背上还驮着一位牧人，旁边一头小牛犊懒洋洋地卧倒在地（参见附图8—3）。篇幅有限的画面中，对角线上是水牛强悍健壮的躯体，力量与压迫之感喷薄欲出。而晃动的人影、可爱的小牛、树木流水以及舒展于画面上方角落的云朵，又为画面注入一丝柔和娴静之感，整个构图堪称杰作。

汇海桥后是一片葱茏树林，樟柏翠竹以及无花果树密集生长，法雨寺便掩映其间（参见附图7—1）。山门旁有一坡道，通往高处的众多寺院以及位于普陀山最高海拔之处的灯塔。这条道路两侧植被稀疏，只有行至相当一段高度，才会零星出现几处较为茂密的小树林，林中建有寺院及墓地。

汇海桥建成距今仅二三十年之久，由此人们可以深切感受到，今日的中国工匠们仍保有并传承着古老而精湛的雕刻工艺。

附图 7—1. 位于法雨寺前莲花池之上的桥

附图 7—2. 桥梁栏板的石刻浮雕

莲花池上的桥，栏板石刻浮雕

附图 8—1：角力的公羊

附图 8—2. 母鸡与菊花丛

附图 8—3. 水牛与骑者

图 35. 法雨寺入口影壁

3.2 影壁

寺院南侧竖有一面墙体，它被中国人称为"影壁"或者"照壁"。我想在此处多着笔墨，对这面影壁做一番详细介绍。本节并不仅仅着眼于对法雨寺建筑的具体介绍，更希望挖掘建筑内部蕴含着的深层含义。所以，我们由这面影壁出发，开启法雨寺之旅，同时也开启一段思索之旅。中国文化中蕴藏着惊人的统一性，那些可触可见的现实表象与实体存在承载了抽象的情感与思想，两者相互契合。而且，在人们眼中，这些外现的存在就是精神表达，两者合二为一，并无区别。基于这一原因，这里有必要对这种统一性进行适度说明。在中国社会，无论是哲学、宗教、诗学思想，还是日常生活需求，抑或那些或大或小的实体存在，都在相互联系与相互作用中，找到各自存在的合理解释。

在中国，无论是皇家宫殿、普通民宅还是寺院庙宇，都以有限的实体存在投射与体现出无限的宇宙万象。主人秉持何种信仰，受过何等教育，拥有怎样的生活习惯，建筑便具有怎样的格局与气质。无论规模大小，不管是寺院之于僧侣抑或民宅之于家庭，建筑总能体现出与之相关的生活理念，总能透露出相应群体的整体生命内涵。

同其他所有事物一样，人是自然的一部分。任何一种具有普遍影响的力量，都感染并塑造着人类群体。人类无法超越万物的存在，也无力阻止万物的消逝。有人为了寻得内心的满足与慰藉，不得不投身于各类人为创造出的艺术形式之中，这并不意味着他们同自然割裂开来，而仅是一种脱离自然的权宜之计，他们仍然依赖于自然，仍然同自然属于一个整体。这种世界观演变成了一个宗教理念：不管是寺庙还是民居，都会在入口建造具有象征意义的建筑，以有形的物体表达"宇宙自然至高无上"这个无形的信念。这种建造行为一部分是出于主观动机：人们希望可以时刻提醒自己明确生命的真谛以及宗教的奥义，从而规范自己的言行举止。此外还存在着一个外在原因：中国人将神明奉为深邃宏大的精神世界的代表，出于对其的敬畏，人们以这种谦卑的姿态，表达"人"之于"天"之存在的渺小。

影壁这个建筑的存在目的便是体现了以上观点。在所有中国寺院以及住宅的入口前方，都砌有这样一道墙体。它阻挡了外人投向建筑唯一入口的视线，把内室同外部实体区域隔离开来，同时也瞬间隔离了外界的喧嚣与纷扰。建筑主人可以说："这是我的地盘，我的王国。"除了影壁外，建筑四周还环砌着一圈完整的围墙，看起来就像是一个封闭的王国，所以这句话相当形象。从这个角度看，影壁具有"隔离、孤立"这类较为消极的作用，它隔绝了陌生外界的影响，而其名称也可理解为"将内室隐藏于阴影之下的墙壁"[1]。中华民族便是如此善于从微妙细碎的想法出发一路探究，得出一个普遍的概念，并用具象的手法加以表现。此处，他们认为那些外界侵扰即邪灵鬼祟。所以，德国人又将影壁译为"灵壁"，即"阻挡邪祟侵入内院的墙壁"[2]。作为非中国文化语境中人，我们仍应了解"影壁"或"灵壁"的原始内涵。

影壁的一个积极作用则是能够表达居住者内在真实的思想与愿景。民宅与寺庙的影壁皆具此项功能。影壁有时又被称为"照壁"，即"用以映照事物的墙壁"[3]。所以，这堵墙应当如老子[4]所持的宝物铜镜一般，包罗万象宇宙，揭示自然奥义，反映永恒真理。这一点从常见的照壁雕刻图案中便能得到很好的体现。另一方面，被包罗于此的世间万道还应向外投射于实体建筑之上，作用于居住者的内心。欧洲童话中也有类似魔镜的存在，它不仅仅映照出现实存在，更是可以让人从中得到些许领悟。人们从镜中看到一些随机、独立的画面，为之触动，进而从善或者向恶。总而言之，镜中呈现的并不是单纯的现实事物反射，而是神明谕旨、永恒真理。

因此，中国人在功用类似镜子的照壁[5]之上，雕凿出带有其独特文化密码的形而上图案，

---

1 "照壁、影壁"一词在德语中的常见译法为 Schattenmauer，这是一个复合词，其基本词 Mauer 即"围墙"，而 Schatten 意为"影子、阴影"。——译注

2 "灵壁"一词在德语中的常见译法为 Geistmauer，这是一个复合词，其基本词 Mauer 即"围墙"，而 Geist 意为"幽灵、鬼神"。——译注

3 此处作者选用 Spiegelmauer 这一复合名词，其中限定词 Spiegel 意为"镜子"。——译注

4 老子在欧洲受到较高的推崇，故此处将其神化的表达。——译注

5 中国照壁的实际功用与"镜子"无关。除风水与隐私之用，照壁主要用于增加室内光线——中国建筑多做北朝南，当冬日阳光斜射于照壁上时，可将光线反射于南窗。——编注

以此生动而清晰地表达出自己的世界观。这一点在中国众多府衙门口的照壁之上体现得尤为明显。其上多雕凿有状似猛虎的凶悍神兽，周围有山水祥云环绕。整个构图极为独特，图案异常巨大，用色也十分强烈。这种艺术表现除了达到震撼威慑的效果，还力图展现自然统治万物的力量，展现宇宙万物的自然本性，前者神秘而强大，掌管着万物的生存抑或毁灭。这其实更是一种警示，要求贪婪而躁动的人们认清这种无法抵抗的庞大力量，对其心怀敬畏。人们应该反思自省，言行遵循自然道义，怀友善之心，行正义之事。在永世不朽的《道德经》中，这些思想观点第一次被老子完整阐述。

而寺院庙宇将这个观点诠释表现得更为细致与深刻，尤其是佛教寺院，更是在其中添加了自身独特的宗教信仰，法雨寺的照壁便是一个极好的案例体现。这面墙体由正中一块高大的水平墙面以及两翼斜体墙面组成，其侧翼直接连着寺院外围墙，整个照壁主次分明。寺院中轴线与水平主墙面中心线重合，墙面正中精心雕凿出一个巨大的圆形图案，边缘为凸面浮雕工艺，其材质同其他雕塑类似，由烧制黏土及上色石灰岩混合而成。

圆形雕饰主体为二龙戏珠图案，神龙腾云驾雾于高山阔水之上。这有何象征意义？想要表达什么？

水、空气、土壤是组成万物的三种元素，包括人与动物在内的众生都只不过是万古时空中的蜉蝣一现。人类有幸以独立个体的形式须臾存活在这大千世界，之后便回归本源，归于那最初的三大元素。萌发、繁盛与消亡循环往复，永不停息，而这其中正蕴藏着宇宙自然：流水奔腾，冲刷侵蚀着地貌；流云追逐，降下电闪雷鸣；大地花开花败，年复一年发生着变化。这所有一切都由一种力量所支配，这种力量游荡于天地自然之间，神秘却可见，强大而不可阻挡。在中国文化中，龙便是这种力量的象征。

"二龙戏珠"还体现着二元理念。世间万物均阴阳相配，故此处的云龙也是雌雄成对出现，这种阴阳组合十分和谐。至于"戏"这个动作，则意味双龙改变着世界，或创造，或改善，或毁灭。它们轻松而随意地主导了世间万物的萌发或湮灭，就如同西方神话中希腊诸神戏人类命运于股掌之间。

现在我们来聚焦"珠"这个意象。万物皆非圆满，均带瑕疵，终会消亡。然而有时候，机缘巧合自然造化之下，某事可能会被认为达到了出神入化的完美境界。这种完美被视为纯粹而永恒的真理，它在晦明不定的庸俗世界及其死水微澜的发展过程中，迸发出耀眼的光辉。这种罕见的理想与完满，便被具象为宝珠。双龙嬉戏追逐这颗宝珠，却并不攫取它，这就像所有终会走向生命尽头的凡人苦苦追寻真理，却永远无法参透其中奥义。可有时，这颗真理之珠又会自己清晰地显现出来。道教、儒教以及佛教便是中国历史上显现产生的耀眼宝珠，除此之外还可举例若干。达官贵胄或寻常百姓均可能拥有这颗宝珠，这便是碧玉无瑕的道德操守，也是真正的智慧。但宝珠最珍贵的价值便在于它的神秘深邃，非自然启示而不可得。所以，双龙只是追逐其后，并不去触碰攫取，因为一旦天机泄露，为众人所知，宝珠便也失去了无上的价值。人们将这颗由神龙守护的宝珠视为完满理想，对其追寻探求，唯有意念坚定、心性纯洁、思想睿智之人，方可获此完满。道、儒、佛三家对此均有相似的理解与阐释。而以上这些龙与珠等意象，均被雕凿在一个巨大的圆圈之中，这个圆象征了宇宙。

圆圈内，在双龙下方还雕凿有一幅中国人同样非常熟悉的图案，其内容为人类指明了一条接近完满、接近真理之路。画面中神龙吐水，一条小鱼在水中游动，依赖这泓清水而存活。这些由云龙吐出的水便是自然本原，它纯净且具有治愈百病的神效。人们常常认为是神龙，更确切的说是龙王降下甘霖，赐山寺以水源。所以，水源地附近经常建有龙王庙。沐浴于这泓清泉之中，便是沐浴于智慧之泉中；饮下泉水，便是饮下万千智慧。这是对自然的回归，每当人们遭遇尘世困顿之时，便会以这种方式来消弭忧扰。神龙代表了自然本身，它居住于云端之上、幽谷之间、流水之中，集气、土、水这三种自然本初元素于一身，从而也拥有治疗抚慰之力量。小鱼畅游在神龙吐出的水源之中，随后自身也渐渐化而为龙，终成圆满，这个故事在中国自古流传。[1]此外故事还有很多其他版本，小鱼或是被神龙吞纳，或是如我在山东所见的一幅古老雕饰所绘，象征人类的鳌鱼升华成半龙模样。所有这些传说都反映了中国人同自然融为一体的渴望，而这幅影壁雕刻便为人们指明了方向：沐浴在神龙之水之中，投身于永恒真理之中；饮下这泓清泉，汲取真理所赐予的知识与智慧。

整个圆形最外层还雕凿着一圈较宽的圆环，其上刻有纤细的云纹及均匀间隔的五只飞鸟。中国雕刻艺术中的飞鸟造型多为蝙蝠，它是福气与吉祥的象征，取"蝠"与"福"同音。不过，由于普陀为海岛，所以此处的飞鸟图案为脖颈修长优雅的海鸥，只不过其翅膀仍保留蝙蝠的羽翼样式。显然，这种造型同样象征着智慧与吉祥。为了同普陀岛供奉的观音菩萨相契合，海鸥雕刻多为白色雌性。观音多以身着白衫的女性形象示人，她满怀慈悲之心，为芸芸众生指点通往圆满的道路。

那么这条通往完满的道路究竟为何？答案也同样在照壁之上。这里写有六个由音节区分的巨大藏文"唵嘛呢叭咪吽"，其中"嘛呢"意为"珍宝"，"叭咪"意为"莲花"[2]，而莲即为"佛"的象征。所以简言之，人们只有置身莲心之中，投身佛法怀抱，方可获得珍宝，成就完满。这便是佛法之精髓。除了这面照壁，人们还能在寺院其他地方，频繁地感受到这一佛法精髓与中国人真实世界观之间的紧密联系。

六字真言同二龙戏珠图案所表达的思想一样，都为众生明确指出同一条通往圆满极乐世界的道路，在照壁顶端近乎平行于游鱼雕饰的位置，还雕凿有一幅人受佛法感化而发生变化的图案，它以一种隐晦含蓄的方式，表达了同样的意思。这组人物雕像部分取材于真实历史事件。画面中，唐朝高僧玄奘（即大众口中的"唐僧"）身披袈裟，手持锡杖，自天竺取经归来。他随身携带求取而得的大量珍宝，其中不乏珍贵的法宝以及佛经典籍。唐朝皇帝派出的特使以最大的敬意与热情迎接他的到来。玄奘左侧是三个人身兽首的妖怪，这便是他的三位徒弟，他们或愚钝无知，或迷惘彷徨，或身负罪孽，未蒙丝毫开化，其精神思想与动物无异。而到了玄奘右侧，这三位的对应形象则发生了彻底的变化，他们已脱离兽性，进阶为人，眼神中流露着自豪与率真。这便是佛经带来的奇迹。佛法道义就是那

1　作者指的应是中国"鲤鱼跃龙门"的传说。——编注

2　"唵嘛呢叭咪吽"为佛教六字真言，是观世音菩萨的明咒，故又称"六字大明咒"。——译注

条通往永恒与完满的道路，它指引人们完成蜕变，拥有真正的高尚人格，继而修身成佛。

照壁顶端或屋脊处的浮雕组群看似重复出现，却总是传达出新的内涵。同建筑物正脊一样，这面照壁正中水平墙体脊线两端雕凿有两个龙首[1]，大张的龙嘴吞吐着这条脊线，将整个建筑置于自己的保护之下。在中国人看来，修身成佛与化而为龙是一个概念，而且相比于佛教这个外来文化，"龙"这一带有本土文化密码的意象更加普遍地根植于中国人的信仰之中。为了抵御四处存在着的邪祟侵扰，战胜隐藏于宇宙自然中的邪灵力量，从而帮助身处自然中的凡人得以到达完满境界，人们在屋顶戗脊末端还会雕凿士兵、将官以及著名统帅等人物形象。他们追随神龙，抵抗世间之恶魔，守卫着神龙的地盘。人们在宁波及其周边地区，甚至是同其距离遥远的中国中部及南部地区，都可以见到类似的戗脊武士造型[2]。它们大多成队出现，骑于高大战马之上，手持锋利兵刃。

照壁的正中水平墙体与两翼侧墙的连接区域也雕刻有图案。水平墙体一侧的佛教图案象征抵御恶灵的盾牌与武器，其四周环绕工艺精致、寓意深刻的莲叶纹饰。侧翼一方则是象征幸福长寿的中国传统纹饰。

行文至此，我们已经了解了照壁反映出了何种人生真谛与理念信仰。接下来，我们就将开启对法雨寺的探索之旅，看看寺院主体建筑如何体现这些真谛与信念，而后者又是如何反作用于前者。具备了上文所阐释的背景知识，我们便能体验到法雨寺的实体建筑与抽象信仰是如何和谐统一地存在着，从而可以将这两者看作是一个完整统一的艺术杰作。

3.3 牌楼

紧挨着影壁北面建有一座由花岗石制成的牌楼，它是法雨寺的入口，也是通往悟化与无忧之路的大门。

此牌楼结构简单，与普通木制牌楼无异（图 36 为建筑正面右视图），其四根立柱截面为正方形，每根立柱柱头雕凿成石祖样式。牌楼因此为"四柱三间"形式，拥有三个坊门，每一扇坊门上方各有两根[3]刻绘有纹饰的坊梁。现在，我们借助带有标号的草图，详细介绍坊梁各部分的纹饰图案。（参见图 37）

1　作者所描述的应是中国的"鸱吻"，为龙之第九子，位于正脊两端，象征辟邪防火。——编注

2　作者所描述的应是中国的"瓦将军"，以瓦制武人坐像（或持弓骑马像）置于屋顶，俗信可以辟邪，流行于中国南方地区。——编注

3　原文表述为两根坊梁，但根据图 37 为三根。——译注

图 36. 牌楼及其侧间

牌楼南面（正面）

编号 1：四条神龙，正面与背面各两条。此处的正面两条神龙朝正中"寿"字图形靠拢。坊梁之上为编号 2。

编号 2：一颗带有低矮基座的宝珠。

编号 3：篆刻有铭文的梁板，但刻字现已破损，只余两端的两只石狮。石狮旁雕刻有飘带，它们均为铭文的背景板。

编号 4、7、10：正中为"寿"字图形，周围是角带状波纹，一直延伸至区域末端，变为缠绕的卷须图案。

编号 5、8：卷须纹饰。

编号 6：一截粗壮树干分叉出两条交叉生长的枝干，枝头开出杏花。这是中国文化中一个极为古老传统的意象。两根岔枝的底端还各自萌发出一小段菊花茎干。[1]

编号 9：岩石中生长出

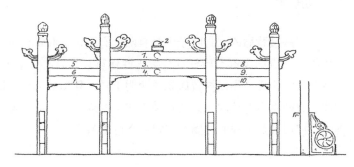

图 37. 牌楼草图

---

1 编号 6 依作者描述，应指中国纹样中常见的缠枝纹；编号 5、8 的"卷须纹饰"应指明清纹样中常见的卷叶纹。——编注

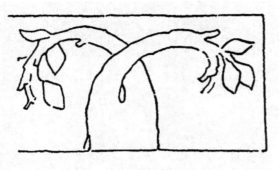

图 38. 编号 6 所描述的两根树枝图案　　　　　　　　　　图 39. 基座圆形玫瑰花纹饰[1]

两根交叉的虬劲树枝，枝条末端纤细，带有花叶，两只凤凰嬉戏于花叶之间。

牌楼北面（背面）

编号 1：四条神龙，正面与背面各两条，此处背面的左右两条神龙追逐着雕凿于龙门[2]正中之上的宝珠[3]。（请比较下文"大殿"一节中的"基座"部分）。

编号 3：与正面相似，只不过将石狮换作了大象。

编号 4、7、10：同正面一致。

编号 6：一截树干上长出菊花藤蔓，末端为两棵棕榈树。

编号 9：水浪之中生长着无数水生植物，其中最多的便是莲花。两只白鹭昂首阔步于其间。

整座牌楼的柱底基座按其圆轮轮廓雕凿有火焰纹图案，其弯曲的线条灵动而富有生机。

3.4 旗杆

位于牌楼背后的二号院子中修有两个石墩，上面各自竖立着一根高大的木制旗杆。政府机构以及寺庙中都有旗杆这个标志性建筑，其高度通常为 8 至 15 米。旗杆上半部分多建有开放的桅楼，用以挂置旗帜或照明工具。其顶端为球冠造型，由金属或上了釉的陶土制成。旗杆左右对称的理念与埃及寺庙中的双塔式门洞相似，也同中国私宅前或此处法雨寺山门门口成对出现的石狮有着同一个思想源头。

1　作者所言"玫瑰花纹饰"，应指佛教建筑中常见的莲花纹。——编注

2　原文中介绍"龙门"带有立柱与梁顶，按照上下文意思，此处的"龙门"是作者对牌楼的另一个称呼。——译注

3　即编号 2。——译注

图 40. 石制牌楼，透过牌坊门可见四大天王殿

3.5 石狮

通往上方四大天王殿的台阶两侧，各放置有一座雕凿精美的花岗岩石狮（参见图41）。它们蹲坐在较为低矮的基座之上，狮首均朝向建筑中轴线方向。东侧的石狮为雄狮造型，其前爪踩着一个圆球，脖颈系着铃铛，大张的嘴中含着一块小石头，石头与整头狮子凿刻在同一块石材上。这一点较为特殊，通常石狮嘴中的这块石头并不固定，而是可以来回活动。两头狮子的鬃毛均微微卷曲。西侧为雌狮，其内侧后爪搭在某种编织物之上，内侧前爪则同人手一般托着一个圆球。它闭着嘴巴，腿间有几头幼狮正欢快嬉闹。

这样的两头石狮并不只是守卫在寺院门口，人们在富豪高官甚至普通平民家门前也能看见它们的存在。石狮总是以一公一母的形式成对出现，这代表了中国文化中的阴与阳两种力量。它们并不仅仅是高大雄伟的雕刻品，更是能够鲜活反映出中华文化内涵的载体。相比之下，我们欧洲类似的入口石狮雕像大多流于形式，只注重表面的绝对对称，故而显得千篇一律，空洞而无内涵。因为缺少了灵动的思想力量，装饰物就只能局限在装饰层面，其震撼的艺术表现力自然被严重削弱，由此给人一种僵硬死板的感觉也就不足为怪了。

4 天王殿与两侧门屋

4.1 四大天王殿

天王殿通常是寺院的第一重殿，殿内供奉着主宰未来世界的弥勒佛以及佛教的护法天神"四大天王"。

外观

天王殿屋顶与法雨寺其他建筑一样，均为典型的中国传统高规格重檐歇山式样，上檐为四坡式设计，两侧坡面形成三角形山花结构，正脊两端雕凿有鸱吻。下檐四面对称，角脊末端高高翘起。无论是上檐的正脊、戗脊还是下檐的博脊，均由粗壮结实的圆木制成，非常显眼。正脊两端前后坡面连接有垂脊，四根垂脊跨越了整个上檐，一直延伸至檐口附近。这些绵长而连贯的脊线与檐口线条，赋予了整个建筑浑然一体、端重平稳的大基调。而各条脊线末端向上挑起的弧度，又为其增添灵动之感。建筑屋顶铺着灰色瓦片，正脊之上也以灰瓦雕凿出镂空状纹饰。正脊上还有四块砖板，每块板上镌刻着一个汉字，它们将正脊分成了五个部分。

南面砖板上书"佛光普照"四字，这是在描述佛法的客观表现。

北面砖板上书"国泰民安"四字，这是在描述佛法所带来的影响。

图 41. 四大天王殿

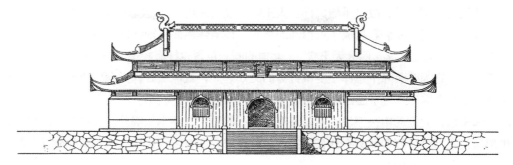

正面图

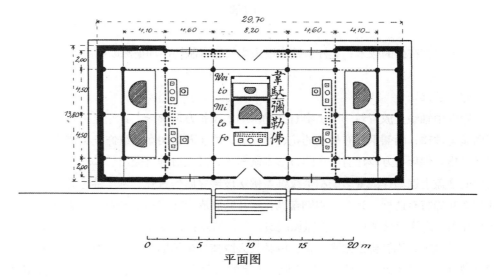

平面图

图 42./43. 天王殿正视图及平面图，比例尺 1：300

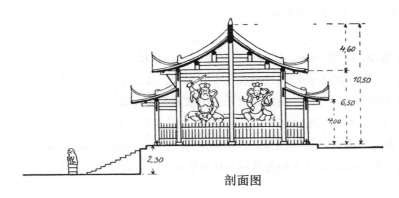

剖面图

图 44. 天王殿剖面图

建筑有双层椽子，故呈重檐式样。天王殿并没有采用大型建筑中常见的斗拱设计，而是以简单的梁板涂以油彩构成了重檐间的墙面。该墙体南面中轴线位置斜挂有一方木制蓝底匾额，上书鎏金大字"四大天王殿"。北面的同一位置也挂有相似的一面牌匾，上书"普泽烝民"，意为菩萨降下恩泽于虔诚祈祷的民众之间，就像那甘霖滋润广袤的大地。除此之外，这四个字还体现了"法雨寺"这一寺名的深意。

天王殿正立面的中央三块区域以带有压缝条的封闭红漆木板隔开。门窗为半圆拱形，拱顶呈尖角造型，四周雕刻有狭长的纹饰。窗户部分安有木制窗棂。两侧墙体砌以灰泥，墙基为黑色，墙面为红色。

内部

殿内暴露在外的椽木、立柱、整个屋顶梁架等木制构件均被涂以红漆。

弥勒佛佛坛

殿内中轴线上放置着一个供奉有弥勒佛的木制长方形佛坛，其底座由石头制成。佛坛正面装有玻璃，两侧平刻有精致的花、草、鸟、竹、石等图案，纹饰表层镀金，极具自然主义风格。佛坛上方修建有一个四方形木制幡盖，其边沿垂直突出于佛坛立面。包括边沿在内的幡盖上遍刻样式繁多的精美纹饰。佛坛玻璃之后坐着弥勒佛。佛像通体镀金，有着我们熟知的特有造型：光头，袒胸露乳，敞开的肚皮上还传神地画着一些黑色毛发，肚脐十分显眼。雕像身披袈裟，上面微微起皱，其神情友善，笑容可掬却无变形之感。

在佛教中，弥勒佛是未来之佛，解救凡人脱离红尘烦恼，又被称为"弥勒菩萨"。它通常被供奉在寺庙第一重殿内，以大肚、大笑的形象示人。至于其开怀大笑究竟寓意为何，人们说法不一。位于杭州府西湖边的一座寺院[1]之中有这样一副对联，也许可以对此稍作一番解释：

说法现身容大度，救出世人尽欢颜。

佛坛前是一张简单的木制供桌，仅有其正面的三块镶板雕刻有镂空状的花卉及藤蔓图案。桌上放置有一个精美的长条形烛台，长九十五厘米，高五十六厘米，其上共可插放三十根蜡烛。烛台侧面为圆形设计，巨大的圆圈正中雕刻有藤蔓及波形纹饰。烛台两端则各雕饰有一条张开巨口的神龙。除烛台外，供桌之上还摆放着几盏玻璃灯和一个瓷制香炉。供桌前设有一个木制功德箱，呈漏斗状开口，两侧开有小门，以便从中取出善款。功德箱样式简单，目的及功能明确。箱子正面还镌刻着几句赞美布施者的箴言[2]。

---

1 指灵隐寺——译注

2 （见图48）"随缘乐施，进香大吉，功德无量"。——编注

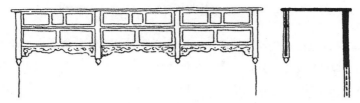

图 45. 佛坛上方幡盖正视图与侧视图

图 46. 弥勒佛供桌上的铁制灯架

图 47. 带石制底座的铸铁香炉，高八十厘米

图 48. 木制功德箱，高七十厘米

韦驮佛坛

弥勒佛塑像背后还有一个木制佛坛，上设玻璃罩，里面供奉着佛教护法韦驮，他同弥勒佛相背而立。佛坛略微突出部分连接有两根木头柱子，由此同供桌连为一体。佛坛上方挂有一方匾额，上书"护（護）法降魔"[1]四字，尤为引人注目。

韦驮佛坛上的雕饰与此间大殿的主佛坛，即弥勒佛佛坛相互呼应，但与前者比更生动形象。只见其上有两头狮子、一头麋鹿闪现于丛山间，此外还有各种简洁明快的佛教图案。两根木头柱子分别与两块低矮的佛坛木制围板相连，围板上雕刻有精美绝伦的图案。木板大部分镀有金粉，只有少数区域被漆上红色及绿色油彩。由于其位于玻璃罩之内，拍摄会受到反光的影响，所以此处我只能在缺少图片的情况下，以文字对其进行描述。每块围板为 24 厘米 ×34 厘米大小，板刻内容为人们熟悉的释迦牟尼出家成佛时刻的场景（即"佛传图"）。

1. **北面西侧**——释迦牟尼走出一扇富丽堂皇的大门，走向一匹骏马。四位头戴王冠的国王分别抬着马的一个蹄子[2]。一男一女两个侍从手持长棍与旗帜，走在前方。释迦牟尼跟前还有一个人影，正回头对着他。所有人物均立于云端之上。背景：城墙、城垛、城门及群山。

2. **西侧**——释迦牟尼解下佩剑，坐于树下。侍从车匿（Tchhanda）举起双手，跪于其跟前。车匿身后还跪卧着坐骑白马犍陟（Kantaka）。他们的左侧偏上位置有一猎人[3]立于岩石丛中，他头戴镶有牛角的帽盔，手持弯弓，面朝佛祖。整个画面的左上方有一女子位于云端，俯视着下方的众人。只见她双手拢于袖中，手臂微微上抬。她身旁还有一位侍女手持旗杆。

3. **北侧东面**——木杆撑起一顶精美富贵的华盖，其上刺有交缠的神龙图案。华盖之下放着一张桌子，桌后释迦牟尼的妻子瞿夷（Yosadhara）正垂泪不止。她身后站着两位侍女，手中拿着巨大的掌扇。另有一位侍女站立在王座前方台阶边，一旁跪着身着长袍的车匿，其身后卧着犍陟。桌子底下有两只猫嬉戏打闹。

4. **东侧**——画面下方正中有两名进行决斗的武士，他们相对而立，看起来粗犷剽悍，正摆出一副中国武术的常见搏斗姿势。只见双方一人手持宝剑与长矛，一人手持双棍，两人背后都插着靠旗，与台上的京剧演员如出一辙。两人身后各有两名随从，均低着头，拿着盾牌与武器。上方左侧一位提婆达多（Dêva）端坐于云端，他的背后是火焰状光环，身旁还有两位侍从，均呈现人类的体貌特征。其下方左侧还有一人，身着长袍，弓着身子，一手持扇，一手摸须，兴致勃勃地看着地上两人的打斗。画面上方后侧则是作为背景出现的一扇敞开的大门，其两侧摆放有两列插满盾牌和利刃的兵器架。

在宁波、苏州以及杭州三地，不乏这些精美绝伦、风格鲜明的人物浮雕。而在上海这

1　为保留匾额原貌的文物史料价值，将原匾中的繁体字用括号标出，下同。——译注

2　作者所描述的抬着马蹄的"国王"，应为"夜叉"。四位夜叉的作用是为了不让白马犍陟奔跑时的啼声惊醒熟睡的世人。——编注

3　依作者描述，此处"猎人"应为"魔王"。——编注

个汇集了三地工匠的城市，人们同样能在其寺庙中看到类似的艺术品。它们对于诸如人物头部及长袍这类细节部分的刻绘细致入微，整个人物姿态优美传神至极。每一个个体都同群像融为一体，未有丝毫突兀之感。尽管这些人物形象通常不足 1 厘米，但工匠们却在这极其微小的方寸之间，将每一处形象特征表现得栩栩如生。此外，人物个体并非独立于画面，它们还同那些桌椅器皿等整体背景所展现的氛围相契合。所以，诸如宁波等地的寺院建筑大多展现出一种令人惊叹的和谐统一感。前文所描述的普济寺及此处天王殿中的小型浮雕都充分反映出，中国人在整体艺术的构思布局上有着炉火纯青的技艺，他们堪称雕塑大师，诞生于他们手中的这些小型艺术品完全吸引了参观者的目光。这些艺术雕刻精致细腻，但又透着一定的庄严肃穆，所以整体并无阴柔之感。在位于佛顶山山巅的佛顶寺，即普陀第三大寺院之中，放置着一件带有雄鹰雕饰的精美青铜礼器，它产自日本，来自于一位富有而虔诚的日本香客的捐赠。在周围一众质朴、庄重、富有内在精神力量的中国艺术品的对比映衬之下，这件日本艺术品矫揉造作、只专注于表面雕琢的缺点暴露无遗。

四大天王

天王殿东西两侧各坐落有两尊天王塑像。他们面向中轴线，底下带有基座，前面围有栅栏。这四尊天王塑像带着其常见的威武甚至凶狠的动作表情，大多数观众会对此略感畏惧。不过，这些凶悍姿态只是为了展现信仰的强大力量，而这种力量也需要以坚毅品格与坚定行动不断地去强化加深。佛法以其宽厚包容的道义，润物细无声般感化并重塑人们的内心，助其抵御外界光怪陆离的肤浅诱惑，一众菩萨展现出的泰然平和的神情便能说明这一点。此处四大天王所展现的金刚怒目之姿，目的并非恐吓与威慑，而仅是刻画出人们的内心世界，代表人同自身的抗争与进步。

在之后介绍其他寺院的章节中，我会具体描述四大天王像的特征，所以此处不再赘述。且为了有足够篇幅展现法雨寺众多的其他亮点，这里仅就其名字由来及基本特点向各位作简要介绍。

东侧站立着掌管东方天界的持国天王[1]（参见附图23），他保护众生，护持国土，右手执宝剑，斩杀妖魔与恶人。他的旁边为掌管南方天界的增长天王[2]，他可令信众增长智慧与善根。增长天王双手持琴，一旦拨动丝弦，天地便为之震颤，而那强烈的佛法之音，则从四面八方钻入万物耳中，如天罗地网般将万物紧紧裹挟。

西侧立有掌管北方天界的多闻天王[3]，他的一对耳朵极大，听觉敏锐，可以捕捉世间一切声音。他会倾听人们内心的想法，并分辨出好人与恶人。所以，人们应该注意自己的言谈，讲良善之语以得多闻天王之保佑，如若不然，则会因自己的恶言而受到惩罚。这一

1　根据附图，此处作者按其在法雨寺中的真实所见进行描述。按佛教天神体系，此应为南方增长天王，盖当时法雨寺铭牌摆放有误。——编注

2　此应为东方持国天王。——编注

3　此应为西方广目天王。——编注

附图 23. 佛顶寺入口门厅东侧两尊天王像

点也表现在他的塑像形态上。只见其一手抓着一条嘶嘶作响、象征恶人的毒蛇，展开的另一只手臂则在两指间托着一颗象征完满的珍珠。多闻天王的旁边是掌管西方天界的广目天王[1]，他脸盘硕大，以此感知人们所做的一切善恶之事，并据此降下福报或惩罚。其右手握着一柄宝伞，若伞收起，天界恩惠便降临于世间，即"天降法雨"；而宝伞撑开，则天地昏暗，上天福赐与尘世被隔绝开来。

图 49. 放置有观音仪仗牌的架子

以此，四位天王象征了佛教的四大主要思想：佛法护佑众生；教义以内心的强大力量感化众生；心怀善念，善心向佛；行善积德，慈悲处事。这是终成完满的四块基石，而在通往完满的道路上，四大天王既是指引者，又是守护人。

因法雨寺供奉观音菩萨，所以此处四大天王成为观音大士的守卫者。天王殿中放置着一溜长架子，上面插放着众多写有不同佛号的仪仗牌，举行盛大仪式时，人们从这里取出木牌，供于游行队伍之前。仪式结束后，木牌被重新放回天王殿。

架子最前端的两块木牌上绘有虎头，老虎无须，底下是白底黑字的两个大字，一块上书"肃（肅）静"，一块上书"回（迴）避"。每一座较高等级的衙门中也有相同的两块仪仗牌[2]，每当有高规格的公干出行时，衙役也会举着这两块牌子，走在队伍最前方。

其他木牌均为红底金字，其上分别书写有"观（觀）音大士""送驾（駕）回宫""慈航普渡""恩波浩荡（蕩）""万（萬）家生佛""一片婆心""湘渚恩深""宝（寶）筏同登"[3]"普陀春蔼（藹）""金身不朽"。

4.2 两侧门屋

天王殿东侧门屋的正脊下方墙体正中开有一扇漏窗，上面雕刻着三个人物形象：唐僧头戴毗卢帽，身边是他的两位徒弟，一人为驴脸[4]，一人为猴脸（参见附图9）。这个图案主题在法雨寺中比比皆是。正脊两端雕凿有鸱吻，其造型神态栩栩如生。门屋拐角处为墩柱设计，其上雕刻有纹饰图案。两侧墙体的檐口以及墙体处装点有大量的石膏或木制雕饰，用色皆热烈醒目，而其主题显然均与佛教徒生活有关。南面门屋墙上还开有两扇八角形石

1　此应为北方多闻天王。——编注

2　作者所言"仪仗牌"，应指中国衙门的"虎头牌"。——编注

3　登上宝筏，目的为渡过人生苦海。在佛教画像中，渡筏之上常绘有八大菩萨及十八罗汉。——原注

4　作者描述的应为猪脸的八戒。——编注

附图9—1.天王殿东边的门屋

附图9—2.东侧门，上带华丽的正脊雕饰

图 50. 东侧门屋之上带有石刻图案的漏窗

刻漏窗[1]，雕饰以花、竹、鸣禽图案，它们打破了刷成惨白的门屋原本的单调乏味，让其活泼灵动起来。

4.3 鼓楼与钟楼

穿过天王殿，人们来到四号院。院内东侧有钟楼一座，西侧有鼓楼一座。两者均为二层建筑，制式相同，东西呼应而建。它们为砖木混合结构，结实的砖石基底之上矗立着木制楼体，楼内梵钟仍在，擂鼓则已不见踪影。上檐为传统建筑式样，带山花结构，因其出檐极短，所以整栋建筑看起来更像是一座塔楼。上下檐均铺着灰色瓦片，正脊的鸱吻以及雅致的飞檐均由石膏筑成，其上带有些许纹饰。底层基座涂有极黑的灰泥，基座之上的墙面被刷成红色，而门框则为白色。二层为棕色木板墙体，其上开有半拱形窗户。西侧鼓楼内设有一神坛，至于具体供奉哪位神祇我并不知晓。我只听说，病危的僧人会被抬到这里，于此走完尘世最后一段路程。

东侧钟楼正门上方写有"地藏王菩萨（薩）"五个大字。底层玻璃佛龛中放置有地藏王坐像，他身披行者袍，左手拿钵盂，右手持长锡杖。据寺中僧人讲，这根锡杖既充当手杖作用，又可以打开地狱之门，地藏王以此从阎王处抢得逝者灵魂，并将其带往极乐世界。玻璃佛龛前设有一张供桌，上面摆放着一尊小型送子观音像。该像由陶瓷制成，造型为观音怀中抱着一个婴儿。这种组合表达了一个非常美好的寓意：地藏王从冥界救出灵魂，随即将它放到大慈大悲观世音菩萨的怀抱中，为其寻得日后的庇护。二楼同样有一个玻璃佛龛，地藏王呈冥思跏趺坐于其中，双手手心向上，叠放于膝间。塑像身披一袭精致华丽的袈裟，其上的褶皱也细致考究。人们可以很明显地看到，他在袈裟内还着有一件内袍。这尊地藏王冥思像同下层雕像一样，均通身镀金。

铜制大钟上镌刻有大量铭文，虽其建成年代较短，但已锈迹斑斑。此钟并非原物。之前我听说这口钟曾被荷兰入侵者劫走，之后历经波折又被送回，但是这里没有人知道这件事。也许，听闻中的大钟并非法雨寺钟楼中的这一口，而是在普陀的其他地方。掌管冥界的地藏王同大钟这个物体放在一起，此种联系与所传达的理念也能在我们西方文化中找到相似物。西方的教堂中同样设有大钟，它的每一下撞击都是一种表达，"我呼唤生者，我悲悼亡者，我击碎雷霆"（Vivosvoco, mortuosplango, fulgurafrango）[2]。除此之外，大钟在中国还有其他两项功用：一为寺庙晨钟敲响，早课开始；二为火灾、水害及兵祸时鸣钟示警。这第二功用并不仅限于寺庙，众多城市都建有此类钟楼。

1　根据作者描述，此应为中国建筑的"八卦窗"。——编注

2　拉丁文，源自瑞士沙夫豪森（Schaffhausen）市大教堂内大钟的钟铭。德国文豪席勒从此钟中获得灵感，创作了《大钟歌》，并引用该钟铭作为题词。——译注

图 51. 鼓楼正视图

图 52. 云水堂西配殿南侧山墙

5 玉佛殿

图 53. 玉佛殿正面

5.1 栏杆与台阶

玉佛殿所在平台正面修建有一排栏杆（参见附图 10—2）。栏杆由望柱及栏板组成。中间部分的望柱顶端呈四方形带叶片状雕饰式样，其他望柱顶端则雕凿有蹲坐的小巧狮子。栏板内侧雕饰别具一格，外侧最中间的栏板上雕刻有一条神龙正面像，其前爪握有宝珠一颗，其他栏板则各有栩栩如生的神龙一条，均由左右两侧朝向正中位置飞腾，寓意追逐那颗象征完满的宝珠。整条寺院中轴线穿过正中的栏板，这个位于中轴线（即神路）之上的意象，就这样于高处，清晰醒目地展现在访客眼前。

栏杆之后修建有一小段台阶，拾级而上，便可到达玉佛殿。这段台阶正中为一整块石制浮雕图案。最上方雕凿有一条神龙正面像，只见它俯视前方，呼之欲出。其下方上下左右四个位置各雕有神龙两条，总共八条云龙共同追逐着位于浮雕正中的一颗宝珠。除此之外，石板上还雕凿着流水、浮云等其他图案。

图 54. 玉佛殿前方栏杆之上的雕饰图案

5.2 外观

同天王殿一样，玉佛殿屋顶铺着黄色琉璃瓦，平直粗壮的正脊两端各雕凿有一个栩栩如生的鸱吻（参见图55）。整个正脊被雕凿成镂空砖雕式样（参见附图10），两块正方形石板将其分隔成三部分，石板上雕刻有花卉、藤蔓及蝙蝠图案。檐头覆盖有常见的半圆形琉璃瓦当，用以固定最外一排瓦片。檐角高高飞扬，同平直的正脊与檐口线形成生动鲜明的对比。木制斗拱分为三层，被涂以绿白相间的油彩，其他木制构造则均为红色。回廊斗拱并无亮眼之处，檩条仅仅由向外凸出的桁架支撑。檐边处因架有椽木，故被分为两层。这种双层檐边式样被称为"少檐"，法雨寺所有主要建筑的檐边均呈此种形态，而配楼等附属建筑则多采用简单的"老檐"样式。

金柱之间的空心墙墙根为暗红色，墙体则是橘绿色。回廊带有木制拱顶，支撑拱顶的月梁以及纵横交错的梁架均带有雕饰或彩绘（参见图57、65），这种美轮美奂的设计与殿

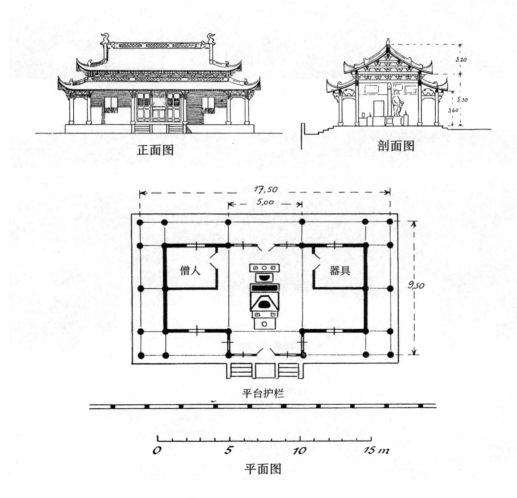

图 55. 玉佛殿正面图、剖面图及平面图，比例尺 1:300

附图 10—1. 从钟楼看向五号院与玉佛殿，背景处为大殿

附图 10—2. 玉佛殿入口，护墙与平台栏板正面正中雕有正面巨龙图案，两侧为飞龙图案

图 56. 玉佛殿前的平台护栏

内珍贵的菩萨像遥相呼应。横梁以及凸出的梁架被涂以群青色，其上绘有人物像。顶部扇形月梁上亦绘有纹饰，其上雕龙的龙首与龙尾则为淡蓝底纹。两个较小的梁柱顶角处分别有两个硕大仙桃状雀替。此外，梁架及其周边还绘有莲叶与藤蔓，月梁顶端则带着云纹图饰。这些图案惟妙惟肖，高光处泛着以假乱真的白光。这一区域总体呈现一种暖棕色调。

图 57 所示的月梁雕刻为法雨寺所有前殿屋顶建筑艺术中的翘楚。月梁略微向上弯曲，塑造出一个弧形拱顶空间，这几乎与法雨寺最高处平台建筑前的梁架式样一致，这一点已在第二节做过描述。这种华美的月梁还出现在其他建筑之中，甚至是在等级较低的辅助建筑物之中，它同整个梁架、飞扬的屋檐、承重的檐柱及突出的柱头交相辉映，共同呈现出一种高超的建筑艺术格局（参见图 58—64 ）。至于那些刻绘于梁柱之上的精美图案纹饰，并非大面积泛滥出现，而是巧妙地存在于一些特定之处，数量不多却造型丰富，因此，每一处细节的雕饰都给人一种灵动且饱含内在力量之感。

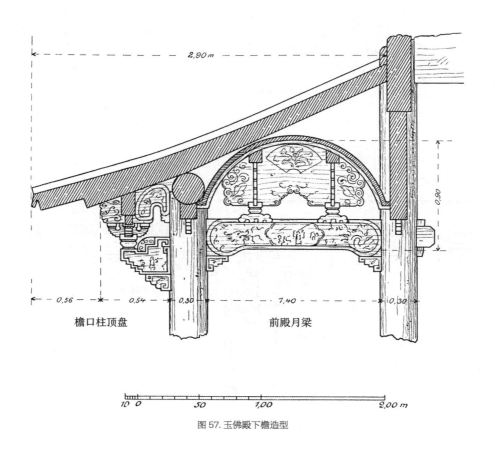

图 57. 玉佛殿下檐造型

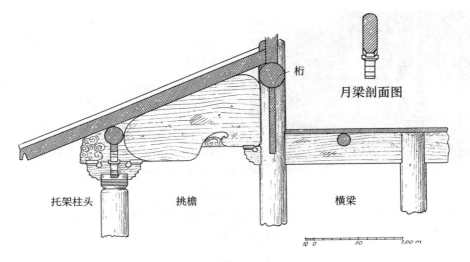

桁

月梁剖面图

托架柱头　　　　　挑檐　　　　　横梁

10 0　　　　50　　　　1.00 m

图 58. 一间客舍的挑檐及剖面图

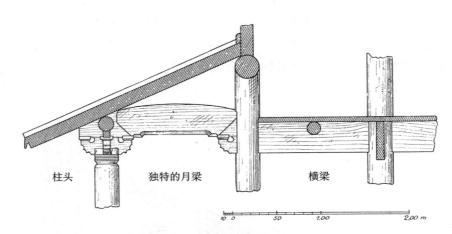

柱头　　　　独特的月梁　　　　横梁

10 0　　　50　　　1.00　　　2.00 m

图 59. 一间卧房的挑檐

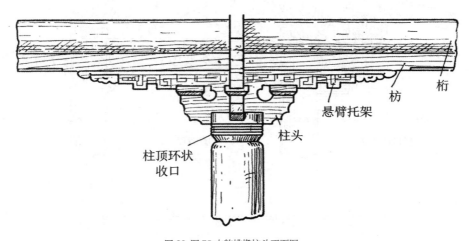

桁

枋

悬臂托架

柱头

柱顶环状收口

图 60. 图 58 中的挑檐柱头正面图

图 61. 图 60 中的梁架部分（雀替）

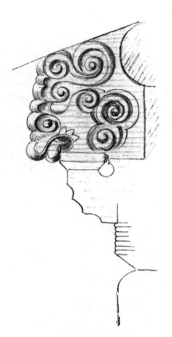

图 63. 图 58 中的挑檐雕饰

图 62. 图 58 中的挑檐口

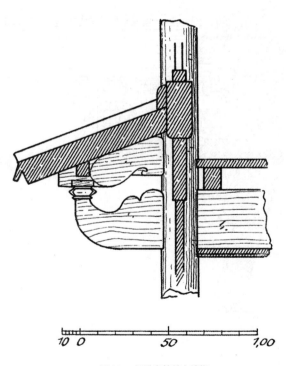

10   0   50   1,00

图 64. 一间卧房的前方挑檐

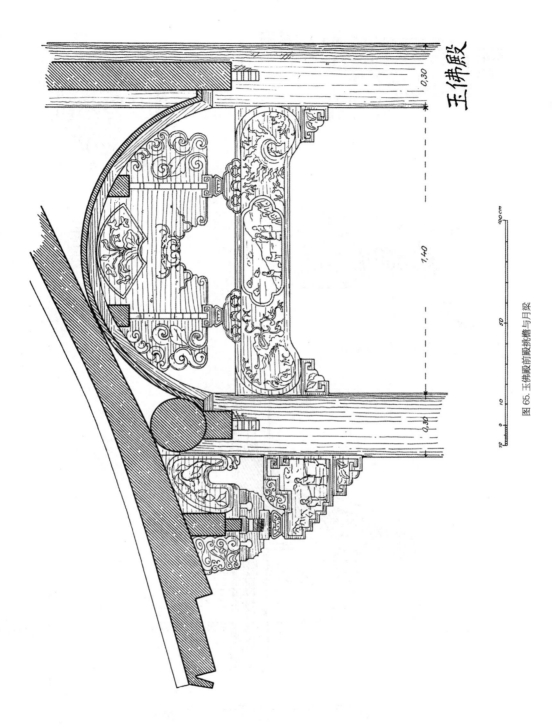

图 65. 玉佛殿前殿挑檐与月梁

玉佛殿

5.3 内部

建筑内部屋顶架清晰可见，木质结构大都被涂成红色，房梁上则彩绘有各种花纹及人物造型。下方主梁为浅绿底色，其上绘有云龙戏珠图案，云龙为蓝白造型。主梁棱线为白色，下方平面绘有蓝色藤蔓。檐柱间的额枋呈红色底色，其上均绘有带着火焰环的摩尼宝珠。

檐口下方一直到门之间的墙体上绘有一圈宽幅壁画，一共十幅。这些壁画用色协调且生动，极好地凸显出观世音菩萨慈悲为怀的和善形象，这也与出现在本寺他处以及大多数寺庙中的其他神佛画像肃穆威严的气质形成鲜明对比。有些宗教画像为了表现神祇无上的圣洁，将其刻画为古井无波、超脱情感世界的形象，却也常有呆板僵硬之感。不

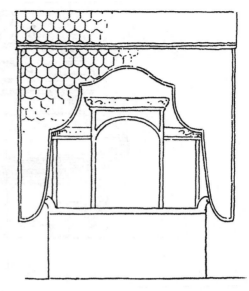

图 66. 带有大理石观音像的佛坛及佛帐

过，此处玉佛殿内的观音形象却散发着柔和的魅力，具有一种贴近凡人的亲切感。殿中的其他人物画像也同样给人亲和柔美之感，整体呈现由内而外的鲜活灵动。由此，我们可以再一次领略到，中国人是如何通过和谐的布局构图以及细致入微的装点修饰，来巧妙地体现各种不同的情感与氛围的。

每一幅壁画均绘在红色的墙面上，其上还画有不连贯的带状波形纹饰，整个墙面看上去灵动而充满生机。壁画本身带绿色的基底，外有一圈蓝色镶边，内容均为同观音及佛教有关的战争及狩猎场景。[1] 殿内有一处摆设引人注目：北面正中放有一张桌子，其后正襟危坐着一位判官及其随从。其左右两侧各排列有五名侍卫，擎着五面随风飘动的旗帜，每一面上各书一字，分别为"金、木、水、火、土"——代表了中国人观念中的五种基本元素，象征了大千宇宙。判官桌前跪着一名身着血红长袍的罪人，正接受审判。

佛坛

佛坛呈四边形，底部带石制基座，正面竖有玻璃罩，将其同参观者隔离。为抬高佛像高度，佛坛内部还修有一个斜面平台。平台表面铺盖着一块绿布，其上打着一个个布结，制造出均匀的条纹褶皱，这种样式在我们欧洲也比较常见。佛坛正中悬挂着一条黄色丝质宽带，作为背景衬托佛像。佛坛顶部平整，内面包裹着带有花卉刺绣的丝绸。佛坛前方垂

---

1 佛教题材的战争、狩猎场景在寺院壁画中并不多见，猜度作者所指为佛传图（如"太子竞射图"）。——编注

67. 佛坛前的香炉

下一块带有绿色镶边的红色佛帐，上面绣着无数丝质或布质莲花小叶片，其色彩层次之丰富令人咋舌。此外，佛帐上还装点有花卉藤蔓、箴言禅语及人物图案。这些色彩缤纷的拼接让佛帐乍看之下，如同一条斑斓炫目的地毯。供桌上放有一个香炉，它的造型稀疏平常，但细节之处却是异常精美。尤其值得注意的是香炉的炉足与炉盖，它们均由珍贵乌木制成，其上还以自然主义表现手法雕刻有精良别致的镂空图案。

观音像

佛坛内部摆放着一尊观音坐姿像（参见附图 11）。雕像为白色玉石材质，在光照下泛着偏绿的夺目底色，表面极其光滑平整，没有一丝裂痕或是凸起。观音头部略向下倾，脸上挂着柔和的微笑，神态鲜活。她结跏趺坐，雕刻者仅通过几笔加重的镏金线条便表现出了其长袍上的少许褶皱。其面部用色极为细致：黑色线条勾勒出眼珠、眼睑与眉毛，红色勾画出唇形，并填满上唇。观音额头的一个红色小螺旋形图案代表她的第三只眼[1]，她以此看透万物本质。整尊雕像表现出自然主义写实风格登峰造极的水平，具有极高的艺术价值，堪称完美之典范。

---

1 据附图 11，作者所言"第三只眼"疑指"观音痣"，与佛教"三十二相"之一的"白毫"有关——"世尊眉间有白色之毫相，右旋宛转，如日正中，放之则有光明"。——编注

附图 11. 观音 . 玉佛殿中的玉石观音像

这尊观音像的艺术造型同印度、缅甸一带风格极为接近，人们甚至可以猜测，这就是一件原产于缅甸的舶来品。在现在的中国，大型人物石刻雕像艺术式微，除了高等级陵墓甬道边的石像生外，其他领域均已不见这一艺术的存在，前文所述太子塔四周的四大天王石刻像，完全只是一个例外。而我所了解的其他少有的几处人物石刻像，也是具有更加明显的印度艺术风格特征，同常见的中国佛教塑像并无多少相同之处。众所周知的

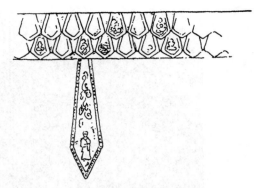

图 68. 观音雕像颈部绸带及垂下的丝带

一点是，石刻人物像中，恰好是这些由白色大理石打制而成的雕像，部分经南方传入中国，我本人就在福州及峨眉山等地亲眼见到过此类艺术品，前文位于前寺的大理石观音像也是一例。不过，所有这些人物雕像都被烙刻上一些特定且纯粹的中国印记，比如清晰明确的写实塑造手法，它们表达出中国人虽蕴藏于内心深处，却时刻跃动激荡着的精神本质。事实上，这些艺术品来源于富有且虔诚的海外华侨的捐赠，不过，在雕凿过程中，工匠们被要求加入中国元素。由此可见，所有这些雕像或是出于受中国艺术文化影响的印度工匠之手，或是诞生于仿印度风格创作的中国工匠的刀锤之下。

玉佛殿中的这尊观音通身服饰精美华贵。只见她身着一袭垂至腿上的朱红长袍，袍子边缘带有刺绣，镶边处排列有小金片，金片上嵌着众多宝石。脖颈处围着一条手掌宽的双层绸带，上面绣有色彩斑斓的丝质莲叶：黑线勾勒出莲叶轮廓，蓝白红作为底色，金色或黑色丝线组成藤蔓图案。绸带上还有两条垂至腿间的白色丝质宽带，其上有蓝色及绿色的花卉刺绣，末端均绣着一位美丽的女子。明黄的丝带镶边上同样缝着小金片与宝石。观音头上罩着一个带绿色与银色滚边的紫红色帽兜[1]，下面露出其鹅蛋形脸庞，帽兜在额头上方还打了个花朵形状的结。胸前、腰间以及脚踝处均系着华贵的黄色飘带。帽兜处垂下众多长长的白色丝带，呈上窄下宽式样，其上用红字写着供养这尊菩萨像的佛门弟子名字。其脖颈上挂着一串念珠，垂到胸口前。屋顶上还用系带垂下一枚银绿色宝石，正好对着观音额前，它象征着佛教之完满境界。观音右手自然地搭在右膝之上，左手手心托着一把扇子，扇面带有大量蓝色、黄色以及黑色的莲叶刺绣图案。帽兜后部还缝有一条朱红色飘带，搭着其肩膀垂落至腿部。雕像前竖有一块带字铭牌，四周装饰着假叶片与人造珍珠。

由这尊观音像给人巨大的冲击与震撼的感受出发，本人想要就欧洲与中国在雕塑领域所秉持的艺术观做一个简略比较。观音像之所以能触动人心，就在于其柔和细致的脸部以及色彩丰富且斑斓到近乎随性的服饰搭配。这些"柔和"与"随性"并未削弱雕像的魅力，反而使其更具艺术表现力。为了更清楚地得出欧洲及中国艺术观的衡量标准，我们有必要认识到，当今欧洲的艺术品几乎毫无例外，均为艺术品本体而生，即创造目的为展现创作

1　此处作者所描述的应指"观音兜"。——编注

者的艺术作品，由此产生的最好效果也仅是对生活景象的重复模仿。可惜，人们很少能意识到，除此之外，艺术品还能体现艺术家的艺术风格。与此相反，中国的佛像雕刻却具有生命内涵与现实意义。中国匠人并不完全遵照自然主义写实风格，对佛像进行一板一眼临摹重复，而是倾向于以某种艺术风格，很多时候甚至是较为奇伟瑰丽的风格，将神祇形象与普通凡夫区分开来。顺便提一句，中国人是艺术风格塑造与表现领域的大师。不过，在僧侣及访客眼中，这些佛像并非高高在上，而是通过某些艺术特征，给人一种极为亲近之感。神祇被中国人视为自己的某位同道中人，或是某位对自己影响深刻的朋友，而当他们未能显现出人们所期待的足够法力之时，也可能会转而遭到不友好甚至是极为粗暴的对待。比如阶位较低的风神雨

图 69. 玉佛殿中的石碑底座

神，就有可能因为未能给人民带来风调雨顺，而在极端事件中被唾骂、捶打、贬低，甚至是被直接捣毁塑像。这反映出，中国人将神祇视为同人一样的真实存在。基于这种观点，他们以人作为模板去构建神祇形象，其服饰与配色同常人无异。人们在自己家中作何种家居打扮，神祇便在庙宇中以何种形象出现；人们在盛大隆重的节庆场合有何种装束，雕像也相应地被塑造成盛装法衣的模样。中国人以"真实化"理念看待神祇，并在这一理念引领下，于神像塑造中体现"人"的特质，按照人们日常生活的方式为其搭配服饰。这一理念也是中西方神像艺术形式与表现之不同的根源。以玉佛殿中的这尊观音像为代表的石刻像之所以能彰显如此不同寻常的生机与内蕴，其原因也正是在于其身上的服饰所传达出的一种真实感。这种真实感已渗入中国人的艺术理念之中，对他们而言，这种做法稀疏平常，可对欧洲人而言，让日常而真实的衣物出现在雕像艺术中则是件不可思议的事情。以此为切入点做一评判，人们或许可以说，西方的自然主义雕塑只是丧失了创作意义与生命动力的呆滞物体，而反观中国雕塑艺术品，虽然其风格略为固化，在不同文化圈的西方人眼中稍显千篇一律，却仍然彰显着生命力与表现力，是一个富有生机的活体。这也许就是"理念"对阵"形式"的胜利。

这个例子或许可以说明，由于两种文化之间存在着相互对立的世界观与人生理解，其美学理念与艺术评判价值极易受其影响，也同样显得截然不同。我们与中国人之间的差异便是如此。

至于这尊观音像具体雕凿于何时，我并不十分清楚。不过佛坛背后有一个分层底座，其上高高竖着一块立于康熙年间的石碑。很遗憾，我无法理解上面的碑文，但这或许能说明，观音像至少可以追溯至那个年代。

韦驮佛坛

石碑后方设有一个同观音佛坛等高的佛坛，石制底座，木制坛面，其上供奉着佛教护法韦驮。他面朝北方，与观音背向而立。算上前文的天王殿及下文将要描述的大殿与法堂，韦驮在法雨寺内这四处受人关注的主要场所均有出现。此处的韦驮身披华胄，头戴战盔，其上有缨穗飘扬。只见他右手叉腰，左手持铁制降魔杵。整尊雕像造型优美，新近修缮的镏金外观锃亮眩目。雕像上方有六边形绿色丝质华盖，上面绣着银色云龙，华盖边缘则垂着红色流苏。

供桌

供桌上刻着精美繁复的图案。下部桌脚处雕刻着狮子形象，桌腿之间的四边牙子外侧均刻有纹饰，其内侧刻着游鱼变成云龙的图案，其中有一条鱼半身已经幻化成云龙形态。这一画面外侧镶嵌有一个明显向外凸出的木条框架，其上以镂空技艺雕刻有花卉图案。下方的弧形板上，两只极乐鸟飞翔于这些花卉之间。正面两条桌腿雕凿成飞龙模样，龙头朝下，龙尾朝上，舒展的龙尾包裹住一个球体，桌板便放置于球体之上。飞龙口中吐出粗壮的藤蔓，这便是供桌的桌脚。

这张桌子显然出自康熙年间，据说为福州出品。下面这幅草图（图 70）大致描摹了供桌的形态特征，前文所述的位于前寺韦驮像前的供桌也与此相似。

图 70. 玉佛殿韦驮佛坛前的供桌

6 大殿

（本部分请参见卷末附图 30）

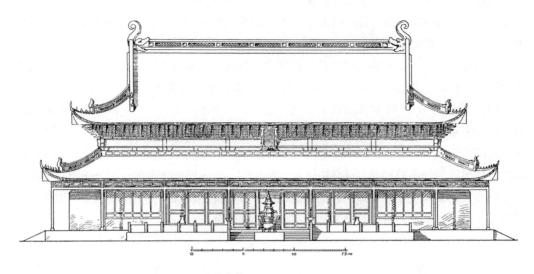

图 71.大殿正视图，比例尺 1:300

6.1 含义及总体布局

　　大殿历来便是佛教寺院的主要宗教活动场所，通常坐落在深藏于寺院内部院子的正中，四周围绕有其他建筑（参见附图 32）。这种布局理念对于印度人而言或许比较熟悉：印度佛教中，寺院的主要活动场所"塔（Tschaitya）"，便是位于僧众居所（Vihāra）的中央。由于普陀是观音大士的应化道场，所以位于普陀岛之上的这座大殿供奉着观音菩萨及其多种化身，或者可以理解为，这里便是观音大士及其化身的居所。这种情况并非只有普陀岛才有，其他几座佛教名山作为另外三位菩萨的应化道场，也将各自的神祇供奉于其寺庙的大殿之中，比如五台山大殿中供奉着文殊菩萨，峨眉山大殿中供奉着普贤菩萨，九华山大殿中供奉着地藏王菩萨。此处大殿中的观音形象契合佛教"一体三身"[1]的观点，她的大慈大悲蕴含了无限的佛教奥义。从修行等级而言，"佛"高于"菩萨"。可是，即便是十八罗汉，即等级较低的佛，在这里也退而位列观音菩萨两侧，守卫这位佛教中独特而可敬的神明[2]（参见图 72）。此外，大殿中还有一些其他神祇雕像，主要如下：观音大士的众多化身像，比如白衣观音，其位于主佛坛一体三身观音像跟前；同观音关系密切的神祇，如

1　"三身"指法身、报身、应身。——编注

2　此处是作者理解的佛教修行等级划分，但事实上，修行等级从高至低顺序一般为佛—菩萨—罗汉。——译注

掌管阴间的地藏王菩萨，在前文"钟楼"一段中我们已经对其做过介绍，他同观音经常同时出现，其雕像便端坐于大殿西北角；作为未来佛的弥勒佛；当然还有佛教护法韦驮，他在此处也是观音菩萨所代表的慈悲与善行的护卫者。韦驮立于殿中西南角的小隔间旁，隔间中放置有两张桌子，上面摆放着售卖给香客的礼佛用品。最南边的两个角落各设有一个隔断小间，专供寺院等级较低的僧人守夜休息使用。此外，正中佛坛墙壁背后还供奉山神，他被视为此座寺院的创建者。

佛教寺院之所以普遍将山神也请入供奉的神祇之列，原因便在于其深受中国传统鬼神观的影响。在旧时中国人的观念中，神祇与鬼魂无处不在。起源于印度的佛教发展到中国，吸收融汇了大量中国本土思想。行文至此，在对于法雨寺的描述中，大家也能明显感受到这一点。它不仅体现在细节的纹饰雕刻中，还反映在诸如池塘、影壁、前厅、钟鼓楼等每一个建筑的规划布局之上。外来宗教与中国本土宗教虽互有冲突，却呈现出一种平和、双向的相互渗透与作用的局面，这其中比较有意思的一例出现在湖南衡山。位于南方的衡山是中国传统的宗教圣地，在那里，佛教正慢慢挤占传统道教的生存空间。前往该地庙宇的游客很容易就能发现，庙中混合供奉着佛教与道教神像。

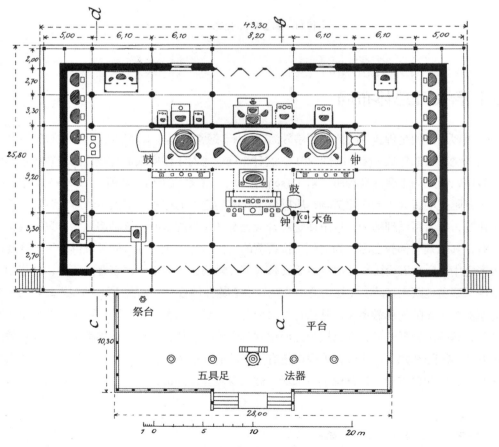

图 72. 大殿及平台平面图，比例尺 1：300

一座寺院的大殿通常会向外界展示该寺的名称，这里也不例外。法雨寺大殿正中大门开在整个寺院建筑的中轴线之上，在这正门之上、主檐之下的檐柱间，高悬着一块牌匾，上书醒目的四个大字"天花法雨"。本章"寺院历史"一节中已对其含义做了详细阐释，此处不再赘述。

事实上，佛教寺院的主要建筑殿厅的全称并非"大殿"，而是"大雄宝殿"，前者还可宽泛地理解为"巨大的殿堂"，而后者则意为"供奉无上崇高之佛祖的宝殿"[1]。不过，这座位于普陀岛主要寺院之中的正殿却是个例外，其正式全称为"大圆通殿"，究其原因，此处供奉的并非佛祖释迦牟尼，而是观音菩萨，"圆通大士"即是菩萨的别称。"大圆通殿"字面释义为"完满与真理佛法之殿"。

6.2 平面与结构

殿前平台

大殿前方修有宽阔的平台，其宽近五间，深十米（参见图72.）。沿着中轴线走上一段台阶，便可到达这个平台。这段台阶被称为"神路"。台阶两侧扶栏的栏板上雕刻着神龙图案。大殿基座较高，殿门前还修有一级矮阶。平台四周环绕有石制围栏，栏板外侧雕刻着著名的二十四孝图，雕工技艺精湛。至于二十四孝具体为何，我们将在第七节中做详细讲述。

这种平台设计与布局极有可能与中国古老的仪式有关。在如此宽阔的平台上，人们可

以以三牲等祭祀神祇，或以贡品拜谒王侯。各大传统宗庙建筑的大殿、孔庙、宫殿以及王陵等经常举行此类规模盛大的祭拜或朝谒仪式，其中最为宏伟壮观的当属北京圜丘坛、祈谷坛以及月坛。

法雨寺大殿前的这方平台主要用于安放由青铜制成的五具足。一般说来，放置于室内的五具足多为其他材料制成，而由于

图73. 通往大殿前方平台主台阶的栏板——一条神龙正追逐宝珠

1　此处为作者对于"大雄宝殿"意思的理解。按照佛经释义，具体说来，"大雄"为佛祖的德号，其中"大"意为包含万物，"雄"意指佛祖具有慑伏四魔之力，而"宝"则指佛法僧三宝。——译注

图 74. 大殿平台之前的香楼，其左侧为烛台
和花瓶

图 75. 大殿前的法器，插着柏树枝
与祭旗的花瓶

处于露天环境，所以此处选用青铜材质。目光回到平台之上，正中立着一个大型香炉，两侧为两架烛台，最外侧为两个花瓶。这露天摆放的五具足均尺寸巨大，凸显整个建筑恢弘壮观的基调。这其中最精美的当属位于正中的大型香炉（参见图 74），它用于焚烧香烛、元宝、经文等。元宝由锡箔纸叠成，经文则是手写或印刷在香纸之上，内容多为佛经摘抄、对菩萨与佛祖的感恩或是发愿文。因为这座香炉极为雄伟，所以被称为"香楼"。只见三只狮子形象的炉脚支撑着宽大的炉腹，其上安有对称的两个巨大弧形把手。炉腹上方高高耸立着六边形炉身，炉身以角柱支撑，其上开有炉门。整个炉身有两层炉檐，皆修成飞檐翘角式样，每处檐角被雕凿成鸟首形象，鸟喙均衔着一个小铃铛。上层飞檐顶部还有一个顶盖，最上端雕凿有一个镂空球体。香炉口旁设有一个矮阶，方便香客上香。矮阶之上还放着一个式样传统的小型香炉，带有古朴的纹饰图案，炉身四条棱角呈锯齿状，炉脚为弧形马蹄状。

相较于香楼，两架烛台造型简单，但线条清晰、富有质感。烛台下方带石制底座，其上雕刻有装饰花纹。最外侧的两个花瓶同样立于相似的底座之上，瓶颈两侧附有双耳，其上悬挂着巨大的铜环。室内供桌前也会放置花瓶，里面插着大把假花。但此处两只露天花瓶中，则插着整根柏树枝。两个铜环有其特殊功能：在某些特殊宗教仪式上，香客会带来祭旗[1]，这时便可将这些旗帜插在铜环内以作固定。

1　此处作者所言"祭旗"，疑指佛教经幡或风马旗。古代杀牲供奉鬼神为"祭"，"祭旗"指古代出师前的祭祀仪式。——编注

平台西北角落靠近大殿门槛处立有一带座石柱，柱头略微膨大，呈莲叶状。这便是祭台[1]（参见图 76）。在佛教庙宇诵经堂及斋堂门前，常设有此类祭台（参见"僧众斋食"一节中的"斋堂"部分）。当宗教仪式进行到某一特定时间点时，会有一位僧人将若干米谷、蔬菜连同少许供茶、供酒一起摆在祭台之上。祭台表面绘有太极图案，在象征女性的"阴"与象征男性的"阳"这两部分上分别点有状如眼珠的圆点（参见图 77）。在中国人的观念里，这便是宇宙本原。该祭台柱身为七边形。在普陀的寺院中，几乎所有的祭台石柱都为此种式样。当然，这在中国其他地区也很常见。"七"这个数字，同被中国人称为"大熊星座"的北斗七星相契合。柱身的每一个柱面上都写着一个佛名，分别是：南无阿弥陀如来、南无多宝如来、南无宝胜如来、南无妙色身如来、南无广博身如来、南无离怖畏如来以及南无甘露王如来。所有这七个名字都以"南无"开头，以"如来"结尾。前者发音同 Namo，表达"希望、信仰与敬畏"之意；后者即对佛的称号之一。这七个名字便代表了七面佛。柱身七边环绕着中心区域，取"七星伴月"之意。

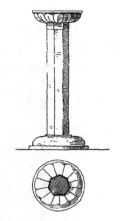

图 76. 祭台七边形柱子正面图及仰视图

大殿

平台之上又修有一级矮阶，以此作为地基，大殿拔地而起（参见图 72）。建筑基底宽43.3 米，深 25.8 米。内部东西方向上占地五间，其中正中一间最阔，其余四间宽度一致。南北方向占地三间，中间一间最深，前后两间较窄。由此，大殿内部形成十五个极高的空间拱。但从外部来看，整个建筑顶部却是一个整体，其正中为大型马鞍形屋顶，东西侧带山花墙及相应的单坡屋顶。环绕这个中心建筑四周修有内外两道完整的回廊，内外回廊之间以廊墙隔开，墙上开有窗与门。两条回廊同处于单坡屋顶之下，构成同一个整体。大殿所有主要承重柱皆为粗壮圆柱，下带石制基座。外回廊的外侧支柱则是较细的方形柱。此外，殿内南北方向正中五间的有些柱子也为细方柱，它们很有可能是后来添加的。这里之所以采用此种柱子式样，是因为粗圆柱占地空间过大，且此处的细方柱仅需起到辅助支撑作用，对于建筑整体结构与空间支撑作用不大。大殿内部的十五个空间拱顶建于高大的梁架之上，其结构复杂。完整的一圈屋梁托架上又叠着三至四层架构，整体呈现方格棋盘式样天花板，其中南北方向正中空间上方的屋顶较前后两侧略高。

图 77. 祭台俯视图——阴阳图案

1　此处作者所言"祭台"，应指佛寺"施食台"（又称"出食台"）。——编注

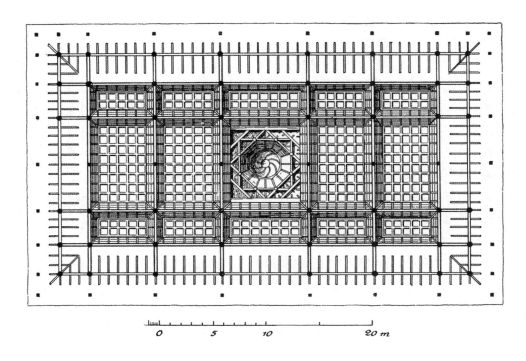

图 78. 大殿内部方格天花板及藻井示意图, 比例尺 1：300

　　天花板正中藻井由三层托架精巧搭构而成, 托架之间也由支架连接（参见图 78）。此处穹窿区域并非完的正四边形, 故人们在修建过程中先以木条在侧边框出四方形状, 再在与其对角线平行方向上搭建相应托架, 正中藻井由此呈八边形。固定梁架的榫卯结构具有极高的艺术价值, 梁托深入藻井上部横梁, 牢牢地固定住整个穹窿结构。这些众多的梁架相互交错扣合, 使原本为八边形的藻井看上去空间更大更流畅, 仿佛是一个圆形穹顶（参见图 79）。藻井八个角上还安装有吊柱, 非常瞩目。从地下或侧面看, 三层藻井最上一层托架呈螺旋形搭建, 穹窿因此显得更深更高。八根吊柱悬空突出, 其上均盘踞着一条神龙。八条神龙栩栩如生, 紧紧盘绕在柱身之上, 大幅伸展开身子, 张牙舞爪地追逐着位于正中的一颗象征着完满的金色琉璃珠（参见卷末附图 30）。藻井穹顶处还雕凿着一条神龙, 龙嘴中垂下一段绳线, 宝珠便是固定悬挂在绳线之上。这条神龙龙首朝下, 注视着位于下方主佛坛上的两尊大慈大悲观音菩萨像。上方的宝珠象征完满, 而下方的菩萨则是完满的化身。在上一节介绍玉佛殿门前台阶部分我们已经了解了"八龙戏珠"这一说法, 此处大殿中的藻井雕刻也反映了这一寓意。在中国人的传统观念中, "八"这个数字有着特殊而深刻的象征含义, 尤其会让人联想到"纯粹、完满"。各种中国宗教中的各个数字所代表的意义, 构成了华夏文化旋律的基础。

　　据寺中僧人所述, 这个穹顶来自于南京明故宫。当时, 康熙帝下令, 拆明故宫建筑而造法雨寺大殿穹顶。我并不十分相信这个说法, 但这也并非没有可能。这或许还可以被视

图 79. 大殿木制藻井九龙戏珠图

为是一种赎罪。当年，明朝开国皇帝洪武帝曾有普陀岛灭佛一事；而现在，这座普陀佛寺所受到的捐助正是拆取自洪武帝的宫殿。

藻井本身就是一件伟大的艺术品。各种支架在同一个水平面框架内互相连接扣合，所有构件形成一个统一的整体，而细观每一个构件，又都是匠心独具、巧夺天工。只有技艺精湛的顶级工匠，才有可能创造出如此杰作。所有这些使大殿这个藻井在结构上足以同最为繁复的哥特式拱形穹顶相媲美。而通过无数构件体现出来的整体协调的特质，又使其在美观度上也丝毫不逊于那些著名的哥特建筑。这种协调统一性，我们可以在正面观赏牢固结实的斗拱时感受深切。

我在宁波、苏州、上海等地也见到过类似的木制藻井，前文介绍过前寺中的一个相似建筑，在佛顶寺中也修建有一个形状略有不同的藻井。我在苏州还参观过一座塔楼，其藻井略小，结构类似，却是以砖块修成，巧夺天工。中国建筑多采用较为纤细的木结构托架，而在藻井结构中，这一木结构技法更是得到了淋漓尽致的展现，这令我们欧洲人为之惊叹。

藻井结构增加了棋格状天花板的高度，使得整个建筑呈现出一幅沿中心轴对称展开的清晰格局。南北方向上，正中藻井为建筑最高点，前后厅高度依单坡斜顶而发生变化；东西方向上，隆起的藻井结构也为下方的两尊观音像提供了足够的空间，凸显了它们的存在。同欧洲建筑师一样，这座建筑的中国设计者在设计之初，自然已经对整个空间效果了然于胸。他之所以能创造出如此工程，靠的并不只是一个明确的建筑规划，还要有赖于中国博大深邃的传统营造文化以及特定的手工技艺，它们保证了建筑的美观度与艺术价值。西方古典主义建筑之所以精美绝伦，亦是同一个道理。

因为大殿极具艺术价值的藻井之上雕凿着九条神龙，所以僧人们又将整个大殿称为"九龙殿"。

大殿屋檐下方的斗拱充当了内外回廊之间的托架（参见图80）。但是，由于斗拱被覆盖于外回廊之上的单坡屋顶所遮蔽，所以人们很难从外侧看见这一结构。不过，我们可以借助图80来了解这类建筑构件。为了有一个清晰的对比，我们也可以参看图81所示的法堂斗拱结构。这种结构通用于中国大部分建筑之中，但此处我们并不详细展开，也不将其同邻近的日本建筑做对比，而仅对其基本式样做一简介：椽、梁、檩、枋等或斜或水平的木条构件末端相互构合在一起，以凸出的斗拱固定承重，斗拱内侧带有生动纹饰。

斗拱外侧支撑处则为镂空雕花水平饰带，由横梁及小型立柱构成的相邻两个环状结构之间镶嵌有栏板，其上带有绘画及雕刻。

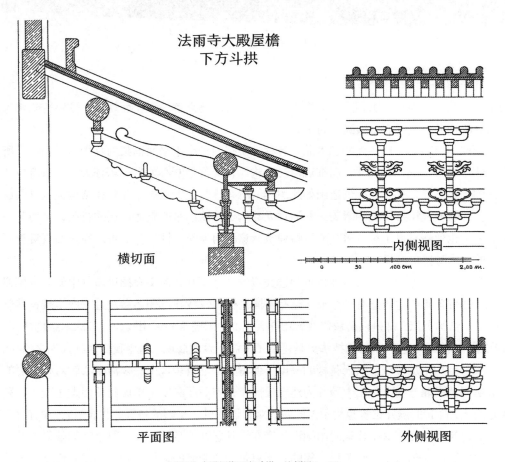

图 80. 大殿屋檐下方斗拱，比例尺 1：50

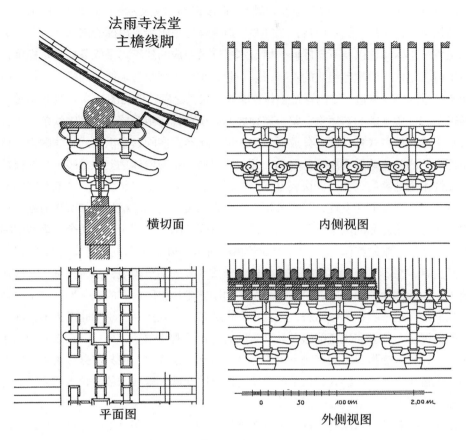

法雨寺法堂
主檐线脚

横切面

内侧视图

平面图

外侧视图

0   50   100 CM   2,00 M

图 81. 法堂檐檩，比例尺 1:50

图 82. 大殿外侧廊柱镂空横饰带

6.3 大殿外部

在法雨寺所有建筑中，大殿占地面积最大，高度最高，故极为瞩目（参见附图12—1）。其屋顶结构虽为常见的重檐歇山带山花样式，但整体呈现出令人震撼的恢弘壮阔之气势。由顶部正脊、正面檐檩以及下层屋檐的檐口水平饰带组成的建筑水平线条均平直稳重，它们与由垂脊、立柱、门框等组成的垂直线条一起，构成了整个建筑协调的框架体系。而重檐上两条平行的醒目剪边，则为这个整体更添一分宏大之感（参见图71）。与此同时，屋脊两端雕凿着优雅上翘的燕尾脊，整个屋顶坡面的琉璃铺砖组成层叠起伏的线条，正脊、檐口及水平饰带被各式精巧图案分成无数小区域，所有这些同这个恢弘的整体融为一体，又给肃穆庄严的整体效果平添一丝灵动、柔美的气质。正面墙体之上极具装饰性的窗棂以及带着雕饰木框的殿门，如同一块块方格，一起组成墙面这块"织锦"。仔细观察中国建筑中的审美理念，我们会发现，中国人始终将宏大的布局与灵动精巧的细节塑造结合在一起，它们是每个艺术品的两个基石。换句话说，就同"阳"与"阴"这两个元素对中国人而言是一个不可分割的整体一样，严谨协调的整体框架之中彰显着充满感染力的飞扬生机，它们相互交融，密不可分。整体框架中包容了形式各异的细节表现，而各式细节又服从于整体效果，由此产生的稳定感，恰好反映出了中国艺术风格所具有的统一性。基于这样的认识，我们还可进一步探索与回答，为何在存在数量如此众多、差别如此巨大的生活与思维方式的情况下，中国文化还能够以其独有的普适价值观为中心，形成一个统一的体系。很多时候，这种观念指导下的产物不可避免地显得比较模式化，但某些最终被人们以近乎本能的方式运用于实践的模式，正是解决所有问题的钥匙，就如同数学领域的公式、每一门科学领域的原理，艺术领域亦不例外。

大殿屋顶铺着黄色琉璃瓦。这种瓦片规格只有经过皇帝的明旨批示方可使用，同时也表明，该寺地位高于其他寺院。在1705年法雨寺盛大的重建工作暂告尾声时，康熙帝下谕旨，恩准了法雨寺大殿屋顶的这一特权。当时，这些琉璃瓦由南京运至此处。如今，瓦片釉层风化剥落情况严重，正脊及其他各脊线处的大部分琉璃瓦已呈近乎灰色。正脊为镂空砖雕式样，被石板分成七个部分，每部分上或雕凿着花卉纹饰，或刻有文字。其南面上书：

风调雨顺

这是一个引自农业生产活动中的成语，本指在适当时节，丰沛的雨水与和煦的微风交替而来，作物在此自然条件下茁壮成长。用于此处，指代佛法如甘露滋润人心，人们在冥思静想中醍醐灌顶（这也是一种对于法雨寺寺名的隐喻），而后通过身体力行，如刮起创造勃勃生机的春风，收获努力之后的硕果。

正脊北面上书：

佛日增辉

附图 12—1. 带祭祀平台的大殿外景

附图 12—2. 大殿主入口大门

这四个字同样可借用农业活动加以理解，其意为"佛法如阳光普照，驱逐众生心中的黑暗，使光明永存"。这一句题字与上一句一道，构成了对于佛法的完整譬喻。

上层屋檐的剪边处铺着两层上了釉的瓦当，瓦当上方接着屋顶最下一排的凹凸瓦。下层屋檐剪边处则只有一层类似的瓦当。瓦当扁平，其上雕刻着松树图案。在中国，松树是坚强与力量的象征。上层主檐檩托架为绿白两色，托架之间带着常见的简单彩绘。

主檐檩下柱头间的粗壮横梁上则有大量彩绘。每根横梁中部均绘有人物群像，颜色以蓝、白及赭石为主。两侧叶状区域则以白色为背景，上绘有人物形象。横梁两端彩绘背景一律为舒展的绿色小巧云朵，外面勾着一圈白边。背景之上是体型较大的云彩图案，呈蓝、绿、白三色。上方粗大的月梁与下方横撑龙骨之间支撑有由众多小型榫卯结构组成的方梁，榫卯构件被涂成蓝白两色，其上绘有醒目的图案，整个方梁由此显得富有生机。如上文所述，外回廊上方以越过廊柱的檐口水平饰带为界（参见图82），同内回廊隔离开来。水平饰带为镂空雕花式样，其中的卷叶纹雕饰呈绿、白、蓝三色。门窗木制窗棂呈黑色。

站在回廊之中仰望，主檐檩的下半部分清晰可见，而其另外一半则斜插进大殿内部。檩下斗拱共有三层，被涂成红、黑、白三色。上方的檩木被划分成若干部分，每部分均以红色为底，上绘白龙戏珠图，周围点缀有蓝白相间的直线、根须、茎干等图案。环状镶边为红色，其上绘有银色藤蔓与黑色直线。红色的月梁之上画着两条蓝白相间的神龙，它们追逐嬉戏着一颗金色宝珠，画面两端带红、蓝、白三色藤蔓图案。月梁间的立柱上端绘有极度抽象的兽首，呈蓝、白、红三色。

殿门每一块较大的镶板上嵌着一个风格独特的暗白色叶状浮雕（参见附图12—2），较小的镶板则带镂空雕饰，以飞鸟、芍药、葡萄等自然生物为表现主题，颜色均为暗白。窗户及门的上部都装着紧密排列的木制窗棂，细木棒以30°角交叉叠放，交叉处点缀着小巧的玫瑰花雕饰，煞是引人注目。木棒的宽度大大超过了孔眼的宽度，足见其排列之紧密。除了前文所提的一些其他颜色的木结构，这些栅栏与门镶板以及柱、墩、椽、梁等剩余所有木制构件一样，均采用中国传统工艺，以灰泥抹浆后外涂红漆。

正门处挂着布帘，隔绝了外界投向大殿内部的目光。布帘一半被掀起，挂在一个自天花板垂下的挂钩上。布帘外侧为深棕底色，其上有黑、蓝神龙嬉戏宝珠。内侧为黑底，上面绣着佛教万字符"卍"及各种象征图案，整个布帘边缘绣满了文字。上边缘处还绣着"九龙殿"字样，右边为汉文，左边为满文。

大殿正面中央的四根立柱上各自挂着一块略呈扇形的长木匾。木匾以黑漆为底，上写镏金文字，俗称"对联"，此处共四句，每块木匾各一句。以中轴线为中心，左右对称的上下两联构成一对，故此处共两对。对子的对仗形式极其严格，每一个字以及整个句子意思都要相互呼应。从以下的翻译中，我们可以或多或少感受到这一点：

对联一

上联：

接弧西方法界三千霑化雨

下联：

住身南海洪涛百万渡慈航

注释：

佛法本质

由西方降临你我身边

如一场喜雨

滋润万物

蔓延至无穷世界尽头

观音化身

由南海降临你我身边

她立于慈悲之舟中

拯救芸芸众生

于恐怖之海

对联二

上联：

经历百千劫难不坏千秋法相

下联：

普济亿万生灵以证万古慈航

注释：

于无尽时光中

她忍受了种种灾祸

其法相由此

永世不朽

于困厄之境中

她拯救了无数生灵

因自世界初始

她便庇佑我们于慈悲之舟中[1]

　　为了更好地了解下文中将要描述的殿内众观音像，我们在此处先对观音的若干不同称呼做一介绍。在寺内众多地方，我们都可以看见写在牌匾之上的这些称呼。它们分别是"圆

---

[1]　对此处作者断句及翻译保留个人意见。——译注

通观音""救苦观音""莲台观音""送子观音""浮海观音""紫竹林观音""高王观世音""大悲观世音""白衣观音""慈航道人"。其对应含义的直译分别为"完满与真相""救人于苦难""端坐于莲花宝座之上""赐赠子嗣""踏浪于海涛之上（此海即指尘世，观音浮于海上，意为停留于尘世以庇护众生）""于紫竹林内修行""世间崇高者""慈悲怜悯""身着白衣""引世人登上慈悲之舟，脱离苦海，达成完满"。

6.4 大殿内部

佛像

主佛坛

殿内中央修建有一个石制底座（参见图 83），其上各处都雕刻着纹饰图案，中部条状隆起处雕凿着栩栩如生的莲叶。底座之上端坐着三尊佛像，正中为一尊下带镏金须弥座的大型观音像。须弥座台面及侧边均平刻有大量人物、云朵、鸟禽、麋鹿等图饰，线条简洁流畅。须弥座下半部分被涂上红色油彩，正面束腰处以常见地毯纹饰为底，其上雕刻着神龙与云彩。

从样貌神态上来说，这尊大型雕像同供奉于法堂中的观音像极为相似。不同之处在于，此处的观音像尺寸巨大，且双手随意交叠，呈冥想状，并未做出某种佛教手势。就艺术角度而言，此雕像并无特别突出之处。其所带宝冠呈锯齿状，每片尖角上均带小型坐佛图案[1]，冠饰之下露出蓝色发髻。雕像背后立着一轮带简易莲花座的巨大光环，莲花座下还修有莲叶雕饰的基座。

白衣观音

大殿中最引人注目的当属位于三尊大佛雕像之前的这尊观音像（参见图 83）。她端坐于九龙藻井的正下方，形象端庄美丽，较之其后的三尊佛像更出名，甚至可以说更受世人景仰。这便是编号为 10 的"白衣大士观音菩萨"像（参见附图 13）。"白衣大士"即指"身着白衣的尊崇点化者"。观音坐于木制镀金须弥座上，其上刻有四列莲叶，须弥座之下还带着石制基座。雕像背后装饰有精美佛法光环。菩萨右脚放于须弥座之上，左脚越过莲座，垂在基座台面的一朵莲花之上。其手肘放在腰侧，左手以优雅的姿态举至胸前，拇指与无名指指尖相碰，其余三指向上竖起。[2]右手则放于右膝之上，掌心向上，中指微微上抬，

1　根据作者描述，此冠饰即化佛冠。——译注

2　根据作者文字及图片描述，此为观音左手施说法印。——编注

图 83. 供奉有白衣观音的主佛坛，位于三尊大佛像之前

其余四指自然舒展。[1] 她的蓝色印度风格发髻几乎完全压在一顶宝冠之下。只见宝冠呈五片尖角莲叶式样[2]，上面装饰有金色镂空纹饰以及一颗夺目的圆形宝石。位于圆宝石之上的椭圆形小巧火焰环末端还镶嵌着另一枚熠熠生辉的宝石。冠带垂在背后，并在其耳后位置各打了两个叶状绳结。厚重的大耳垂上打有耳洞，挂着镶嵌有宝石的叶片状耳环，式样同宝冠上的莲叶相似。硕大的耳环一直垂到肩膀与胸之间。菩萨身披长袍，其上略有褶皱，整个雕像自身的自然轮廓并未被此遮住。

这尊观音像容貌姿态美丽至极。只见她腰身纤细，胸臀丰满，腿部结实有力，裸露的手臂圆润丰腴。小臂、手腕及脚踝处缠绕着宽大的镂空金丝带，丝带中部挺立着一片莲叶。

1　根据作者文字及图片描述，此为观音右手施与愿印。——编注

2　根据作者文字及图片描述，此"宝冠"指"五佛冠"。——编注

附图 13. 大殿三圣坛前的白衣观音

微敞的衣襟中露出从脖子上垂挂而下的珍珠项链，胸前及身侧只裹着一块纯色紫红布料，显得格外迷人。前襟处缝有一圈约两个巴掌宽度的蓝色缎带，上面绣着银色樱花。缎面上下两侧均带简洁的窄幅银色镶边，下端还悬挂着众多的银饰品，垂在穿着紫红布料的躯干之上。蓝色缎带上还垂下三条绿、白、红、蓝相间的细飘带，尾部呈花束状，一直拖到腿间。肩膀处搭着一条白色丝质披风，上绣黑色修竹。披风在脖颈处以搭扣固定，包裹住整个后背，露出手臂及双手，往两侧垂落至莲花宝座之上。雕像在披风外还挂着一串双圈佛珠，往下垂至胸口位置，正中还另外挂着三颗佛珠。

观音虽未展笑颜，但整张脸看上去亲切和善。脸部用笔简洁，仅用几笔黑色便勾画出了眉毛与眼睑，眼珠则用白色点出。其他地方同整个木制躯体一样，均镀上了金粉，这让菩萨看起来明艳美丽。在工匠们的手下，这尊观音就如同一位真正的印度公主，骄傲华贵又美丽动人，她身上那件紫红裹胸也可能是依照印度风格而来。

其背后的光轮共有两圈，皆镂空镀金。外圈光轮上雕饰有玲珑的祥云图案，它们成簇成团，形成特有纹饰。光轮顶端略收窄变尖，装饰有六个火焰冠饰。冠饰周围环绕着双层火圈，火圈与云团融为一体。内圈光轮的上下边界为两道由小巧祥云构成的纤细弧线，弧线之间以深刻的刀笔雕刻有逼真的带茎叶状浮雕，浮雕之上还用金属丝连接起十一尊小佛像，它们看起来就好似从叶片中探出佛身，绽放开来。佛像均端坐于莲座之上，背后带着小型镂光环。他们右腿下垂，右手置于胸前，动作看上去与观音大士一致。

光环的最内侧是一面绿色镜子，观音便是正好背着这面镜子端坐于莲台之上。其他佛像背后的光环中也有同样一面镜子。它的寓意在于，人望向镜子，看到的却只是幻想，只是心中的理想化状态，只是连自己都无法理解的对于完满的渴望与追求。和蔼的菩萨以凡人的化身为我们点出这个道理。这面镜子与寺院入口处的照壁互为正反，两厢对照。人身处镜面与照壁之间，便是陷于自我认知的迷雾之中。他其实已是完满的一部分，自己却并不能肯定；他也是整体的一个组成，自己却并不知晓；他成了诡秘深邃的大自然中的一个部分。将人从步步紧逼的自然枷锁中解放出来，获得内心的救赎，这是一种对于自我的追求。佛教徒以及中国人只是意识到了这种追求的存在，而基督徒却已经通过将神凡人化，为实现这种追求做好了准备。[1] 或许，在遥远的未来，这种准备便能收获成功，从而开创一个全新的意识形态。

其他佛像

若对殿内每尊佛像及其特点均做详细描述，难免篇幅过于冗长。所以，此处我们只选择了这尊白衣观音大士像作为具体例子，进行着重介绍。殿中共有二十三尊佛像，十八尊罗汉像，总计四十一尊。图84已标出各雕像具体名称，以供参照。

大殿正中主佛坛之上的为1号像，名"大慈大悲观音菩萨"，意为"心怀无尽怜悯与关怀，拯救尘世众生于苦海"。位于她前方的10号像"白衣大士"像，意为"身着白衣

1　此为作者由于时代局限所理解的佛坛镜子之意。通常来讲，坛镜的放置是为了诠表佛法"三德"。——编注

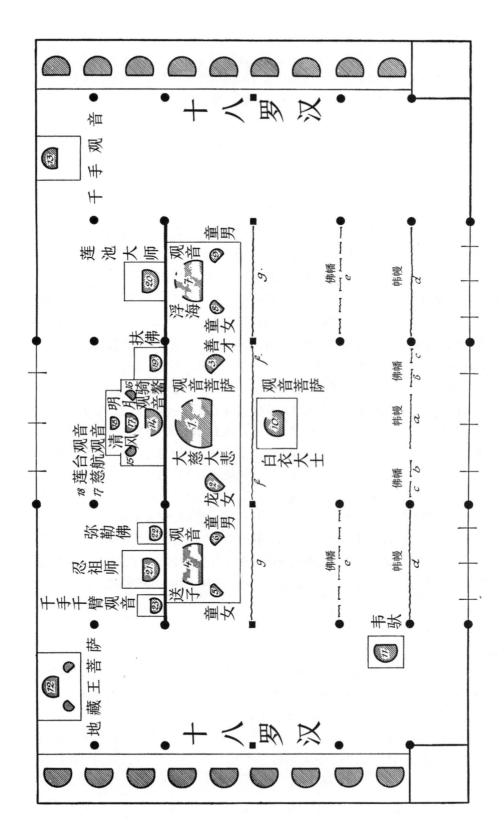

图84. 大殿平面图。大殿各佛坛、观音像及帷幔摆放位置

的尊崇点化者"，前文中已对此做过具体描述。为了了解观音的这两个形象之间存在何种联系，我们有必要于此处在并不追根溯源的前提下，对"观音"这个名称稍做介绍。"观音"两字字面意思为"看这声音"，或"注意这声音"，源自梵文中菩萨 Avalokiteçvara 名字的翻译。它显然是一个有意为之的模糊翻译，中国人比较倾向于用这种翻译方式，来塑造一个与含义匹配的人物形象。在四川省内离著名的自流井井盐产区不远的地方，有一个建于路边的观音佛坛，其上的一副铭文对联便印证了上文的猜想。此外，对于此处大殿中的这两尊观音形象间的相互联系，这副对联也给出了一个绝妙的阐释。只见对联上书："大慈大悲曰大士，观民观物曰观音。"其含义不言自明。

位于正中高大的主佛坛之上的主像两侧还各立着两位侍从：

西侧为 2 号龙女，她是东海龙王的女儿。东海龙王并非观音随从，但被观音以法力降服，故将自己的女儿送到观音身边当侍女。

东侧为 3 号童子善才。同众多的主神形象一样，关于"善才"这一次等神祇形象也有着数不清的传说。它们大多荒诞离奇，但本质上均反映出中国人某些特定的宗教理解与宗教观点的发展脉络。在其中的一个传说中，"善才"同上文的龙女一样，其原型也是一位小姑娘。姑娘名"妙善"，意为"聪慧、善良"。之后，妙善化身为佛，与观音形象合二为一。[1]在后世的流传过程中，"妙善"这个名字被一分为二，发展为两个新的男性形象，即"善才"与"妙才"。但无论是哪个形象，均作为观音侍从出现在其神像东侧。此处大殿主佛坛之上供奉着的是善才，意为"至善仁慈"。他同龙女一道，站在大型观音像跟前。而在法雨寺另一处主要法堂的主佛坛之上，则供奉着妙才，意为"才华出众"。关于这两个形象，此处不再做进一步阐述。下文中，观音身边的两位侍从，我们也仅简单地称其为"童男""童女"。

主佛坛西侧供奉着：

4 号送子观音，她为人们送去子嗣。其身旁东西两侧分立童男（6 号）与童女（5 号）。

主佛坛东侧佛供奉着：

7 号浮海观音，她立于起伏的海涛之上而不沉没。同送子观音一样，其两侧站立着童男（9 号）与童女（8 号）。

大殿南侧角落供奉着 11 号韦驮，他是佛教护法。

大殿北侧佛坛中供奉着：

12 号地藏王菩萨，他是地界之王；

13 号千手观音，她拥有一千只手臂。[2]

1　根据传说，妙善为春秋时期父城（今河南平顶山宝丰县父城）妙庄王之女，排行第三，亦被称为"三皇姑"。她用自己的双手与双眼为父亲医治疾病，以报父母养育之恩，圆寂后化身为千手千眼观音。——译注

2　千手观音造像并非真塑有一千只手臂，此为虚数，"千"为无量及圆满之义，以"千手"表示大慈悲的无量广大。下文"千手千眼观音"同理，并非真塑有一千只眼和一千只手。不再另注。——编注

主佛坛背面南北方向上供奉有三尊佛像，分别为：

靠墙的 14 号骑鳌观音，她骑坐于一种神龟之上[1]，一旁跟着侍从清风（15 号）、明月（16 号）；

17 号慈航观音，她的身旁漂浮着一只意为渡众生于苦海的慈悲之舟；

18 号莲台观音，她端坐于莲花宝座之上。

位于正中的主佛坛旁还有若干个次佛坛，这里分别端坐着：

19 号扶佛，他身着黄色长衫，帮扶所需之人；

20 号莲池大师，即来自莲花池的伟大教化者，这里同样指代观音；

21 号忍祖师，他是这座寺院的开院之祖，名"忍"，这里被当作山神供奉；

22 号弥勒佛，即未来之佛；

23 号千手千臂观音，此观音形象长着一千颗头颅与一千只手臂。

在大殿内部东西两侧共端坐着十八尊镏金罗汉像，神像基座为一个连贯的整体。他们背后便是内回廊，上方是那结实牢固的檐檩。如剖面图所示，十八罗汉依次排开，姿态各异，部分动作较为随意自然。每一尊罗汉像前的基座上都摆放着一个样式寻常的木制小香炉，僧侣和信众在某些特定时间在此焚香祭拜，就同祭拜其他主神一般。

虽然大殿中供奉了这么多神像，但这仅是庞大的佛教神祇体系的一小部分。同雕像相比，绘像能更直观清楚地展现出神明的繁多。所以，如附图 14 所示，人们把佛教诸尊形象制成大量的木版画，售与香客，以使其时时感受并追寻佛法之存在。因此书主要探究寺院的建筑与艺术形式，故这里便不再对每个神祇形象进行具体着墨。

6.5 大殿内部陈设

供桌与法器

主佛坛及其前方白衣观音所在的佛坛基座（参见图 83）四周围着一圈栅栏，将其同大殿其他空间隔离开来（参见图 84）。栅栏前方摆放着三张带繁复雕刻纹饰的高大供桌，正中一张，两侧各一。桌上放着五具足，具体同前文殿前平台上的五具足一致，即中间一个香炉，两侧各有一个烛台及花瓶。因为两尊佛像共同使用处于中轴线上的那张供桌，所以这张桌上摆放的烛台数量更多，此外还另配一张放置香炉的小桌。供桌侧边立着若干高烛台以及铜锣架子。紧挨着供奉三尊佛像的大型佛坛边上也立着支架，东侧悬挂洪钟，西侧悬挂大鼓。这种摆设所体现的理念同前文中所描述的位于前殿的钟鼓楼一致。

1　参见卷首附图 1。——原注

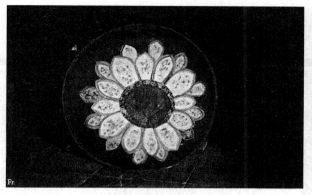

图 85. 高僧使用的拜垫

图 86. 法雨寺大殿柱础，其上雕凿有龙门图案

钟声响起，如同对神灵发出邀请，让他们来到这里，接受世人对他们的礼诵与祭拜。在今天的日常生活中，大钟仍然具有重要意义。每一座衙门口东侧都悬挂着一口大钟，若百姓有紧急诉求，需要直接同主事官员对话，便可撞响大钟。此时，官员必须亲自出衙，接待上访者。当然，这种情况仅限于特别紧急的事件，并不经常发生，若有人随意撞钟，将会受到严厉惩罚。虽是如此，但这也表明了，在特定的仪式与程序中，洪钟作为不可或缺的法器或礼器的重要性。在此基础上，寺庙中的洪钟又被赋予了宗教意义。如同贫困与不幸者撞响大钟，向父母官求助一样，僧侣敲响洪钟，呼唤神明庇佑。[1] 三佛像前的白衣观音历来是人们心目中的救世主，具有极大的影响力，所以在其佛坛东南角设有钟、鼓各一。一旁柱边的小托架上还放着一个木鱼。它是纯粹的佛教法器，在某些礼佛仪式中，僧人手持木槌，敲击木鱼。

其他佛坛同主佛坛一样，都配有供桌，上面摆放着法器。供桌通常也是礼佛区域的一部分，属于佛坛整体。有时，佛坛上方还覆盖有由角柱支撑的华盖或穹顶，前方摆有拜垫，它们共同构成了一个完整的佛坛区域。拜垫的摆放也有讲究，有一定的顺序。位于中轴线佛坛前的拜垫尤其精美，它专供住持仪式的高僧使用。

柱础与龙门

大殿内的中间八根柱子带石制柱础，状如鼓身，其上带繁复纹饰。其中四根靠外柱子的柱础上雕有双龙戏珠图案，宝珠周围环绕着一圈火焰。正中的四个柱础上的图案则与此不同，宝珠并非呈悬浮状刻于祥云之间，而是雕凿于一扇门户之上，双龙从两侧探首，接近这颗宝珠（参见图 86）。这一图案体现了"龙门"这一概念。若人想达到完满大智境界，便须穿过这道龙门，投入象征自然力量的神龙的怀抱。

1　佛门早晚"鸣钟偈"，主要以钟声断烦恼，大智慧，脱轮回，或正觉，并非单纯"呼唤神明庇佑"。——编注

附图 14. 观音以及其他神佛、圣人，原画来自普陀山

一个常见的说法是"鱼跃龙门"。当一条鱼穿过这道门时，它便开始了化龙之旅。在西方人的认知中，鱼沉默无言，没有情感，生活在黑暗的无知之中，总是傻傻地撞进渔网、钓上鱼钩，被人轻易捕获。人们正是用这样一个意向，来表达从愚钝到大智的转化，前后对比鲜明。

　　若一个考生通过了考试，中国人便称其"跃过了龙门"。这种说法很容易理解。考生获得了隐藏于大门之后、由神龙守卫的智慧，探知到宇宙自然的奥秘，变成了所谓的"宝石"。可见，"鱼跃龙门"这句话指代的其实并非鱼类，而是世人。

　　中国人通常做出如下解释：每条神龙都全力追求宝珠，就如同每个世人都渴望拥有子嗣。从本质而言，这两者并无区别，神龙追求的宝石，代表的便是世人最终想要达到的纯粹的精神高度。对他们而言，自身所获得与积累的一切，只有通过一代代的传承才能延续存在，并最终达到完满。若子嗣断绝，无后人继承，则意味着一切努力化为泡影。这一解释透露出中国人所特有的一种人生观，他们极其注重世俗礼制的遵守[1]以及由此可达成的精神世界的完满，而这些便被喻为"宝石"。

　　柱础雕凿构图清晰，细节处表现力十足。这些雕饰并未影响柱础的承重支撑功能，反而能使其更为牢固结实。这让我不禁联想到在普济寺看到的另外两种柱础式样（参见图88）。它们同样巧夺天工，其中一个雕凿着祥云、花卉及叶片图案，另一个则是在其上边缘带有栩栩如生的叶状花纹，叶片下垂，经下方简明的线条雕刻拖曳至底部。底部呈鼓状向外凸出，其下还带刻有花纹的敦实底座，承受住上方所有的负重（参见图87）。这样的一种柱础样式，将"柱础"这个部件概念以一种自然而直观的方式阐释得一清二楚。以上所举的三例柱础式样代表了中国中南部地区在柱础构件营造领域所具有的高超水平。匠人们技艺精湛，诞生于他们手下的柱础极富想象力与艺术表现力，其上的雕凿主题不拘一格，

图87. 普济寺柱础

图88. 普济寺柱础

1　指娶妻生子、延续香火。——译注

图案纹饰流畅自然，同领域无出其右者。若要具体深入地介绍这一建筑工艺，须另开一章，此处便不再继续。

着色

低矮的回廊上方是倾斜叠构的檐檩，其上仅涂了一层清漆，并无彩绘。屋顶下方的檐檩亦是如此。棋格状天花板每一块正方形区域的穹隆内都绘有一条神龙，神龙正面示人，凝视下方。柱子均抹上灰泥，涂以红漆。剩下的木结构上原本有大量彩绘，但因年久失修，现已严重褪色。

灯具

大殿南北方向正中三间的最南间悬挂着三盏锡制烛台。中央一间中轴线供桌前方悬有一盏长明灯，它外带六边形木制保护罩，上面雕刻着极为精美的纹饰。其主体由玻璃制成，灯柱外盘踞着神龙，底部呈圆顶状向内凹进。整个灯具带着大量镂空纹饰及雕刻图案。长明灯在佛寺与道观中非常普遍，西方教堂中也放置有类似的长明灯。这一点发现比较有意思，但此处仅点到为止。若有人日后对此做一深入探究，我将不胜感激。

帷幔

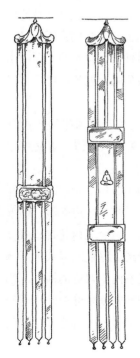

图89及90. 经幡

前文提到了大殿内部空间设计的美感，但访客步入建筑时，并不能第一眼就感受到这种美，其原因便在于，殿内悬挂着众多由针织布料或刺绣丝绸制成的帷幔与对联，它们阻挡了访客的视线，使其一眼望去不能对大殿一览无余。其他著名的佛寺或道观大殿也多为此类情况，且遮挡物更多。拥有现代欧洲审美的西方人对于这种将美遮蔽起来的方式比较陌生。西方人倾向于将艺术品以一个令人瞩目而完整的美丽形象凸显出来。西方人常用托盘来盛放艺术品，以一种"和盘托出、毫无保留"的方式，尽情展示艺术之美，这便体现了西方人的这种理念。西方人会推倒建筑，创造空间，只为可以对建筑物一览无余，使艺术本体得到淋漓尽致的完整展现。不过，纵观欧洲艺术史，这一理念并非始终占据统治地位，即便是现在，它也并未渗透至方方面面：古老城市的狭窄街道中隐匿着宏伟华丽的房屋外立面，巧妙的建筑群中深藏着众多教堂，昏暗或人迹罕至的老屋内静躺着无数华美装饰。真正的艺术理当秉持"创造真正美好的事物"的信念，艺术家不应追名逐利，而是应该将自己的作品珍藏呵护，或是只邀请少数几位知音一道品鉴。

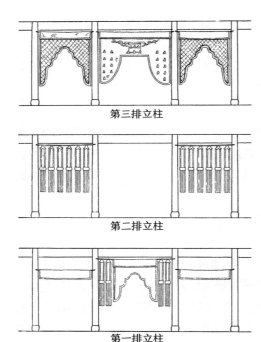

第三排立柱

第二排立柱

第一排立柱

图 91. 大殿主佛坛前的佛帐与幡条（请参照图 84）

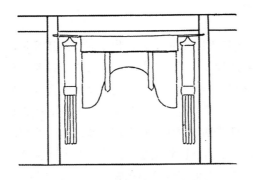

图 92. 大殿一处次佛坛前的佛帐

由此我们可以对中国艺术特点稍做评判。可以说，中国人倾向于将自己的艺术作品以含蓄的形式遮掩起来。若人们事先未作了解，便无法感知那些伟大的中国建筑所蕴含的深层思想。众多寺庙建筑依叠嶂的山峦而建，从低矮的山门依次修至最高点，人们只有具备了相应的艺术敏锐度与理解力，方可领略这一设计布局的精妙。位于普陀附近的宁波有无数狭窄到令人难以置信的小巷，正是在这些巷子中，矗立着许多美轮美奂的建筑，它们大多被重重遮掩，难以一眼望透。这些建筑同样秉持着这样一种艺术理念，即艺术作品本身便已足够美好、足以震撼心灵。若有时因外界因素，使其不得不揭开含蓄的面纱，直面观众，那么面对如此震撼而清晰的艺术表现之时，观众反而会产生一种虚幻失真的感觉。所以，法雨寺大殿中悬挂了众多帷幔与幡条，以遮挡宏大的空间与震撼的佛像，给访客的视线加些路障。可这却与整个建筑及其他陈设所散发的气质不谋而合，它们并不张扬自己的存在，但其本身便已因美好的特质而引人关注，这就如同我们眼前的每一样无言但却内蕴锦绣的完美事物。

每一排柱子之间都悬挂着帷幔（参见图 84），其做工极富艺术价值。下文将按照柱子排列顺序，对其进行一一讲解。

紧挨着南侧前壁的第一排柱子正中悬挂着五条帷幔（参见图 91）。位于中间的布制红色佛帐最为宽大，中央被裁剪成流畅的弧线内拱形，访客的目光可以穿过这道弧线，顺着中轴线方向往前看。拱形布料上方还有一块水平幔头。佛帐上绣着蓝白金三色花卉、藤蔓及佛教图案，边缘带黑色宽镶边，内侧还有一道绣有花卉的白色窄边。绿色的幔头上则绣着飞翔于云间的白鹭图案，画面灵动而富有生机。佛帐左右两侧还有两组对称的幡条，均根据长度及宽度被分成三份，其中中间区域绣有佛像或莲花，其他地方则以红白丝线绣着神龙、佛教图案及箴言。侧边的柱子之间则横向悬挂着绿色宽条幅，其上写有银色文字"观音大士菩萨"。

第二排柱子中堂两侧各挂有六条大小一致的白色长幡，上有许多黑色字符，两侧还带有跳脱的红色长条纹。

第三排柱子正中一间主佛坛供桌之前悬挂着一道深绿色丝质佛帐，中部开口（参见图83）。佛帐中间靠上区域绣有重檐带侧屋顶的大门图案。大门之内端坐着三位神祇，下方围栏处还有其他神明，两侧则是韦驮与观音。两条神龙自两侧拱卫着大门，此含"龙门"寓意。佛帐侧边共绣有十八尊罗汉坐像，它们周围环绕着四只极乐鸟以及众多纹饰与符号。人物图案面积较大，纹饰则略呈螺旋上升形态，所有这些刺绣均用金色丝线绣成，引人瞩目。佛帐上方的幔头则为浅绿色，其上带金色纹饰。

侧边柱子之间对称悬挂着拼缀而成的佛帐，绿色、白色、红色以及黑色的方形拼缀布料上绣有花卉、佛陀、罗汉及宝塔图案。上方的幔头为深绿色，其上有金色文字。

这种类似的帷幔布置与样式还出现在法堂中。在下文第九节中，我将借助一幅草图，对其进行描述。

拼缀帷幔与百衲衣

（此处请参照附图20—1、25—2）

不仅是佛教寺院中装饰有大量补丁状拼缀布幔，道观中也是如此。根据佛祖的创教教规，僧侣应保持清贫修行，以化缘为生，不得积聚私产。身着打有补丁的僧袍便是践行这一教规的外在表现。人们认为，僧侣化缘得来的仅是一块块小补丁，将这些补丁拼接起来，便做成了一件百衲衣。当然，这种情况大多只是一种理论上的说法，事实上，自古以来，僧袍都质量上乘、外观整洁，其中高僧的袍衫尤其做工精良。但是，由于教规影响深远，所以一些极其虔诚的僧侣仍会身着以补丁拼成的僧袍，或者至少是以某种方式表明仍在遵循这一理论规定。教规倡导放下一切、回归质朴，应运而生的拼缀帷幔却意外获得了极高的艺术价值。曾经的西多会教士遵循简朴隐居的教义，不得以彩绘装饰玻璃窗。面对艺术领域如此严苛的条件，他们创造出了浮雕式灰色装饰画技法，这便是于清贫与限制之中萌发美好与希望的生动一例。同样的，佛教寺院建筑中运用了多种多样的补丁拼缀元素，这也产生了极为不错的艺术效果。

这种拼缀艺术形式多样：有的帷幔是以斜纹方格拼接在一起，众多不同颜色的方格经过精心搭配，呈现出一种和谐统一的整体感（参见图93）；有的是叶片轮廓呈简单的鳞片状排列，其用色同样丰富，每片补丁之上还带着花卉、藤蔓、佛陀、文字、符号等众多样式的刺绣（参见图94）；有的叶片状拼缀帷幔则用色简单，通体一色，简洁流畅的补丁轮廓剪裁状似莲叶（参见图95）；也有些帷幔补丁剪裁呈其他叶片形状，又或是以弧形蒜瓣状相互拼接在一起（参见图96）。拼缀艺术不止存在于帷幔中，在某些特定场合，等级较高的僧人也会穿着类似的拼缀袈裟。这些袈裟上有一道道长条纹，条纹间排列着各色叶状补丁（参见图97）。此外，有些僧人在礼佛等宗教活动之外，也会穿由不规则的五彩补丁拼接而成的僧袍，其样式均参照相应的帷幔而来。这种僧衣拼接整齐，布料结实，这并非是因为僧人生活困顿，而是出于教义要求的一种表现。

图 93. 斜纹方格状帷幔

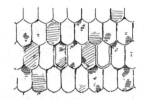

图 94. 鳞片状布幔

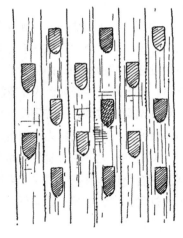

图 97. 僧袍一部分

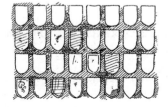

图 95. 打满补丁的布幔

图 96. 蒜瓣状补丁

这种布料的"补丁拼缀"观点还让人联想到舟山群岛的地形特征，这看似风马牛不相及的两者却有着某些神奇的相似之处。普陀岛上群山四散分布，地平线上散落着一个个小巧凸起，且山与山之间大都边界分明，各山因为土质与人类活动的不同，呈现黄白棕 绿等各种颜色。这里的山体并不似中国南方那样被开垦出无数的梯田，只有并不高耸的山峦与丘陵连绵起伏。远眺普陀，这些阔而平坦的起伏拼连成广袤的一片，就如同大地被打上一个个补丁。面对此景，即便是来自不同文化圈的外国人，都会联想到佛祖训诫、观音崇拜以及寺院中的无数拼缀帷幔与僧侣百衲衣。中国人喜欢以自然环境来证明所谓的神谕、天意。另一方面，对于自然的观察与看法又因为添加了宗教理解，得以更加深刻犀利。这种相互关系影响深远，塑造了中国人以和谐为中心的世界观，进而造就了文化的整体统一性。

图 98. 身着百衲衣的僧人

7 二十四孝

前文已简短提及位于大殿前方平台栏板之上的石雕二十四孝图。所有中国人都熟知这些著名的孝道故事，它们被写进书籍、搬上舞台、绘成图画，也被雕凿于众多的寺院与屋舍之中。这些故事是在真实历史事件基础上添加了文学想象与渲染的产物，稍显可笑与天真。但它们作为典型的孝道传说，被整合成一个以"孝"为核心的体系，成为令人瞩目的美德榜样。"孝"被中国人视为所有美德中最值得推崇的品质，所以作为行孝典范的二十四孝故事最为人所熟知，也最常被人讲起。

中国人喜欢以周期为基准，为某样事物选择一个内含深意的数字，一至九这几个数字便经常被选来作为神秘而崇高天意的载体，而此处，人们为孝道典范选择了数字二十四。一年有二十四个节气，一天有二十四个小时，"二十四"这个数字反复出现在文学作品及日常风俗中，继而扩展至艺术领域。比如，四川的一座庙宇中供奉着二十四尊天神，人称"二十四诸天"。

而此处二十四孝图出现在供奉大慈大悲观世音菩萨的寺院中，又是被雕刻在核心区域大殿之前，这值得我们深思。《三字经》是中国每一个学童的启蒙读物，其开首一句便是"人之初，性本善"，这句话在二十四孝这一近乎出自人性本能的系列故事中得到了有力印证。而"孝"这个人性的初始美德，也是慈悲为怀的观音菩萨所代表的"善"的一个组成部分，它被菩萨认定为是人性的基石。雕凿于望柱之间栏板之上的二十四幅石刻，以中轴线为中心分成左右两组，每组十二幅。又因为栏板正反面均有雕刻，故被分为四组，每组六幅。下文将按这一顺序对石刻进行描述，为保证石刻故事的完整性，我也会对未能表现于石刻上的内容进行补充。这里的每一块石刻长约 1.1 米，宽约 0.5 米。

在叙述二十四个故事时，我参考了程艾凡[1] 的《孝经》英译本（*The book of filialduty*）。这本小册子出自"东方智慧"（*Wisdom of the East*）丛书，针对的目标读者广泛。需要说明一点的是，喜欢装模作样假正经的英国人删掉了下文的 16 及 21 号故事[2]。不过，早在此英译本出版之前，已有一位中国使者在柏林向尊敬的皇帝陛下呈上了《孝经》德译本，一同献上的还有一篇歌颂孝道的美文。所以，在介绍英译本中缺失的那两个故事以及其他剩余的二十二个故事时，我也借鉴了那本德译本。此处雕刻于殿前栏板之上的石刻顺序与《二十四孝》原文顺序并不相符。

西侧护栏北面镌刻着 1 至 6 号石刻故事，其分别为：

1　Ivan Chen, 华裔汉学家，其翻译的《孝经》英文版首版于 1908 年，由伦敦约翰·穆莱（John Murray）出版社出版。——译注

2　这两个故事分别为"乳姑不怠"及"尝粪忧心"，译者猜测，因此间出现"乳房、粪便"这类所谓难登大雅之堂的字眼，故在英译时被隐去不提。原文中作者用了"Prüderie"这一贬义词，意为"假正经"，便有嘲笑此惺惺作态之意。——译注

编号 1. 亲尝汤药

汉文帝为汉高祖第三个儿子[1]，未登基前被封为代王。高祖薨，生母薄姬守寡，文帝尽心侍奉母亲，从不懈怠。有一次，薄姬患病三年之久，三年中，文帝目不交睫、衣不解带，守于病榻前照顾母亲。母亲每一次进食汤药之前，他必定会先亲口尝试。他的孝顺举国称颂。

石刻：相应的浮雕图案风化严重，无从辨别与描述。

编号 2. 卧冰求鲤

晋人王祥早年丧母，继母对其苛待，常在他父亲耳边对其进行诋毁，王祥因此也失去了父爱。继母喜欢吃鲜鱼，可时值天寒地冻，河流结冰，不可能捕到鱼。王祥脱下衣服，卧于冰面之上，以求用体温融化冰面，捉到活鱼。突然，冰面自动裂开，从中跃出两尾鲤鱼。王祥赶紧抓住它们，带回去侍奉继母。村人听闻此事，感到十分惊讶，纷纷称赞王祥，道是他的孝心感动了天地，才有这一奇事发生。

石刻：画面左侧有一棵树，上面挂着一件大衣。右上角下方有数朵祥云。此外还有众多刻有四字成语的小石板。王祥赤裸上身，卧于冰面之上。一旁冰层开裂，一条鱼躺在王祥身边，另一条则浮于冰层裂口之上。

编号 3. 扇枕温衾

汉朝黄香九岁丧母，他始终牢记亡母生育之恩，赢得了所有村人的赞赏。他每日承担家中艰苦的劳作，谨遵父亲教诲，用心侍奉父亲。在炎热的夏季，他用扇子将父亲的枕席扇凉。在寒冷的冬季，他则用体温为父亲焐热被子。当地太守感动于他的孝行，向朝廷上报了他的事迹，并请修牌坊以示表彰。

石刻（参见图99）：画面正中为一张宁波地区制式的床榻，床帏挂起，床上放着一个圆枕，一旁黄香正打着扇子。画面中并未出现父亲的形象。画面左侧还刻有围栏和一个木桶，右侧则是一扇门。

编号 4. 百里负米

周朝时，孔子学生仲由因为家境贫穷，只能常以野菜、野果果腹。但是，他经常背着大米，往返百余里，只为让父母吃上米饭。之后双亲过世，仲由南下至楚国，做了高官，生活富庶，出行拥有百余辆车马追随，私人库房中屯着数不清的稻谷，坐的是层层叠叠的柔软锦垫，吃的是数不胜数的各色佳肴。但他却说："我现在多想吃那难以下咽的野菜，只为可以再为双亲背一次大米。可是啊，这再也没有可能了。"

石刻（参见图100）：画面正中，仲由肩上背着一袋大米，看起来非常吃力。母亲正慈爱地从他肩上取过米袋。左侧有树木和群山，暗示仲由经过漫长跋涉，才回到家中。整

1　《孝经》原文称汉文帝为汉高祖"第三子"，但事实上他是汉高祖刘邦第四子，汉惠帝刘盈之弟。译者遵循原文进行翻译，故特在此做一说明。——译注

图 99. 编号 3 扇枕温衾石刻

图 100. 编号 4 百里负米石刻

个画面背景中央有一扇带着窗棂的房门，右侧有一张桌子。

编号 5. 芦衣顺母

周朝时，孔子的另一位学生闵损早年丧母。他的父亲再娶，继母生了两个儿子，对闵损这个继子非常苛刻。在冬天，继母给自己的孩子穿上厚实的棉衣，却只让闵损穿芦苇做的薄衫。一次，他驾着父亲的马车外出，冻得僵硬的手指握不住马鞭，将它掉在了地上。父亲不知内情，对他一顿责罚，但他不做任何辩解。事后，父亲知道了原由，想要休掉第二任妻子，可闵损却求情道："母亲在，则只有我一人受寒。若母亲去，那我们兄弟三人便都要受冻。"父亲十分感动，不再休妻。继母对此懊悔万分，从此善待闵损。

石刻（参见图 101）：画面左侧是一位母亲和一个小儿，孩子依偎在母亲怀中。这两人正看着画面正中相对而立的父亲，恳求他的原谅。右下角孔子坐在车中。整个画面背景左侧有一扇屋门，右侧是树木和田地。

编号 6. 怀橘遗亲

汉朝陆绩六岁时居住在九江郡。一次，他去拜谒著名的大将军袁术，后者招待他吃橘子，他悄悄把两个橘子塞进衣襟。拜别之时，橘子滚落在地。袁术见状，问他："小友，作为客人却偷藏主人招待用的橘子，这样得体吗？"陆绩跪下答曰："母亲喜欢吃橘子，我想给她带回去几个。"袁术听到此言十分惊讶。

石刻（参见图 102）：袁术面带长髯，手持拐柱，从座位中起身，左手伸向陆绩，神情充满慈爱。陆绩恭敬俯首，双臂在前呈请求状。在他跟前还躺着两个橘子。整个画面背景左侧有一座带柱子与亭子的房舍，其间还有巨大的芭蕉叶。右侧则是大树虬枝。

西侧护栏南面镌刻着 7 至 12 号石刻故事，其分别为：

编号 7. 卖身葬父

汉朝人董永家境十分贫困。父亲去世，他将自己卖给一富人为奴，只为换得安葬父亲的费用。之后他努力劳作，以求赎身。一天上工路上，他碰到了一位姑娘，姑娘请求嫁给董永。俩人一起来到主人家中，主人称，董永只有为自己织出三百匹精美丝绸，方能自由离去。在妻子的帮助下，董永一月之内便达成了这个要求。返家途中，俩人行至初次相遇的槐荫之下，妻子突然凌空飞去，自此消失不见。

石刻：相应的浮雕图案已无法辨认。

编号 8. 扼虎救父

汉朝人[1]杨香时年十四岁，随父亲一起在田间割稻。突然，一头老虎窜了出来，一口

---

1 作者此处将杨香写为汉朝人，但事实上他是晋朝人。——译注

图 101. 编号 5 芦衣顺母石刻

图 102. 编号 6 怀橘遗亲石刻

咬住他的父亲，欲将其叼走。手无寸铁的杨香为救父亲，不顾个人安危，纵身上前，用双手紧紧扼住老虎的脖子。猛虎松口逃走，父亲因此得救。

石刻：画面正中父亲摔倒在地上，身旁散落着一把镰刀。上方一头猛虎高高跃起，撕咬着他的背部。杨香左手抓住老虎，右手挥拳进攻。左侧刻有树木与橄榄枝叶，右侧有起伏的山崖，底下则刻着农作物。这些图案如一个边框，包围住正中的人物浮雕。

编号 9. 涌泉跃鲤

汉朝人姜诗事母至孝，其妻庞氏对婆婆同样极其孝顺，无半点违抗之意。老夫人喜饮江水，可住的地方与大江之间足有六七里距离。庞氏不顾路途遥远，每天从江中取水，给婆婆饮用。老夫人还非常喜欢吃鲤鱼肉做成的丸子，孩子们便经常做给她吃。一次，老人觉得独自吃不完鲤鱼丸子，倒掉又浪费了孩子们的一片苦心，便如往常一样，邀请几位邻居一起食用。突然，院子旁涌出一泓清泉，泉水尝起来同老人喜饮的江水味道无异，泉中还每日跳出两尾鲤鱼。自此，姜诗便从这里取水与鲤鱼来侍奉母亲。

石刻：画面左侧，庞氏手提挎篮，站于一株竹子之前，篮中放着一尾鲤鱼。右侧刻着江涛，其间游动着一条鱼儿。

编号 10. 埋儿奉母

汉朝人郭巨，家境十分贫困。他有一个三岁的儿子，由于实在太穷，他的母亲只能省下自己的一口饭，来喂养孙子。郭巨对妻子说："我们这样穷，连自己的母亲都供养不了，可孩子却还要在母亲本就不多的饭食里分走一口。不如就把孩子埋了吧？孩子没了，我们以后可以再生，可母亲一旦去了，就再也不会回来了。"妻子不敢反对丈夫的决定，郭巨便立刻挖出一个大坑，准备埋儿。挖着挖着，他突然挖到了一罐金子，罐子盖上一行字：天赐孝子郭巨，官不得取，民不得夺。小儿因此得救。

石刻（参见图103）：画面正中，郭巨带着一顶大斗笠。他手持铲子，在地上挖出了一个大坑，坑里出现一罐金子。右侧母亲抱着孩子，正看向郭巨。背景左侧是开着鲜花的山脉，右侧是香蕉树。

编号 11. 弃官寻母

宋朝人朱寿昌的生母是个侧室，在他七岁时，生母被正室所逼，离家而去，母子自此有15年[1]未曾相见。朱寿昌长大之后做了官，但在神宗年间弃官去职，只为寻找自己的母亲。他对家人说，自己若一日未找到母亲，便一日不归。历经千辛万苦，他终于在同州[2]找到了母亲，此时母亲已年逾七旬。

石刻：画面中间，老母亲右手拄着拐杖，坐在脚凳之上。朱寿昌跪在跟前，右手搭在

图 103. 编号 10 埋儿奉母石刻

母亲膝头，左手上举，一副孺慕之情。老母亲也伸出左手，慈祥地回抱着他。这组人物群像左侧放着一个行囊，旁边立着一把雨伞。这两样东西后面是一排扶手，远方还刻着山脉与树木。右侧是一张桌子。整个画面背景中间是一个房间，地板被划分成好几块区域。

编号 12. 孝感动天

瞽叟之子虞舜极为孝顺。面对冷酷的父亲、无情的继母以及傲慢自大的异母弟弟象，舜必须担负起养活整个家庭的重任。他在陕西历山耕种田地，可耕地之多，他一个人根本无法完成。这时，上天派出大象帮他耕地，派出鸟儿帮他除草[1]。这正是因为舜的孝心感动了上苍。此外，当舜在黄河边用黄泥做陶器时，制成的器物没有一丝裂缝。当他在波涛汹涌的水面捕鱼时，尽管四周电闪雷鸣，狂风暴雨，他的小舟却从未倾覆。虽然他为了整个家庭，从事着艰辛至极的劳作，直至筋疲力尽，但他从未有过丝毫怨言。他的美德传遍四野。当时的统治者尧听闻之后，提拔舜做了高官，地位仅在自己一人之下。另外，他还把自己的九个儿子送给舜做仆人，将自己的两个女儿许配给他做妻子。在副手的位置上，舜一干便是二十八年。这之后，他从尧的手中接过了其禅让出的皇位。

---

1 直至今日，在陕西平阳府附近的这个地方，仍有在基座、梁托及雕像上使用大象元素的现象。这一风俗正是源自于以上传说。——原注

石刻：舜这位未来君王立于画面中央，他手中拿着锄头，双手感激地举在胸前。在他的右边，一头小象正用象牙犁地，右上方则飞着两只鸟儿。左侧刻有山峦与柳树。

东侧护栏南面镌刻着13至18号石刻故事，其分别为：

编号 13. 涤亲溺器

宋朝人黄庭坚，身居太守之高位，声名显赫，对母亲仍纯孝至极，事事依从母亲意愿行事。一次，母亲染上重病，他整整一年衣不解带，寸步不离，侍奉在病榻旁。母亲解手之时，他也侍奉左右，每晚还亲自洗刷便器。母亲过世时，他悲痛过度以致患病，差点便没能挺过来。

石刻：画面左侧，母亲坐在一张脚凳上，朝儿子伸出双臂。黄庭坚从正中走向母亲，双手捧着一个碗。他的右侧有一个木桶。背景是房间、扶手和一扇门。最右边是同样作为背景的起伏山峦。

编号 14. 哭竹生笋

三国人士孟宗，幼年丧父，与母亲相依为命。一次，母亲患病，想要喝一碗嫩笋做的鲜汤。但此时正值冬季，这无法办到。孟宗遍寻不着，失望之下跑进竹林，抱着一株光秃秃的竹子痛苦地哭泣。他的孝心感动了大自然，这时，脚下的土地慢慢裂开，几株嫩笋探出头来。孟宗赶紧摘下它们，带回家为母亲做了一顿笋汤。而母亲一喝完这顿汤，便恢复了健康。

石刻：画面中央，孟宗跪在两根竹子之间，双手摇晃竹竿，竹竿朝孟宗方向弯曲。另有三根竹子也同样清晰可见。左侧山崖之上有一间茅舍，后侧是一段粗壮的树干。

编号 15. 刻木事亲

汉朝人丁兰，幼年父母双亡。长大后，他一想到自己当时因年幼，未能好好侍奉父母，便愧疚万分。于是，他用木头雕出双亲模样，事之如生。然而久而久之，其妻子生出懈怠之心，不再如丁兰那般对木雕像恭敬尊崇。有一天，她出于嘲讽，居然拿针刺向雕像，可是，针刺处竟然马上有鲜血流出。等到丁兰回家，雕像开始哭泣。丁兰问清缘由，立即将妻子休弃。

石刻（参见图104）：画面右侧是一个房间的神龛，里面摆放着丁兰的双亲木雕像。其中父亲像在左，母亲像在右，均目视中央。其两侧还有两个烛台。丁兰跪在神龛前，身着明制汉服，举起双手，呈乞求状。左侧是妻子站在他身后，面带执拗恶毒的表情，她身前还有一面大镜子。整个画面背景是生机勃勃的大地。

编号 16. 乳姑不怠

唐朝人崔山南，他的曾祖母年事已高，牙齿已经全部脱落，他的母亲[1]每日前往其曾

1　作者此处写的"母亲"，但《二十四孝》原文中为祖母。——译注

图 104. 编号 15 刻木事亲石刻

祖母房中，为老夫人洗脸梳头，并用自己的乳汁喂养她。如此数年，老夫人即使没有牙齿吃不了米饭，也身体健康。然而有一天，曾祖母染病，预感到自己时日无多，便召集全家上下，于病榻前叮嘱他们："媳妇的纯孝，我无以为报。我只希望，她的子孙媳妇也能像她孝敬我一样孝敬她。"

石刻：画面中间右侧有一位老妇人，她伛偻着身子坐在靠椅上。她身旁立着儿媳，正用左胸喂乳汁给老妇人吃。后方靠着老妪的拐棍。儿媳看着仰面躺在地上的孩子，孩子显得筋疲力尽。另外还有一些附带的雕饰图案：一只打翻了的空桶、一个打谷机、房门及围栏上的栅栏。

编号 17. 行佣供母

汉朝人江革，年幼丧父，与母亲相依为命。时值战乱，母子二人历经艰险，江革背着母亲，一路躲避战祸。逃难途中，经常有强盗出没，他们想要抓走江革。江革流着眼泪告诉贼人，自己还有年迈的母亲需要照顾，恳求他们放他离去。贼人有感于他的孝心，没有杀他。最终，母子俩来到下邳，却身无分文、筋疲力尽。江革于是做了别人的佣人，以此来赚得工钱赡养母亲。他工作勤勤恳恳，用劳动所得满足母亲的全部心愿。

石刻：画面正中，江革背着母亲，朝左侧走去。两人均扭头往回看。画面上到处都是高耸的山峦，只有左侧留有空白空间，雕刻着一棵树，右上角探出两颗脑袋，可以看出这两人穿着盔甲，带着武器。

编号 18. 啮齿痛心

周朝人曾参是孔子的一位学生，他对母亲非常孝顺。他时常前往山中，捡拾柴火。一日，当他出门进山时，家中来了很多客人，母亲感到十分窘迫，不知自己一人该如何招待这么多来宾。曾参此时又迟迟不归，焦急之下，母亲咬破手指。与此同时，远在山中的曾参感到一阵钻心的疼痛，连忙背起柴捆，跑回家中。他一见到母亲，便跪下问发生了什么事情。母亲回答道："有几位客人远道而来，我咬破自己的手指，盼着你能早点回家待客。"

石刻：画面右侧，老母亲伛偻着身子，拄着拐杖，向儿子慈爱地伸出咬破了拇指的左手。左侧曾参跪在母亲跟前，双手举起，呈恳求状。再左边，曾参身后的地上放着一根扁担，两头各有一个装着柴火的篮子。最左侧还刻着山与树。背景正中有一座开放式凉亭，右侧则有一扇门通往屋子。

东侧护栏北面镌刻着 19 至 24 号石刻故事，其分别为：

编号 19. 恣蚊饱血

晋朝人吴猛，时年八岁，极其孝顺父母。因其家中十分贫困，连买一顶蚊帐的钱都没有，所以一到夏日，一家人便只能忍受蚊子吸血之苦。为了让父母休息好，不受蚊子侵扰，吴猛光着身子躺在父母床前，以吸引蚊子。即使被叮咬得异常难受，他也不驱赶它们。这种孝心日月可鉴。

石刻：吴猛躺在地下，他的父母各持一盏烛台，来到他的身边，满怀慈爱地向他伸出左手。背景处有一扇圆窗，窗外是空野。左侧有树干、山崖、竹子与花卉。

编号 20. 鹿乳奉亲

周朝人郯，品性至孝。其父母均已年迈，患有眼疾，只有鹿乳才能医治。为此，郯披上鹿皮，来到森林深处，混进鹿群之中，假装是其中一员，以此为双亲获取鹿乳。一次，一位猎人躲在树丛中，发现了这群麋鹿，他手中的弓箭已经对准了郯。就在这危急时刻，郯急忙现身，告诉了猎人自己此举的前因后果。

石刻：画面中间，郯弓着身子面向左侧，呈张望状。只见他身披带着斑点的鹿皮，头戴鹿角，身上的长衫还露了一半在外面。他身后有一个木桶，这是他匆忙逃跑中留下的。右上角的山崖间有两个猎人，一人肩上扛着一头麋鹿，另一人带着猎人常见的羽毛帽，正弯弓搭箭。最右侧有两座墓碑位于崖间。左侧一头母鹿从山洞里走出来，一边吃草，一边毫无戒备地朝画面正中走去。整个石刻图中没有树木的存在。

编号 21. 尝粪忧心

南齐人庾黔娄，外放出任县令，可到任未及十日，便突然感觉到心惊不止，大汗淋漓。他当即辞官回家，到家方知，父亲已重病两日。大夫对他说："若想知道此病吉凶，便需尝一尝病人的粪便。若粪有苦味，则该病可愈。"庾黔娄二话不说，立即照做，发现父亲粪便带有甜味，不由得悲痛万分。晚上，他跪在被认为主管人间阳寿的北斗星前，祈求上天允许他用自己的性命，换得父亲的健康。

图 105. 编号 21 尝粪忧心石刻

石刻（参见图 105.）：画面正中有一张桌子，上面放着茶壶与茶杯。父亲坐在桌后的炕上，他留着长长的三缕胡子，手臂支撑在桌上，正看着儿子。庾黔娄站在桌边，左手放在桌面之上。背景正中及两侧雕有扶手、围栏以及摆放着物件的桌子。远处还有户外之景。这些均为常见的附带装饰图案，很容易辨认。

编号 22. 拾葚异器

汉朝人蔡顺，幼年丧父，事母至孝。时值王莽篡权，天下大乱，物价飞涨，百姓难以糊口。蔡顺只得采拾桑葚果腹。采来的桑葚经过挑选，被装到两个不同的容器里。一日，蔡顺遇上一队起义的赤眉军[1]，后者见此情景，问其缘由，蔡顺回答道："黑色的是熟了的桑葚，这是给我母亲吃的。黄色的是还未成熟的桑葚，这是给我自己吃的。"赤眉军官兵被他的孝心所感动，送给他三斗白米和一条牛腿。

石刻：画面正中有两位男性，正往右行走。两人中左侧的便是蔡顺，他左肩背着一个大袋子，右手提着一个小袋子，大步向前。他前边的行人右手挎着一个小篮子，四下张望，左手指向前方。整个画面左侧是半截树干，上面长着几片叶子，右侧刻着云朵、流水以及桥梁。

编号 23. 闻雷泣墓

魏晋人王裒，生性十分孝顺。他的母亲生前非常害怕打雷，去世后被安葬在山坡上的一处小树林里。每逢风雨天气，天空一旦响起雷声，王裒便以最快的速度跑到母亲墓前，

1　此处原文为"蔡顺遇上起义军首领王莽"，应是对历史的混淆。王莽为西汉外戚，后篡位登基，而赤眉军则为农民起义军，两者对立。故此处未按作者原文进行翻译。——译注

图 106. 编号 23 闻雷泣墓石刻

毕恭毕敬地跪倒在地，安慰墓中的母亲："母亲大人，我在这里，不要害怕。"他边说边流泪，泪水将膝下的石块都打湿了。而每当他读到《诗经》中的句子"哀哀父母，生我劬劳"[1]，便泪如雨下，因为他想起了自己的母亲。

　　石刻（参见图 106）：画面左侧是一道圆形墓墙，墙中间立着墓碑。王裒跪在墓前，双手抱着石碑。墙体之后的树枝与松树林清晰可辨。右上方刻着一朵云团，其边缘一直延伸到中间位置，整个画面由此被一分为二，形成左右构图。云团右上角隐约现出雷公形象。他的左臂与左翼往前伸，右臂与右翼往后伸，脑袋则扭向后方。这种姿态表现是如此精湛杰出！细观雷公造型，只见他左手拿雷锥，右手持木锤，面带魔鬼似的大胡子，头发竖立，内穿一件带流苏的鱼鳞上衣，外罩贴身长袍。他背后长着翅膀，其轮廓样式与蝙蝠颇似。他的双脚被浓密的云朵遮蔽。云团下方有几道往左侧倾斜的线条，象征降下的雨水，其刀工简易，却让人一目了然。而雷公本应释放出的雷鸣，则因为王裒的祈祷而并未出现。

　　编号 24. 彩衣娱亲
　　周朝人老莱子十分孝顺，总是想尽各种方法逗父母开心。尽管自己已年逾七十，可他

1　出自《诗经·小雅·蓼莪》。——译注

却认为自己并不老，经常穿着奇形怪状、色彩斑斓的衣服，在父母面前蹦蹦跳跳。一次，他提着水桶进屋，故意滑了一跤，摔倒在地，像个小孩一样又哭又闹。他所做的这一切，都是为了让父母开怀大笑。

石刻：画面正中，老莱子仰面倒地，两手乱舞，两脚乱蹬，一副憨傻模样。父母从右侧走向中间，俩人拄着拐杖，对着儿子哈哈大笑。左侧老莱子身后有一个翻倒的水桶。背景由门、篱笆、部分树干、几片叶子以及两颗寿桃组成。画面右侧为岩石。

以上这些故事听起来略微幼稚可笑，但是，无论是在二十四孝中，还是在中国文学类似的故事里，这都不是评判文学作品价值高低的标准。相反的，这些作品借助普通的日常生活情境，表达出蕴含的深意。相较于以宏大的叙事来展现崇高伟岸却很难触及众人内心的思想，中国人倾向于通过熟悉的事物与情境，来抒发内含的深层情感。他们并不轻视与排斥那些最为平凡质朴的人类情感与经历，而是依靠这些"璞玉"，触动大批受众的心灵，达到希望的效果。美德亦是如此。无论是高贵出众还是平凡低贱，事物只要彰显了美德的存在，便具有极高的价值。若说从崇高降格到幼稚可笑只是一步之遥，那么反之亦然，由天真单纯升华至崇高往往也只是隔了一层。

整个二十四孝石刻的雕凿工作应该在康熙年间的法雨寺重修期间完成，约 1705 年。每一块浮雕的艺术风格也能够印证这一关于时间的推测。浮雕虽然称不上是别具一格的大师级作品，但也展现了中国艺术的精髓。

中国艺术的精髓便在于精妙攫取住事物发生的瞬间，并将其惟妙惟肖地表达出来。无论是绘画还是表演艺术，建筑抑或装饰，都将这一点表现得淋漓尽致。而在纯属于绘画艺术的水墨画及木版画领域，这一精髓体现得尤其明显。我们欧洲的浮雕艺术线条明晰、构图严谨，同木版画很相像，又或许木版画就是浮雕艺术的前身。而中国的雕刻匠人则以更宏大的想象力与更宽松的自由度去塑造作品，整个雕刻由此获得极为生动的表现力。浮雕主题被顺理成章地自然融入并凸显于图案之中，整个画面不会出现任何格格不入的意象。浮雕所要展现的每个事物情节仅用寥寥几笔展开，融入进整个背景框架，显得委婉含蓄。然而，正是在这种点到为止的婉约之内，蕴藏了艺术的核心表现内容。内敛的形式与清晰的表达，这恰是中国绘画的特征。

而画面布局更是增强了艺术表现力。构图中哪一处是主要图案群组，谁是主要人物，其他人物同主角又是什么关系，都一目了然地呈现在观众眼前。比如，图 101 中，创作者在主要人物群像之外又添加了孔子这个形象，可这一游离在外的意象与整个构图如此契合，未有丝毫跳脱之感，给人一种整体的和谐感。对于其他严谨布局的作品而言，这幅浮雕称得上是一个评价高低优劣的参照标准。再看图 106，即便整个画面被一分为二，呈现出一种近乎撕裂的构图形式，仍体现出一种对称平衡。

抛开勾勒人物与风景的那些极具特色的线条笔触不谈，浮雕对于细节的处理均让位于其所在围栏及建筑物的整体艺术效果的展现。工匠们为使单个艺术品的表现力服务于建筑整体效果，有意识地在精细度上对其进行限制，这种情况在天王殿的佛坛浮雕中体现得非常明显，而在此处，此方式的优点更是展露无遗。面对浮雕作品，即便是诸如欧洲人这样并不熟悉表达内容的人士，也会赞叹于石刻图案的生动有趣；而了解内容的人们，则不会因为长时间陶醉于细致入微的细节而忽略了对于整体效果的欣赏。在由大量单个艺术作品整合而成的集合中，若想达到整体统一的效果，那么每一个具体作品都不可带有过于个性化的跳脱表征。这条准则在中国艺术中得到了鲜明的体现。细观其雕塑作品，它们并非独立存在，而是与周围建筑相得益彰。

情节清晰、构图巧妙、细节服从于整体，这三点便是我从美学思辨角度欣赏此处的二十四孝浮雕而得出的结论。

8　御碑亭

御碑亭的功用为安放三块由康熙皇帝御书的石碑。其正面有一小段台阶，拾级而上，便可进入御碑亭。同他处一样，台阶中轴线上镶嵌有神龙浮雕石板，其上正中雕凿有一条神龙正面像与一颗宝珠，两侧各有一条云龙。建筑未设外回廊，墙壁同时充当了外立面。立柱基座为简单的鼓状柱础式样。

8.1　外观

与同样安放御书的其他类似建筑一样，此处的御碑亭屋顶上铺着明黄色琉璃瓦。然而，历经岁月风雨，这些琉璃瓦现在风化情况严重，呈现出灰色。只有等到重建资金筹措到位，且皇帝恩准翻修时仍可使用此规格瓦片之后，其屋顶方可重新焕发光彩。

御碑亭屋顶为常见的带山花重檐歇山样式。正脊两端雕凿有螭首，整个正脊被分为五个部分：两块带佛教符号的较小区域、两段镂空纹饰砖雕以及中央区域。中间部分的南面雕凿着双龙逐珠图案，与此相应的，北面雕凿着两只凤凰，它们飞翔于云朵之间，追逐一颗外带火焰环的宝珠。云朵之下还有峥嵘山峰立于水面之上。南面两根粗大的戗脊末端各雕凿着两个男性人物，北面相应位置则是一男一女形象。这八个立像均外涂五彩，身着美丽长袍，姿态生动传神。他们便是中国神话传说中的八仙，其中六男二女。[1] 御碑亭窗户为十分紧凑的菱形格纹式样。建筑所有在外可见的木结构以及墙体基座均为红色，墙面则为橘色。

1　此为作者对于这八个雕塑形象的理解，但事实上，八仙传说中的八位仙人形象为七男一女。——译注

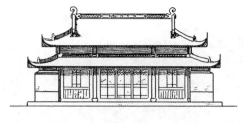

图 107. 御碑亭正视图

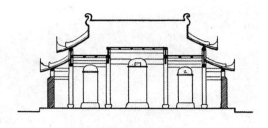

图 108. 御碑亭横截面图及石碑正视图

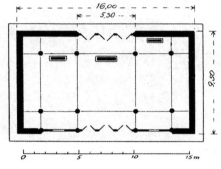

图 109. 平面图，比例尺 1：300

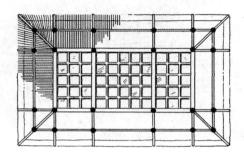

图 110. 方格天花板及环绕的单坡屋顶，比例尺 1：300

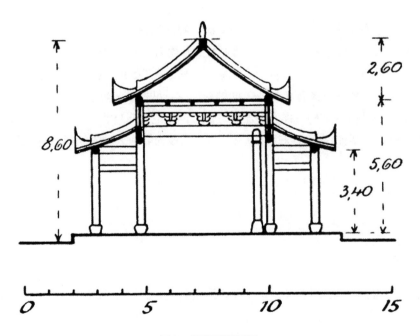

图 111. 御碑亭横截面图

图 112. 西南方向视角下的御碑亭

8.2 内部

由于省下了原本用于回廊的空间，故御碑亭殿内面积增大，依左中右三条轴线被划分为三间主殿，每间安放着一块御碑。三间主殿上方均为四方形棋格天花板，正中略微挑高。天花板底色为绿色，其上绘有蓝色云彩图案，方格木条也为蓝色。三块天花板的正中高起处均为白底，其上绘着一条蓝色神龙正面像，神龙右爪握着一颗宝珠。立柱、椽木以及横梁都如几乎所有其他木结构一样，被涂上红漆，间隔的水平饰带则装饰着闪闪发光的白色珍珠。下层檐口托架如整个殿内其他地方一样，以最为鲜艳生动的油彩着色，形成红、蓝、白、绿的主色调。

8.3 石碑

位于中间的石碑高约 4.5 米，立在一只赑屃之上。赑屃并无多少艺术价值，但石碑弧形顶部 [1] 带着的精美图案，却引人驻足。深绿的底色上有两条蓝白色身躯、浅绿色脑袋的

---

1 依作者描述，此处应为碑额。——编注

神龙，它们在云彩之间，追逐着一颗云状宝珠。而宝珠外燃烧着一圈火焰，无数条小龙就从这火焰中飞出，迎面冲向这两条巨大的神龙。这向我们暗示着，每当我们自认为已经探索出了一个奥秘，新的奥秘又出现在我们面前；每当我们自认为已经到达了一个理想境界，更高一层的完满却仍有待于我们的发觉。[1] 这块石碑记录了康熙年间法雨寺的重修与扩建情况，以赋的形式赞美了应化于这座海岛之上的观音菩萨。遵循中国诗歌精妙的风格，这篇赋不仅暗藏了大量的文学典故，还极其精湛巧妙地连续运用了双关与譬喻，其中以大海隐喻生命的海洋，以岛上的岩石与船只的避风码头隐喻大慈大悲观世音菩萨给予我们的庇护，以世界的美好繁华隐喻佛法的崇高至美。同康熙皇帝的所有其他赋一样，整篇赋对仗工整，平仄押韵，就纯粹的诗学角度而言堪称杰作。以下为碑文全篇[2]：

> 盖闻圆通妙象，般若真源。开觉路于金绳，大地证菩提之慧。闻潮音于碧海，恒沙诵普度之声。绀殿维新，沧波永静。惟兹法雨寺者，南海普陀山，大士之别院也。名山佛国，大海慈航。青嶂干霄，高逼梵天之上。洪涛浴日，祥开净土之场。一柱如擎，震旦指为名胜。三山可接，方舆记其神奇。值氛祲之震惊，致山川之阒寂。僧徒云散，佛宇灰飞。比者，运值清宁，庆海波之不作。地连溟渤，望法界而知归。特颁内府之金，重建空王之宅。鸠工揆日，葺屋弗劳。庀材筑基，鼛鼓弗作。珠宫贝阙，涵圣水以无边。鳌柱鼍梁，觉迷津之可渡。坐青莲之宝像，圆满轮辉。艺紫竹于祇林，庄严毫相。瞻慈云之普照，锡法雨之嘉名。海若效灵，天吴护法。标霞高建，来万国之梯航。彼岸可登，作十方之津筏。借其广大，上以祝圣母之遐龄。假此慈悲，下以锡群黎之多福。则栴檀香外，尽成仁寿之区。水月光中，悉是涵濡之泽。勒诸琬琰，昭示来兹。康熙四十三年，冬十一月十五日书。

布特勒《1879 年中国纪要》一书中对另一篇同样由康熙御书的碑文做了翻译。为了展现这位皇帝出类拔萃的才情与心性，此处特选取一段注释，以飨读者：

> 朕幼时所读书籍，多为儒经史籍，教人修身齐家治天下，故彼时无暇钻研抽象佛经典籍，无法参透其中奥义。儒经有云，天下一切美好，均包含于"仁爱"二字，而佛经同样以行善至美为目标，故两者思想一致。上苍有好生之德，爱惜生灵，不事杀戮；菩萨亦以慈悲为怀，庇护大众脱离苦难。由此可见，两种学说并无区别。
> 朕御极已逾四十载，始终致力于天下大治、国泰民安。今海清河晏、四境平安，然百姓生活仍未如朕所望之富庶，朕为之痛心。虽我大清昔日叛乱之地今已归顺朝廷，然距民心之归仍尚需时日。变因之一乃庄稼收成。若天公作美，则民富足；若雨水不丰，

1　二龙戏珠是中国古代匾额常见图案，与作者所言"新的奥秘"的文化含义无关。——编注

2　原文此处，作者针对本国读者，按照自己的理解对碑文进行了德文翻译。为避免多重翻译过程中的体例偏差，展现诗赋原文在对仗、押韵等方面的精髓，故此处未对作者的德文翻译再进行德翻中处理，而是直接放上康熙诗赋原文，以供读者品读。——译注

则饿殍遍地。为此，朕时刻记挂，日夜忧心。佛祖之力，观音慈悲救苦，虔赐祥云喜雨，甘露和风，大清因享和平富裕，百姓因享安康。此乃朕之一贯心愿，故特将此勘于石碑之上，以传后世。

　　西间的石碑落成于康熙五十六年，即 1718 年。碑文内容此前还未被人翻译过，前文所节选的段落或许便是来自这篇全文。为了一窥于碑文中流露出的极为细腻动人的诗意，现将位于东间的规模最小的石碑内容呈现于大家面前，另附中文原文（参见附图 15）。这些文字由康熙皇帝亲自手书。[1]

　　这首诗篇幅极短，但我们必须细细品读，了解其中的用词、对仗与文学典故，从而感知原文蕴藏着的细腻情感与深意。为了使读者对这首诗有更好的理解，此处先对诗歌所展现的情景做一简要介绍。

　　一个春日清晨，一场清新春雨过后，月桂树枝头挂满成排的露珠。[2]温润的白月光在剔透的露珠里流连，而第一缕晨光却也直直闯入这晶莹世界，与月光做着较量。同德国人相比，中国人更喜爱月光，他们常常将它歌颂为自己亲爱的伴侣与美丽的朋友。晨风拂过，一颗颗闪烁的露珠滚成一行，复而分开。朝阳初升，露珠如成熟的果实，掉下枝头，落于地面。这一切就如同一幅完美无瑕的玲珑水墨画。巧妙的双关贯穿了全诗[3]，太阳象征着佛祖之光辉，春雨则象征着佛法，菩萨的恩赐如甘露降在这片土地之上，播撒在人世之间。诗末还引用了一个文学典故。末句中的"陆郎"是一位著名的有情人形象，他独独钟情于月桂树，为其枝干的婀娜多姿与枝叶的飘逸灵动而沉迷，只想时时刻刻与月桂仙子待在一起。然而，月桂对此无动于衷，陆郎耗尽心力，追求所爱，却不得回应。这是如此难以捉摸的月桂啊，她时时释放美丽，给人以诱惑，却从不将自己的内心完全交付与对方。这就如同对于幸福的寻找，人们看见了幸福，却无法触摸它、拥有它，就好似陆郎永远无法将月桂拥入怀中。

　　法雨寺石碑的碑文内容同自然联系紧密，且几乎总是与该寺特有的周边环境相契合。这种情况并不罕见，中国各地的石碑铭文均呈现此种特征。广义上而言，这些周边环境通常都具有鲜明特点，极具艺术可塑性。而寺庙又多被认为是集周边风景于大成者，能展现出自然的内在本质。上天的神圣力量显现于天地之间，以雷霆雨露等各种外在的自然形式表现出来，到了寺中的神便幻化成神明的形象。基于此，我们可知，中国人认为自然万物皆有意志操纵，两者为一整体，而长居于寺庙的神像便是自然中这些神秘意念与力量的化身。这是一种真正的泛神论，中国宗教中的多神信仰无非就是这一理念的鲜明体现。中国人能从自然表象世界的无数现象与力量中发掘出独特之处，进而将之神化，这种能力便是

1　该诗为唐代皮日休所作《病中庭际海石榴花盛发有感而寄》，米芾书写。此处应为康熙书法临摹之作。全诗为：一夜春光绽绛囊，碧油枝上昼煌煌。风匀只似调红露，日暖唯忧化赤霜。火齐满枝烧夜月，金津含蕊滴朝阳。不知桂树知情否，无限同游阻陆郎。——译注

2　根据皮日休原诗，此处应为海石榴树，而非月桂树。盖德文作者误解也。——编注

3　此处德文作者所言"双关"有待商榷。中国寺院的题诗并非全都是宗教隐喻，许多也是游记性质。——编注

附图 15. 御碑亭康熙帝碑文

艺术的源泉。而将发掘之物以和谐的形式展现出来的能力，则造就了艺术家。他们并非对事物展开极度的抽象与肤浅的譬喻，或是进行杂乱无章的重复演示与毫无灵魂的表象塑造，而是深入感知事物，触及它们的内核。所以，中国艺术之所以与周遭环境如此契合，原因就在于，无论何种艺术形式，人们都追求自身及自身思想与所要展现的事物融为一体，中国艺术的力量与内涵由此造就。这其中也蕴藏了中国文化统一性的关键，一如此处的主角——法雨寺，解释了寺庙之中的所有艺术形式相互之间为何如此密切契合。一种艺术形式并不单独存在，而是可以对另一种艺术形式进行补充，增添其表现力。御碑亭中的这些诗赋，描述了自然之景、宗教之道、世人之情以及寺庙之由来与发展。它们借助御碑亭这个地理位置，通过碑刻铭文的形式，使自身成为建筑观光的一个组成部分，同时又从内容上指向周边风景，回归至寺庙所处自然的怀抱。由此，周边的自然环境好似成为了这一建筑物的艺术建造框架，其本身便也融为建筑艺术的一部分。自然、人与艺术就此形成一个不可分割的整体。就广泛意义而言，中国人在进行建筑规划布局时，除了整体环境之外，同样着眼于山川、河流、谷地等这些具体的风景地貌，众多的宗教名山及皇陵便能印证这一点。而最终，中国人认为，在他们眼中代表了整个地球的中国大地，同样也是一个蕴含了和谐韵律的建筑。[1]

　　本书在这里对这种自然与各艺术形式之间的关系做如此深入的阐述，目的在于向大家明确，为何在所有涉及中国建筑的描述中会对风景及诗赋着墨众多。而在我们欧洲，关于这一方面的探讨几乎被完全忽略。我们似乎从未思考过，某个建筑，甚至是一整座城市，是如何从周边环境中自然发展成如今这个模样。若明悉了这些因素之间的相互关系，我们便能更深入地理解中国精神的本质内涵，同样还能激发自己的艺术感知力与创造力，从而收获更多硕果。

1　Zeitschrift f. Ethnologie 1910 S.409 ff.——原注

9 法堂

（此处参见卷末附图 31）

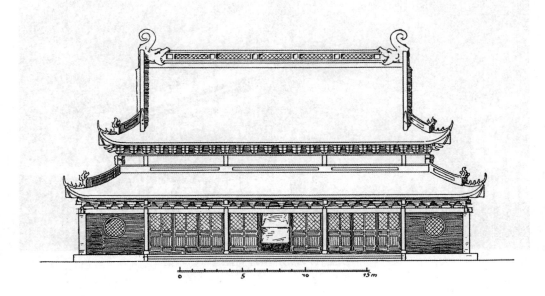

图 113. 法堂正视图，比例尺 1：300

9.1 含义及整体布局

前文已有叙述，法雨寺大殿与整个普陀岛一样，将观音奉为主神，位于其主佛坛之上的三世佛形象也被塑造成观音的应化身，而观音自身则端坐于这三尊大型塑像跟前的突出位置，身着白衣，成为整个寺庙最为显眼的存在。

不过，"法堂"这一名称暗示着佛教的高深佛法，故此处在突出位置供奉着佛教真正的三世佛，被视为佛法与佛教的至高存在。观音正是作为三世佛的胁侍，沐浴于其佛光之中，以法力渡人。人们从观音身上所感受到的光芒，其实来源于这三世佛。法堂中殿供奉着三世佛的主佛坛前有两尊前后排列的观音坐像，它们同三世佛相比高度较低，与主佛坛一道构成了一个整体。象征高深佛法的三世佛法相庄严，面容古井无波，隐于丝绸华盖之下、重重帷幕之后的神秘昏暗之中。而两尊观音应化像越是远离这一区域、处于光亮之中，便越是显得贴近世人，神情姿态也更具"人"的特征。最外侧的白衣观音像就端坐在供桌

图 114. 西南方向视角下的法堂

图 115. 大殿山花，同法堂山花墙做比较

后方，宝冠之下展露着亲善的笑容。

供桌前方设有一个带桌椅的诵经台，供方丈或其他高级别僧人诵读经文或进行某种特定礼佛活动使用（参见图 116）。法堂的功能不仅仅是举行礼佛及祭拜仪式，它还是年轻僧人学经受教的场所。虽然这种情况在普陀岛上并不多见，但也确实存在。年轻的僧人们必须接受严格的训练，从而使自己的言行举止等一系列外在形式符合僧规，比如如何诵经，在何种场合作何种身形举止，怎样完成某个带有众多细节注意点的佛教手势等。教授课程的师父会站在诵经台后，监督并指挥这些弟子。

主佛坛与带桌椅的诵经台一起，占据了法堂的整个中殿，一直延伸到后墙为止。这道后墙将中殿与北侧殿间分隔开来，北间并未像以往一样设有佛龛。

9.2 平面与结构

从平面上看，法堂东西面阔五间，南北进深亦为五间。最南侧五间充当前堂，外围未设回廊，墙壁即整个建筑外边缘。整个法堂正面开满了门窗，北面墙上则只在中间位置设了几扇门。

南北方向的后四间中，最北侧一排较窄，被众多的佛龛、佛坛同南三间分隔开来，东北与西北间还被用作僧人休息与物件存放的空间，故就整体空间效果而言，建筑内部深三间。同时，东西方向上，位于中间的三间主殿高度较高。由此，法堂内室形成一个占地九间的中心区域。建筑天花板即为房顶，整个建筑结构紧凑且通透，门窗关闭时，内部形成一种庄严肃穆的氛围。东西间高度略低，屋顶由外往内呈现出明显的上升趋势，整个横截面线条流畅和谐且富有向上的活力。中国许多殿厅建筑都有这种结构特点[1]，这一点与西方的哥特式教堂尤其相似。

法堂屋顶架清晰可辨。其木结构相互交错，简洁宏伟，代表了寺院建筑的高水准，下文会对其做进一步介绍。

法堂主体部分造就了建筑外观上的恢弘肃穆气质，同时也为举行特定的佛教祭祀活动提供了场所。中央的九间主殿内拔地而起四排四列共十六根通柱，南北两排位于大型双坡斜顶[2]檐檩之下的立柱稍矮，靠内的八根则较高（参见图 117）。

这一中心区域外围绕着一圈二十根檐柱，它们高度更矮，支撑着屋顶斜面。由此，我们可总结出，法堂内部立柱共分为三组，分别为最外侧的檐柱、中圈的外金柱以及最内侧的内金柱。同组立柱相互之间由上方的高大梁枋相互连接，形成环状。但是，这样的立柱圈却在角落位置出现缺口，其原因有二，一是位于此处的山花结构占据了中圈外金柱的原

1　德文作者此处所言，应为中建筑的歇山顶。——编注

2　根据作者文字描述，此处应指中国建筑的重檐歇山顶。——编注

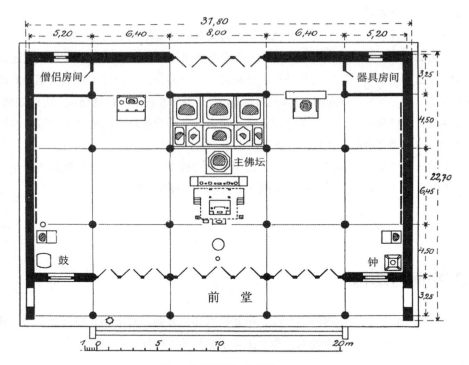

图 116. 法堂平面图，比例尺 1:300

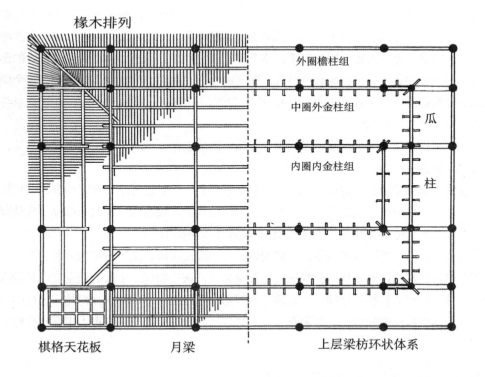

图 117. 法堂木结构

本位置，二是此处东西方向走道的宽度超过了南北方向走道宽度，这两者导致了金柱未能合围。不过，中国工匠们面对这一情形，巧妙地加以利用，将屋顶设计成著名而独特的重檐歇山式样。双层平行檐边环绕着整个建筑，上檐两端向上挑出山花墙。不过，山花高度并未与屋顶高度重合，而是依斜面高度而建。为了达到这一效果，殿内内金柱与外金柱圈之间、外金柱与檐柱圈之间均被坚实的梁枋连接起来，其上又架设一众短小的瓜柱，其间距与北侧窄过道宽度一致。如此一来，下檐梁架四边正好环绕着堂内中心区域，其空间高度得到拓展，使得南北方向上的屋顶斜面得以挑高，形成上檐。上檐南北斜面。斜面与山花相交，但并未连成一体。由此可知，重檐歇山顶这一极具中国特色的屋顶式样的采用，出于应对现实情况的必要性。此处法堂中，南北两端殿厅的纵深明显小于侧边主殿厅的纵深。重檐山花的设计，不仅自然而然地解决了这个纵深不一致的难题，还使得四个角落、梁枋、立柱、梁托等建筑细节富于较高的艺术价值，这一点在草绘图中便有体现（参见图118）。

图118. 法堂内部东北角一瞥

9.3 外观

法堂屋顶铺盖着灰色砖瓦，今已风化严重。梁架、正脊、戗脊等，均由坚固的石板构成，其上带有彩绘。正脊两端各有一螭首[1]，其张开大嘴，作吞脊状（参见图113及114）。戗脊末端在天空划出一段优雅的上扬弧线，戗挑处都各装饰有七个骑兽小人。山花外包裹着山花板，其边缘依着山花线条，雕刻有弧线形油彩纹饰，一直延伸到隐藏于斜面上边缘之后的博脊处。

最上方的正脊被四块小正方形石板分成五段，每段刻凿着镂空纹饰。四块石板上写着"佛日增辉"四个铭文，这与大殿正脊北侧文字一样，其表达的含义也相同。北侧则写着另一句佛法箴言"法轮常转"。

主斗拱为三层结构，以弧线的"昂"收尾，上图红白两色，其中处于两拱之间的方形垫木"斗"为白底，上面画着红白相间的蝴蝶。檩上画着优美的淡雅花卉。正中额枋处绘着两条正面飞龙，侧边额枋上则只有一条正面飞龙，但其两侧各装饰有一块花卉图案。中轴线上挂着一块精美的匾额，上书"法堂"两字。

位于梁与檩之间的一层简单托架形成了下层斗拱，其较大木块"座斗"为黄色，"翘"与"栱"为红色，"昂"为蓝绿相间，其他木结构则先包上泥浆，再刷上红色。抬头望向椽木，其上点缀着淡雅的花卉图案，椽头的鲜花则色彩明艳、娇嫩可爱。

中三间前堂上方架有木制月梁。浅绿色的椽子呈近乎半圆状，横跨在两根深棕色檩木之上，支撑起白色镶板。椽木上还绘着蓝色藤蔓和红白色星状花朵。横梁为红色，每根横梁正中画着一只镀金仙鹤，两旁各有一朵巨大的金色花朵。下方小型梁托的底面绘画采用普鲁士蓝[2]为底色，其上绘黄色藤蔓。侧面则为天蓝底色带黄色藤蔓纹饰。

前堂东西两间上方修有棋格状天花板，人们因此抬头时无法看到此处的梁架脊线走势。每间天花板以绿色为底，被蓝色木条划分成十二格，边缘绘有云彩图案，云彩呈深蓝、浅蓝、白、黑、红、橄榄绿等色。每个小格中带一浮雕圆圈[3]，上面绘着人物风景画。

前堂靠门处设有一石刻，西侧立着一块石碑，上镌满文。

众多殿门被涂成红色，上面带黄色纹饰。较大的门板上画着巨大的花卉图案，较小门板上的花卉在形态大小上则更为逼真。门板底色被加深成暗红，从而鲜明衬托出这些鲜花图案。正门上挂着一块棕色布帘，上面带小巧的蓝色十字纹饰。

匾额

法堂中央三殿的殿门之上各悬挂着一面匾额。正中的匾额被架于两个绘有天王形象的

1　根据作者文字描述，此处应指"螭吻"，而非"螭首"。——编注

2　此处应指中国的贡蓝色。——编注

3　根据作者文字描述，此处应指中国建筑的"藻井"。——编注

托架之上，堪称一件艺术杰作。匾额边缘底色为绿色，其上平刻有镀金龙纹图案。下方的众多神龙追逐着位于龙门中的宝珠，龙门耸立于水面之上。上方的神龙则追逐着云彩之间的一颗看似简单平实的宝珠。匾额主体自身镀金，其上贴着一块块小金箔，金箔上带着众多的道教宝物图案[1]，如蝴蝶、莲花、樱花[2]、桃花、蝙蝠、香炉、如意及经书等。匾额上以黑漆写有四个大字"显禅赞导（顯禪讚導）"[3]，意为"纯洁自显于你眼前，请赞美它，并让它引导你前进的方向"。

两侧的匾额位于石狮之上。狮子体型小巧，前爪握着一个小球。东侧的匾额以红色为底色，带简洁平滑的金色镶边，其上写着四个金色大字"佛光普照"。西侧匾额以绿色为底，带红色镶边，其上四个耀眼的金色大字为"慈航普济"。

两侧的两对柱子上悬挂着一对楹联。下文将给出楹联原文及其翻译。这些楹联相互之间对仗工整，平仄押韵，这一点在前文介绍大殿正门前的楹联时已经做过介绍。此处楹联的内容，自然仍与佛经佛法有关。至于其究竟蕴含哪些具体而高深的佛法思想，这里不做深入探讨。我更想做的，是尝试着通过翻译，用简单通俗的话语将这些思想表达出来。下文的其他楹联翻译，也着重于这一点的努力。每一个对句自身意思完整，与另一句又共同构成一个整体。通常而言，上联的描述着眼于世人生活的和谐，关乎和平与幸福，关乎存在于尘世间、庇佑全体信众的神佛；下联则由尘世延伸开去，升华至永恒的完满境界，又或是讴歌形而上思想。这种思想的外在体现就是塑造并信奉法力无边的崇高佛陀，其常见形象便是未来佛弥勒巨型像。这种思想自古有之，它又被理解为是关于人类欲望的先验二元论：我们一面着眼于此世内心的幸福，一面又致力彼岸永恒的解脱。这种基本的二元论影响着中国人的思维，表露在各种艺术形式之中。成对形式的楹联便是二元思想指导下的某一艺术领域表现之一。也只有中国人可以做到，在这种成对出现的诗体中将自身的基本观点与佛法结合成一个整体。事实上，仅是上、下联分挂于殿门两侧这一形式，便已生动体现了二元思想。描述现世生活的上联被挂于大门东侧立柱之上，这一方位被认为是阳面；关乎彼岸世界的下联被挂于西侧立柱之上，这一方位被认为是阴面。[4]整个寺庙建筑的中轴线从阴阳之间穿过，引导出一条走道，通向端坐于主佛坛之上的三世佛，即通向完满。

我们必须时刻牢记一点，中国寺庙的建筑规划淋漓尽致地体现了中国人最本质、最深刻的思想信念。

此处的第一副楹联中还没有鲜明的二元体现。但第二副楹联同前文大殿门口、下文法堂内部以及其他殿厅对联一样，清清楚楚地彰显着二元思想的存在。

第二副楹联中，两个对仗工整的对句一开始便极为巧妙地分别展现了佛教一体三身[5]

---

1 法雨寺为典型佛寺，并非佛道双修。此处应为佛教图案，西方作者谬之。——编注

2 事实上，樱花更多被视为一种外来花卉，作为中国本土宗教的道教中常见的花卉图案多为梅花，此处的"樱花"或是作者对于图形的混淆。——译注

3 此处"显禅赞导"的意思为彰显禅门佛法，赞叹上师引导，与作者所言"纯洁"无关。——编注

4 中国文化东为阳，西为阴；南为阳，北为阴。——编注

5 "一体三身"为佛学术语，指皈依自己色身内，自性具足之发身、报身、化生等三身佛。——编注

的意向，两句之间相互呼应。在前句中，法堂这一建筑被拟人化，定音鼓便是它的化身，或者至少可以理解为，鼓声象征着对信仰的有声宣告。"月明"与"帝众"显然指两位僧人，它们或许是寺庙创建者的别名，并象征着两人逝世之后的魂魄。物、人以及寺庙这一场所的神圣性这三个元素，构成了某种意义上的三元一体。由此，后句所颂扬的佛教一体三身这一思想，在这里得到了一对一的精准意向体现。这句上联描述了寺庙及生者的诵经礼佛活动，同现世相关。依据惯例，它被悬挂在法堂正面东侧第二根柱子上。相应的，抒发对佛法佛性普遍赞美的下联位于西侧第二根柱子之上。

法堂正门楹联（一）

原文：

（右）优陀那列十二部之中莲开四色华雨六时须十劫以度生现在犹闻说法

（左）须菩提超三千界以外人绝七缠国离水难持一心以念佛脱凡方悟真空

法堂正门楹联（二）

原文：

（右）考过去于鼓音月明为兄帝众为弟说四十八愿以发道心弃国捐王成佛果

（左）想如来之华座观音在左势至在右接十六观经以征寿相玉毫绀目以圆光

神祇群像

（参见卷末附图 31）

高大的主佛坛由前后相连的三层石制平台构成（参见附图 16）。其中，最北面的平台最高，上面端坐着三世佛。位于正中的佛像略高于左右两尊，三尊雕像上方均遮蔽有华盖。华盖皆由红色丝绸制成，上面以金色及其他众多颜色的丝线绣着云彩、流水、藤蔓、人物等一众精美图案，展现了佛祖的光辉与崇高。只见佛祖坐于云彩之间、富丽的华盖之下。周围众多的菩萨与圣人身佩佛法标记，正向佛祖顶礼膜拜。紧挨着佛祖身旁站立着四大天王，他们手持法器，象征着守护与胜利。尽管这一区域光线昏暗，但借助望远镜，我们仍然可以清楚观察到这些华盖精美无比的细节表现。华盖下方是一道细窄的白边，上面绣着淡雅的藤蔓图案，其下垂着一圈黄、红、蓝三色流苏。

附图 16. 法堂主坛

三世佛

三主尊均呈冥想状，跏趺坐于莲花宝座之上，脚掌朝上。其胸部中央区域袒露在外，其上未带万字符"卍"。佛像为木制，通体镏金，工艺精良，其面部宝相庄严，又慈和可亲。其内袍也清晰可辨，一直延伸到胸部之下。不过，雕像大部分被罩衫所覆盖，罩衫由肩部搭下，垂至肚脐处。三尊佛像都带印度风格的蓝色肉髻，但其服饰均为正宗的中国式样，仅有少数几处透露着印式风情。

位于正中的大佛为（参见图 119）：

1 号释迦佛。他双掌交叠，手掌朝上，手心处还放着一尊约 20 厘米高的小巧观音坐像。

西侧佛为：

2 号药师佛。其整体姿态与释迦佛相似，左手放于膝间，手掌朝上，中指明显向内弯曲。右手自然搭在右膝之上，手掌向下。

东侧佛为：

3 号阿弥陀佛。其双手分开，左手置于膝间，右手放在右膝之上，手心朝上。左手中指明显向内弯曲，其余手指自然伸展。右手拇指与食指之间捏着一小块木头（？）。[1]

每尊佛像身后都有一轮佛光。[2] 佛光左右两侧均有一条神龙飞翔于云彩之间，尖角处为摩尼宝珠。

在这三尊大佛之下，与莲花宝座同处于一个平台之上的左右两侧，各立着一尊光头造型的侍者像。他们都身着全套袈裟，即一种左肩带搭扣的僧袍。袈裟上有大量精美纹饰，由两处前臂一直延伸至下方。

西侧侍者为：

4 号阿难尊者。他是两位侍者中较年轻的一位，只见他双掌合十，放于胸前，呈祈祷状。

东侧侍者为：

5 号迦叶尊者。他是较年长的一位，只见他双手相交置于胸前，十指并拢呈抱拳状，动作有点类似西方基督教手势。[3]

两尊侍者像均目光微微向下，看向自己的双手方向。他们是佛祖最喜爱的弟子，分别名阿难与迦叶。

其他佛像

三世佛下方中轴线位置设有一个特别的基座，上有莲花宝座，其中端坐着：

6 号观音菩萨。这尊观音面庞略窄，脸上带着慈和的浅笑，头戴由五个锯齿形尖角组

1　此处为原文中的问号，作者未就其作任何说明。下同。——译注

2　此处应指佛造像常见的"背光"。——编注

3　关于迦叶抱拳手势，佛教说法不一，比较常见的解释为"心心相印"，不与佛争辉。与西方基督传统无关。——编注

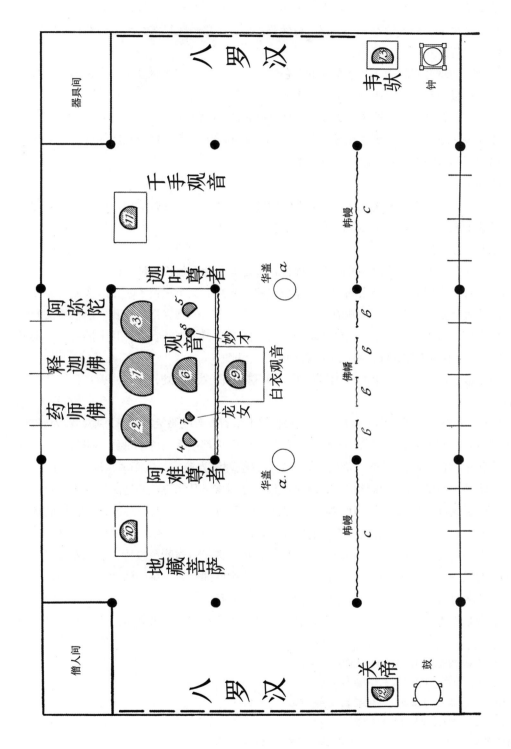

图 119. 法堂佛坛、佛像及帷幔位置示意图

成的宝冠[1]，宝冠下边缘一直压到耳朵部位，遮住了部分耳朵。五个尖角及细飘带上装饰着简单素雅的藤蔓图案。此外，正中的尖角还有一个小巧的佛祖坐像，其他尖角及每根位于尖角下的飘带上则各带着一朵小花，每处花蕊位置结着一颗果实。宝冠与额头之间露出一缕细细的蓝色发丝。

自宝冠处越过肩膀垂下一条宽大的金色飘带，其上带镂空的藤蔓及花卉装饰。长袍同三世佛所穿服饰类似。观音双手交叠于膝间，掌心朝上。[2]

她外罩一袭纯红丝质披风，披风在胸前脖颈下方的位置由一枚搭扣固定，从两侧垂下，覆盖住大腿区域，一直垂到莲花座上。自宝冠往后还垂下一条同样为丝质的纱巾。观音左右两侧的石制基座上站立着她的两位侍从。

西侧女性形象为：

7号龙女。她黑发露额，所穿长袍为人们日常使用式样，没有结扣，一直垂到脚背。她双手放于胸前，捧着一个扁平的碗，碗中有一颗红球（？）。[3]

东侧男性形象为：

8号妙才。他同样身着常见袍衫，背后肩膀处垂下若干条长飘带，样子与四大天王服饰类似。袍衫下摆被打了个很高的结，露出小腿。光光的头上只留了一小缕头发，被扎成一束。他表情友善，双手放于胸前，呈祈祷状。关于这两位观音侍从，我们已在前文的大殿主佛坛部分做了详细介绍。两位侍从与观音之间各立着一根杆状物，其上插着一个扇形体。[4]它们为中国传统式样，绿底上绣着神龙与宝珠图案。

位于最低一层平台之上的中轴线位置，即紧挨着供桌后方处，设有一莲花台，其上端坐着：

9号白衣观音。她俏丽的脸庞十分狭长，其上带着友善的微笑。双耳下垂，较为显眼。头上带着五片锯齿状尖角组成的五佛冠，每片尖角中央都绘着一尊小佛像，四周有神龙围绕。这些小佛像的脑后还有一轮小巧的圣光，这被理解为镜子、太阳或是摩尼宝珠。[5]宝冠下边缘是一圈窄窄的镀金珍珠带，珠带与额头之间露出几缕黑色的鬈曲发丝，此处细节鲜明体现了这尊菩萨的人性一面。观音结跏趺而坐，脖颈处绕着一长串珍珠，一直垂到胸口。其左手放于左膝之上，手心处托着一个镀金小瓶，右手微微向上抬，手中拿着一根杨柳枝。

雕像颈肩处还围着一条白色丝质长巾作为披风，其上绣着紫色修竹，前胸处打了三个结扣。披风一直垂到大腿位置，只露出双手和身体中间部分。一条同样绣有竹子的白色丝质纱巾从宝冠后方垂下，一直垂落到佛像后背正中位置。

观音基座为八边形，其中四条斜边较窄。基座外涂红漆，上带金色纹饰。八个角下方

1 　根据作者文字描述，此处应指佛教的五佛冠。——编注

2 　根据作者文字描述，此处为禅定印手势。——编注

3 　根据作者文字描述，此处应为"捧珠龙女"。——编注

4 　根据作者文字描述，此处疑为观音伞盖。——编注

5 　根据作者文字描述，此处的"圣光"应为佛造像"背光"。背光是为了表现如来三十二相中的"眉间白毫"和"长光一丈相"，与镜子、太阳无关。盖德文作者谬之。——编注

各有带爪狮首式样的支座支撑。束腰处八个面上，每一面都刻着佛教符号，周围有藤蔓点缀。主体部分每一面上则刻着不同的图案，分别为：两头在水中同蝙蝠嬉戏的狮子、两头戏耍着珠宝的狮子、两只仙鹤、一条神龙、一头牛、三匹马和一头鹿。

法堂西侧第一个侧间中设有一个简单、开放的木制佛坛，其中端坐着：

10号地藏菩萨。传说中，他满怀慈悲，勇闯冥界，以救世人。另一种传说中，他又是掌管地府的主人，即地藏王。他身着长袍，坐于须弥座之上，姿态与主佛坛的释迦大佛相似，唯一的区别就是他手中没有那尊小佛像。他的头上戴着一顶五佛冠，其印式蓝色头发[1]因此被部分遮住。其两侧各立着一尊小型侍者像，他们同主佛坛侍者像类似。

法堂东侧第一个侧间中也设有一个简单、开放的木制佛坛，里面供奉着：

11号千手观音（参见附图19）。她的其中一双手置于膝间，一双手放在胸前合十，其他手中拿着各种法器与象征物。还有一对手臂越过头顶，抓住一尊端坐在一个基座上的小佛像。这个基座通过一根柱子，同其头部相连。她那略有鬈曲的蓝髻则被五佛冠遮挡。她坐在莲花宝座之上，莲花座下还有一个精美的基座，呈六边形，南北两侧台面较长。基座下方雕凿有狮首，其下还有一红色大圆球，这颗球便充当了支座。基座的两处束腰被做成两条纹饰带，每条之上雕刻着众多罗汉。他们中的一部分骑着怪兽，漂洋过海，抵达正中一处地方。这里有树木、云朵以及一些僧人，便是代表了普陀山。

法堂最西侧开间的鼓旁边立着：

12号关帝（参见附图18—2）。他又被称为"关老爷"，是忠勇的战神。只见他骑于奔跑向前的战马之上，身披全副铠甲，头盔上镶嵌着多面镜子，美髯由真实的黑色头发做成，身体其余部位大量装饰着新镀的金粉，整尊雕像异常逼真。其右手略往后缩，手中持一把戟状武器。[2]

最东间与其相应的位置立着：

13号韦驮。他是佛教护法，前文"大殿"及"天王殿"章节中我们已对其做过介绍（参见附图18—1）。他头戴装饰有大型红缨的兜鍪，身披新近镀金的华丽铠甲。韦驮脸上无须，左手放在一根带红球的镀金三角降魔杵上。只见其长袍飞扬，衣带飘舞，整尊造型因此同关帝像一般，显得栩栩如生。

法堂内部的两侧山墙位置各挂着八幅罗汉卷轴画，左右共计十六幅。它们为黑白水墨画，质量上乘。在前文"大殿"一节介绍十八罗汉雕像的段落中，我们已对"十八"这个对中国人寓意深刻的数字做了阐述。从立体空间角度而言，罗汉雕像左右两列各放九尊的排列肯定更好，因为，如此一来，奇数构成的每列的中间区域便会有一尊雕像，整体效果由此显得连贯紧凑。中国大部分寺庙的罗汉雕像，都是按"十八"这一数字排列，几乎找不到"十六罗汉像"这种体现。但是，与雕像不同，在浮雕与卷轴像这两种艺术形式中，

---

1 根据作者文字描述，此处"印式蓝色头发"应为肉髻，是佛三十二相之一，而非头发。盖德文作者谬之。下文之"蓝色头发"皆为肉髻。——编注

2 根据作者文字描述，此为关公"青龙偃月刀"。——编注

图 120. 普济寺天王殿中的韦驮像

附图18—1.法堂东南角韦驮像

附图 18—2. 法堂西南角关帝像

附图 19. 法堂东侧间及其千手观音供坛

我们常常能看到"十六罗汉"的存在。最早的时期，佛祖门下弟子便是十六位。直到佛教传入中国，经过了相对较长一段时间的发展，中国人才在原有的"十六名弟子"的基础上又添加了两位，这才有了如今的"十八罗汉"。显然，这种弟子人数的新添以及寺庙中罗汉雕像的排列方式，其背后的根本因素便是"十八"这个数字对于中国人而言所具有的吉祥好运之意义。

9.4 内部陈设

供桌与法器

法堂内的这张大型供桌堪称艺术珍品（参见附图17—1）。供桌外涂红漆，其上带着大量图案纹饰。纹饰部分镀金，部分则上了浅绿及深绿的油彩。

供桌正面的两个桌脚被雕凿成狮子形象。狮子的前边两条腿立在一颗圆球之上，后半身及后腿向上撅起，由此支撑起桌板。坚实的狮背则顺势充当了桌腿。狮子均面露怒色，眼珠漆黑，舌头外伸。此外还有一只小狮子在围着圆球打转、攀爬。浮雕群线条鲜明有力，造型依对角线展开。

供桌正面隆起处雕有云龙戏珠图案，侧边则是凤凰、蝙蝠飞翔于云彩之间。这些图案均为明显的阳刻浮雕，绝大多数是从下方直接斜切雕凿而成。

透过玻璃，仍可清晰辨认出，供桌正面牙子下方浮雕区域被分成三部分。浮雕展现的情景半为宗教传说，半为真人真事。其上雕有佛头、云间的房屋、华盖以及树木等图案，中间连接部位雕刻着树木、鸟禽。这一浮雕牙子向外延伸，与整张供桌的托架连为一体，托架带椭圆纹饰及人物图案。桌案两端为巨大的飞角式样（参见图121），飞角正面雕刻着八仙形象。细看这一浮雕，只见正中有四位仙人，每人驾着一段未经修饰的天然树干，正穿越在起伏的波涛之间。树干前端呈龙首形状，末端则带着松枝。树干与八仙身上飘出众多的丝带与云彩。下方水中游着一头半人半兽的水怪，其身体卷缩在贝壳或是龟壳之中。水怪吹散一朵云彩，天空中高高露出一座凉亭，这正是八仙过海想要前往的地方。八仙中的两位女性位于这八人队伍的前后两端。

侧边牙子的浮雕图案与正面相似，它们均为令人叹为观止的艺术杰作。关于这一浮雕的含义，上文"天王殿"一节中已有叙述。

供桌之上放置着三个大型黄铜器具、一个香炉及两个烛台，两端还各立着一个异常精美的高大瓷瓶，瓶中插着干花束。[1] 瓷瓶为白釉烧制（参见附图16），瓶身绘有绿色观音竹以及浅绿、紫罗兰两色岩石。瓶底及瓶颈冠口处环绕着众多五彩波形纹饰及地毯上常见的繁星纹饰。这些精美的艺术品极具表现力，深深触及到观赏者的内心。只有当人们来到

1　此处应指佛教"五具足"。——编注

图 121. 法堂大型供桌的飞角

附图 17—1. 法堂主坛一瞥

附图 17—2. 普济寺大殿韦驮像前的供桌

实地，近距离体会，感受到这些作为和谐整体一部分的艺术品是如何反过来又加深了法堂宏伟大殿的整体艺术感染力，方能理解这些艺术作品的伟大。

此外，供桌上还放着一些玻璃灯、带镀金干花束的玻璃球、一只盛放着四个陶土制成的绿色桃子的釉碗以及其他若干物件。

位于供桌前方的讲经台外涂红漆，其扶手栏板处布满中国传统的镂空回形图案。正面及两侧的正中镶嵌着一个圆形"寿"字，意为幸福长寿。每个柱头上则都装饰有小巧的狮子。讲台上放着一把分量极重的精美太师椅，其外涂黑漆，带大量雕饰。太师椅跟前是一张样式简单的桌子，桌面上放着手工莲花、人造花束、灯具、蜡烛以及一尊小巧的阿弥陀佛像。

讲台两侧各立着一架一人高的锡制烛台，其上各放着一根巨大蜡烛。讲台前摆着一张小桌，桌上有一尊黄铜制成的大圆香炉和一个功德箱。功德箱开口处遮盖有一块栅栏状木片，香客从这里往箱中投入香油钱。供桌东侧置有一个架子，其上放着一面小鼓，一旁还悬挂着一口小钟。再远些是几个软垫和一个四边形架子，架子上放着一只巨大的木鱼和两根木槌。继续往东，一个六边形架子上放着一面锣。

东南角落韦驮佛坛旁边有一个四角支架，其上悬着一口大钟。西南角关帝像旁则有一个结实的搁架，上面放着一面大鼓。这两件乐器只有在极为特殊的场合才会被使用，日常的礼佛活动所用乐器为主佛坛旁体型较小的钟与鼓。

除了以上物件，大量的坐垫及跪垫也是法堂不可忽视的内部陈设。这些小巧的圆形蒲团依照一定顺序铺于地面之上，供僧人礼佛时使用。僧人们或跪坐于蒲团之上，叩拜佛祖；或按仪式流程，虔诚地穿行于蒲团之间。位于中心轴正门之后、主佛坛之前位置的蒲团带有莲叶图案刺绣（参见图 85），其绣工在众多垫子之中最为精美出众。它专供方丈或由其指定的主事等礼佛仪式的住持人使用。

法堂的这些内部陈设与其他同样容纳大量僧人诵经礼佛的建筑一致。大殿尤其如此，念佛堂、云水堂以及禅堂亦与其类似。这些屋舍内的佛坛前都放着一个跪垫，每逢僧人或是香客对着佛坛供奉的神明祭供、进香时，他们便是跪在这个垫子上叩首。

着色及匾额

结合图 118 及附图 19 我们可知，若站于东侧主间，朝千手观音佛坛望去，整个带有大量纹饰及人物画的梁架结构便一目了然，尽收眼底。法堂内悬挂着众多大型匾额[1]，其上的文字遒劲有力、令人震撼，彰显出恢弘之气势，为法堂本就庄严肃穆的空间效果更添一分宏伟庄重之感。有些抱柱联竖直覆盖住半面立柱，有些牌匾则按照一定顺序横向挂在房梁之上。匾额的颜色并不统一，甚至并非完全对称。其着色有黑底金字、红底金字及金底黑字。

---

1 根据作者文字描述，此处的"匾额"应指"匾"和"抱柱联"。在中国古建筑中，只有表达建筑物名称的方属于"额"，表达经义感情的称为"匾"，竖对联称"楹联"或"抱柱联"。例如"太和殿"为"额"；"正大光明"为"匾"；"法堂"为"额"；"慈云垂阴"为"匾"。盖德文作者混淆之。下文根据作者描述，酌情修改作者原文"匾额"为"横匾""抱柱联"等。——编注

较短的横匾自成一体，相互间并无意义上的关联。其上的文字多出于儒家经典或佛经，也有些是皇帝或学者为寺庙的题词。立柱上的抱柱联则以"楹联"形式成对出现，在选词、意义、意象等方面大多讲究严格的工整对称，这一点我们在法堂正门口的对子中已有了解。殿内的这些楹联几乎都将本寺及本建筑所供奉的神祇作为吟咏对象，同时在文字中也巧妙包含了对于周边环境与风景的隐喻。由此，匾额不再仅为整体建筑的外在实体一部分，它们更是通过其具体铭文内容，融入到周遭环境之中。这一点我们在前文分析御碑亭诗歌时已经作了深入阐释。以下为部分横匾铭文内容。一为：

现亿万生

意为"慈悲为怀的菩萨以亿万化身显灵"。具体说来便是，"慈悲"与"爱"存在于任何情况下，存在于每个行为举止间，存在于每个个体的塑造过程中，它们无处不在。横三世佛这三位神祇正是因为具有深厚的慈悲与广博的爱，才会在大殿这一寺庙最主要场所中让出主神坛位置，让观音置于其上。此处法堂以及其他建筑中的雕像也从不同角度展现了"慈悲"与"爱"这两者的多样化身。前寺大殿之中摒弃了 16 罗汉像，而是采用 32 尊佛像来体现"慈悲"与"爱"的存在，后者数量正好是前者的两倍。而在普陀三大寺庙之一佛顶寺的大殿中，则摆放着 84 尊菩萨像。这些庞大的数字便体现出，"慈悲"与"爱"以无数形式显现这一横匾含义。一为：

慈云垂荫

意为"慈悲的云彩悬于天空，投下荫蔽，护佑大众免于灾祸"。
又有"慈云慧雨""普渡群生""慈云普护""莲航普渡"。
法堂殿内共有十一块这样的横匾。立柱上则共有五对抱柱联，其中三对挂在第一排立柱之上，靠左右两侧的东西立柱也包括在内。另两对则挂于第二排立柱之上。此处将给出其中的四对抱柱联原文，并附上简短阐释。

法堂殿内抱柱联（一）
原文：
（上联）妙觉顿三空出三界分三身入三昧于三摩地上量含万象
（下联）慈悲成六度混六尘使六识显六通在六趣境中化普群生[1]

---

1 根据作者德文原书，"慈悲成六度混六尘使六识显六通在六趣境中化普群生"在右为上联，"妙觉顿三空出三界分三身入三昧于三摩地上量含万象"在左为下联。其他三对亦上下联反之。然根据中国楹联"仄起平收"规则，且第三幅楹联"座上莲华涌出西湖六月景""瓶中杨柳洒来南海万家春"为名对，虽无照片可考，但普陀名寺应不会犯如此外行之误，盖德文作者抄录时谬之。——编注

法堂殿内抱柱联（二）

原文：

（上联）承乏浙东巡安得慈云媲南海

（下联）悯怀天下苦愿分甘露自西方

法堂殿内抱柱联（三）

原文：

（上联）座上莲华涌出西湖六月景

（下联）瓶中杨柳洒来南海万家春

法堂殿内抱柱联（四）

原文：

（上联）莲华开万里重洋音亦可观遂教鼍吼龙吟都成妙相

（下联）贝叶演三乘真旨佛原无我愿合丹山赤水编结灵缘

第一副抱柱联一部分同佛祖有关。佛祖向我们揭示认知的美好，并以此进一步展现佛法全貌，即"空寂"。对佛教徒而言，"解脱"便存在于认知、知识之中。抱柱联另一部分颂扬了观音。她常随于佛祖身旁，在法雨寺以及普陀岛上更是被奉为佛菩萨的特殊化身。在这里，她是不辞辛劳、满怀怜悯的慈悲菩萨，更如句末所强调的那样，是通过不断点化与新生而掌管永恒变化的神祇。佛教中这种永远变化与新生的要求，便解释了为何要选择观音这样一位女性神祇作为象征[1]。此外，中国传统价值观多注重多子多孙，这也恰恰提升了观音在中国人心目中的地位。

第二副抱柱联的上联部分字面意思为"去浙江省东部朝圣"，这里的"东部"便是指位于浙江最东端的普陀。

第三副抱柱联中提到了杨柳枝，人们常常将它插在瓷瓶中，放于观音像跟前的供桌之上。有这样一幅画像为中国人所熟知并受其喜爱（参见卷首附图1）：佛法从慈云中而来，幻化成滋润的甘露，观音将浸了甘露的柳枝挥洒向人间，为大地降下春意。那是信仰的春天、解脱的春天。对子中出现了一组对照，印度和中国西藏这两处佛法起源地被称为"西方"，富饶的南方国土以及充满勃勃生机的太阳则以"南海"作为象征[2]，这个意象赋予佛法本质以实体与美感。这一点在前文大殿前堂的对子中已有体现。

观音款款而来，以浸润的柳枝洒下祥和与慈悲，这一生动美好的场景在抱柱联的另一联中得到了淋漓尽致的完整体现。莲花绽放，观音显圣，世间由此生动美丽起来。位于浙

1　观音在佛教中原非女性形象，在佛教传入中国后，汉地佛教才渐渐将观音形象女性化。——编注

2　佛教中的"西方"一般指西方极乐世界，与印度和中国西藏无关，且西藏并非"佛法起源地"。另，佛教认为达摩祖师自南海而来，"南海""西方"是佛门楹联常见对仗语，与"南方国土""太阳"无关。盖德文作者谬之。——编注

图 122. 法堂锡制枝状吊灯

江杭州的西湖便被选为彰显这一美丽的象征。西湖有着数不清的传说，被无数人所歌咏。毫无疑问，它是中国瑰丽自然风光中的翘楚，而宗教元素的加入，又为它的这份美丽平添神圣色彩，西湖于圣洁朦胧中更显妩媚迷人。无论是中国人还是外国人，凡有幸于春夏两季前往西湖一睹其盛景者，无不为它的旖旎风光所折服。对他们而言，简单的"西湖"二字便已然表达了绝美的风景与给人带来的心灵震撼，除此之外，似乎再也不可能为这片湖水取另外一个名字来形容这一份美好。

第四副抱柱联颂扬了尘世之美与佛性之静。自然纯净的和谐与生命跃动的幸福相对照。莲花绽放，其声空灵悠远，教化万物使用它的语言。而菩萨现身于绽开的莲花之中，其所传佛法便是莲开之音，两者紧密相关。

灯具

法堂正中朝南第一间上方悬挂着一盏锡制枝状吊灯（参见图122）。吊灯的环形主体部分带八个葫芦形烛台，烛台大小、形态一般无二。环形下方中央挂着一个蝙蝠饰件，其嘴中叼着一块小牌，上面写着这盏灯捐赠者的姓名。这件精美的艺术品周围环绕着四个圆形灯笼，灯笼均带大量由灰白、紫色珍珠做成的垂饰。最南侧东西间各悬挂一盏带珍珠垂饰的小巧八角灯笼和常见纸糊灯笼。

位于讲台上方十字交叉处的长明灯堪称艺术瑰宝（参见附图 16）。它的分量极重，人们在屋架上又额外嵌入一根特制木梁，才得以将它悬挂上去。木梁正中安装着滑轮与绳索，由此可以上下拉动长明灯。它外面罩着富丽的六边形木制灯罩，灯体下方中央悬有一个半圆形玻璃碗，碗中盛着灯油，里面是一根始终闪烁跃动的灯芯。

帷幔

（位置及编号请参考图 119）

同大殿一样，法堂内部部分空间也被重重帷幔与幡幢所遮掩。它们由布或丝绸制成，上带文字及纹饰。它们略微遮盖住殿堂的美丽，却又给其增添了神秘气息。

屋架正中的十字交叉处两旁各悬挂着一个小型华盖（参见图 123）。华盖上垂落下众多幡条，其中正中一条，外圈六条。绿底的华盖之上绣着金色的老虎、神龙及花卉图案，红绿两色的幡幢上则各绣着金色文字及一个金色人物像。幡条之下还带四条红绿金三色的短饰带。

与大殿一样，位于法堂内部正中三间区域的第一排立柱之间也悬挂着垂饰（参见图 124）。中央的主殿区域横放着一根竹竿，下面悬挂有四条互相独立的经幡。其幡头为蓝底带白色的柔美线条，位于正中的连接部分为红底带精致的金色及蓝色花卉、藤蔓图案。经幡上半段横向分为三部分，下半段则带四条垂带。上下段均以红色为底色，上写金色及蓝色经文。

第一列立柱的两侧区域悬挂着佛帐。佛帐由两块尺寸均为 20 厘米 ×20 厘米的小巧布料相互缝制而成，上面绣有藤蔓、花卉及佛陀图案。其用色极为丰富，从深黑到明快的黄绿，色彩变化几乎没有规律可循：浅绿色的侧边垂帘上绣着黑色文字；主体部分则为蓝色镶边、红色底色，上面绣着白色的圆形人物像。

位于主佛坛前方、第二排立柱正中的区域悬挂着丝质佛帐。其线条剪裁流畅巧妙，丝毫不阻挡参观者投向其后众多佛像的视线。佛帐顶端装饰有一颗金色宝珠，两侧红色背景之上各有四条金龙。总共八条神龙翱翔于金色、深蓝色的云彩中，共同追逐着正中的那颗宝珠。佛帐镶红色贴边，贴边上绣着金色方块及蓝色小巧星辰图案。佛帐楣帘为深紫

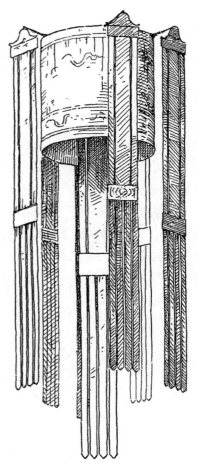

图 123. 法堂内的华盖

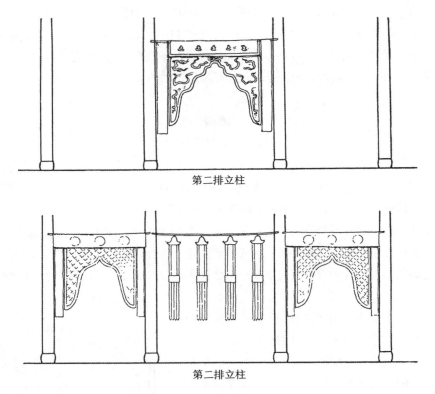

第二排立柱

第二排立柱

图 124. 法堂内的佛帐与佛幡

色，上有五尊坐佛像，其中三尊黑色，两尊红色。它们面部均为白色，坐在金色莲花宝座之上，周边绣着小小的金色文字符号。佛帐两侧各悬挂有一根黄绿色长幡，带明快的橄榄绿镶边，上写黑色箴言。

法堂中的这些帷幔、佛幡连同巨大的牌匾对联色彩斑斓，整体木结构雕梁画栋，身着五彩长衫的众多镀金佛像熠熠闪光，各物件形制精美如画，所有线条大气磅礴，各细节相互契合构成一体，所有这些营造出法堂庄严肃穆的整体氛围。而正是只有给人如此感觉的空间，才能容纳举行那令人震撼的僧众礼佛仪式。

10　两侧配殿

10.1　准提殿

法堂东西两侧对称坐落着两座建筑。建筑规模较小，样式普通，均面阔三间，带宽敞前堂。在东侧的配殿中端坐着准提，她被视为佛母，也为观音之母。准提便是印度宗教中的 Mârîtchî，中国人则将她与王母形象合为一体。准提殿内挂着的文字，其含义同寺中宣扬观音菩萨的文字相似：

一为"慧照万方"，意为"她的智慧照亮世界各个角落"。

一为"神通自在"，意为"她的力量无处不在"。

殿内还有一副匠心独具的对联，以下是原文及注释：

原文：

（上联）三千宝慧现珠圆光周薄海

（下联）百万慈云挥手徧泽被寰区

10.2　关帝殿

法堂西侧配殿供奉着战神关老爷，他引导人们行忠义之事。在介绍法堂内部陈设时我们已对其做过介绍。他位于法堂内佛教护法韦驮像对面，同韦驮一起守卫着佛之净地。韦驮更多地被认为是佛法守护者，他同尘世的邪恶力量以及恶灵魔鬼作斗争。而在全体中国人的眼中，关帝则是最高道德标准的化身，他象征着勇武、诚信、忠诚以及对于君主的无私奉献。他被视为中国社会的品德典范，更多地起到个人品行与修养的标杆作用。正因如此，关帝出现在这座法雨寺中，对代表佛教精神世界的抽象人物韦驮进行补充。关羽生活于三国时代，那是中国历史上的骑士黄金时期。他作战英勇，武力过人。对于中国人而言，相较于虚拟形象韦驮，关羽是一位有血有肉的历史人物，是自己的同胞兄弟，是现实生活中的典范楷模，这与纯粹的佛教思想并无多大关系。中国人常常将这位受全民族喜爱的神明列入佛菩萨的体系之中，甚至供奉于像法雨寺这样纯正的佛教寺院之内，这鲜明地反映出，中国人极其注重真实存在感。佛教发展到中国，始终贯穿激荡着本民族的信仰力量。好好观察与体会将这两种信念融合于一体的中国佛教，是一件极有意思的事情。

关帝殿的众多匾额便体现了这一特点。正门上方挂有一匾，上书"正气常存"，意为"关羽的忠义正直永留后世"。

此外还有一副对联，原文及注释如下：

原文：

（下联）长宵秉烛纲常整饬慑奸雄

（上联）万里寻兄忠气凛然扶汉室

对联上联讲述了关羽对于结拜兄长刘备的忠肝义胆，下联则描述了他同敌人曹操的斗争。"秉烛而立"这一描述同一个著名的历史事件有关。一次，曹操抓获了关羽并仇敌刘备的两位夫人。他把他们叔嫂三人关进一间屋中，妄图想让其产生私情，从而离间兄弟二人。然而，关羽整夜站在大门边上，手持明亮的烛台，守卫房中的两位嫂嫂。此处关羽身上显现出的道德品质，在中国文化中被称为"三纲五常"。"三纲"指天地人这些外在世界秩序的集中体现，它被视为最基本的人类义务。[1]"五常"指仁、义、礼、智、信，它是世界道德秩序的集中体现。

10.3 云水堂

云水堂位于五号院西面第一座建筑的二楼（参见卷末附图29—1、29—2），其楼下为祠堂、珍宝房及药房。整座建筑面阔十间，以立柱划分，每间大小不一。

面对从外寺、外省来到这里的僧侣，法雨寺显示出了它的热情好客。不仅是佛教徒，道教徒也在这里受到礼遇。不过，这些"异教徒"只能在法雨寺享受五天的食宿招待，这之后他们必须启程离开。当然，相应的，佛教徒在道观中也享有同等待遇，时间期限同样为五天。而对于持有相同信仰的佛教徒，虽然原则上他们能够按照自己意愿，无限期居住下去，但必须严格遵守寺规，并在一定时间后参加一场佛学考核。只有通过考核，他们才最终得以成为法雨寺一员。按照成绩高低，他们有的被编入普通僧人之列，有的进入较高等级禅堂，更有甚者可以进入念佛堂。但在此之前，这些外来僧人都居住在宽敞的客房中，即"云水堂"。此名字寓意"外来访客来来往往，如流云聚散、流水往复"。

云水堂有四间集体卧室，三间较大，一间较小，均可经东面走廊进入。卧室内均设有宽敞大炕，在我逗留法雨寺期间，留宿于此的僧人并不多，炕上床位显得很空。不过，在进香高峰期，这里通常要接待两倍于此时的客人。二楼南侧角落有一条狭窄过道，其下连接着一段独立楼梯，顺着楼梯下去，便是厕所。现在正值冬季，西侧窗户全部用护窗板封住。但在夏季，这排窗户会打开，供建筑内空气流通。东侧的长廊上设有木椅，僧人们可以坐在上面休息、聊天、阅读或者打发时间。每个卧室内未设佛坛，二楼与东侧过道相连

1　"三纲"在中国文化中指君为臣纲，父为子纲，夫为妻纲。德文作者所言"天、地、人"在中国文化中被称为"三才"，
　　语出《周易》，盖作者混淆之。——编注

图 125. 五号院西侧的两层建筑，二楼为云水堂

区域的北半部辟出三间，作为小型礼佛堂。佛堂内的中轴线上设有三个面朝东侧的佛坛，南墙与北墙边上还有若干次佛坛。佛堂地上放着一些蒲团，此外还装饰有若干匾额及垂饰。佛堂西侧连接有三个独立房间，可自佛堂进入其中，它们供寺院较高地位的僧人使用。这些高等级僧人被分配至寺内各地，以监管各区域的运行情况，尤其是监督管理这众多的外来访客。

10.4 禅堂

禅堂位于六号院东侧斋堂的北面，为一层建筑，面阔五间，正中三间构成一个宽敞的大厅，两侧靠山墙的开间则作为卧室供僧侣使用。"禅"意为打坐冥想、参悟佛法，为悟道成佛做准备。人们时刻打坐、冥思、诵经、阅典，甚至睡觉时也使用这种坐姿，以求成佛。这被称为"坐禅"。据说，真正的圣人绝不会躺着睡觉。

当然，以上所述对大多数僧人而言只是理论要求。虽然我们看到，很多僧人闭着眼睛，几乎一动不动地坐在周围长椅之上，保持数小时之久，但这并非真正的修禅冥想。至少，当陌生人踏入房间时，他们很难控制住自己的好奇，多多少少会眨个眼睛，看一眼来人。至于以坐姿睡觉更是无从提起，因为房内明摆着专供夜晚躺下睡觉的大通铺。尽管如此，由佛祖本人以及一众圣人给出的榜样仍是僧侣们想要努力达到的理想境界。事实上，纵观中国宗教史，不乏苦行僧虔诚修禅的范例。他们常常数年如一日，保持打坐修禅姿势。其修禅地点不仅只在远离人烟的洞穴或荒野，更有高僧就选择在寻常寺庙之内，众多往来僧侣之中。在下文的"佛顶寺"一章中，我们便将了解这样的一个事例。寺庙的匾额及诗歌中经常会提及一些专注而虔诚的冥想者，他们避世而居，面壁静坐，数年如一日，将自己的身心全部奉献给了参禅修佛。这其中最著名的一位便是达摩祖师，他被奉为中国禅宗始祖，其形象与印度圣僧菩提达摩重合，后者于520年来到中国，并成为佛祖的十八弟子之一，位列十八罗汉之末。[1]

　　每一个较大的佛教寺院中，禅堂总是最为重要的建筑之一。基于上段所述原因，在几乎所有的禅堂主佛坛上，达摩都以佛的身份出现，受人供奉。更有甚者，在中国四川以及西部地区，禅堂主佛坛上就只供奉着达摩。不过，在法雨寺中，达摩作为圣人，其像被供奉于中轴线最北端的诵经堂之中，一旁挨着方丈住所。这一诵经堂也因此得名"达摩殿"。而在禅堂中，端坐于佛坛玻璃龛之内的并非达摩，而是药师佛。他两手交叠放置，其上有一只展翅的鸽子[2]（参见图126），如此造型令人印象深刻。

　　主佛坛右侧，即紧挨着大门边上，放着一张供监院僧人使用的单人椅。禅堂内修有隔断墙，将主区域与就寝区分开。隔断前放着一圈首尾相连的长条凳，每条跟前还放有三张桌子。桌上放着一众经书以及礼佛的必备物件，僧人们在几个特定时辰内，在此打坐修行，以成佛身。对着就寝区的隔墙开有极窄的门，门下部带木制雕饰，上部为开放式栅栏式样。透过窗棂，人们可以看到室内的集体大炕，每个僧人都在这个大通铺中有一个自己的铺位。大炕上极为整齐地摆放着众多圆枕、被子以及收纳法衣及其他衣物的小包裹。各个铺位的床头墙壁上还钉着一根绳子，上面挂了一些其他的生活必需品。在这里，僧人们分成两列，共同就寝。

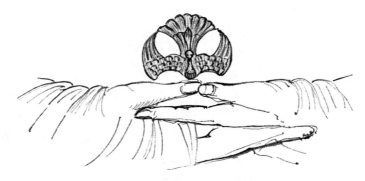

图126. 禅堂药师佛像双手之上的鸽子

1　关于达摩多罗是否入十八罗汉之列，佛教内部说法不一，有争议。——编注

2　通常来讲，药师佛手持法器为宝塔、药钵或药诃子。此处只见作者手绘而无照片，不好确认是否有药师托鸽一说。——编注

图 127. 通往最北端平台建筑的阶梯

11　最北端平台建筑

11.1 念佛堂

念佛堂专供二十四位选拔而出的年长僧人居住及礼佛使用，这一数字不可再多。若其中有人去世，或是迁往另外的寺庙，人数出现空缺，寺院会在云水堂或禅堂僧人中组织一次考核，从那些长住于此且为进入念佛堂等待颇久的候选人中选出一人，以填补空缺。可以说，念佛堂中的二十四人，是整个法雨寺最为德高望重、佛法造诣最高的僧人。他们可以享受一些特权，比如，每人每年可获得约二十美元用以购置衣物及满足个人需求。不过，另一方面，他们也受到其他僧人更为密切的关注与更为严格的监督。念佛堂僧人必须极其虔诚而投入地钻研佛经，参悟佛法，从而为年轻僧人们树立榜样。可以说，他们是打造并支撑起寺院佛学水平的中流砥柱。他们并不担任任何行政职务，却要遵守寺院更为严苛的规定，或许也可以说，他们更多的是主动自愿遵守这些规定。无论是出远门还是短途出行，他们只能先获得方丈的明确许可，并只能在每年的四月及七月出行。相比之下，其他僧人来去并无多大困难，或者几乎可以说是出行自由。除了完成自己额外的诵经礼佛课业之外，念佛堂中的每一位僧人还有义务参加寺院所有的集体礼佛活动。就算是生病了，他们也必须获得方丈的准许，方可缺席诵经或集体就餐活动。

念佛堂

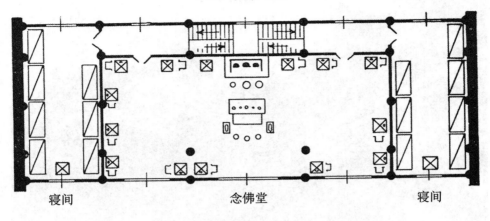

寝间　　　　　　　　　　念佛堂　　　　　　　　　　寝间

图 128. 二楼：佛堂及寝间

念佛堂

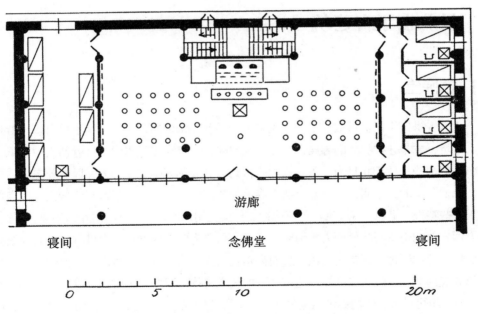

游廊

寝间　　　　　　　　　　念佛堂　　　　　　　　　　寝间

0　　　　　5　　　　　10　　　　　　　　20m

图 129. 底楼：诵经堂、祠堂及寝间

最高平台东侧建筑：念佛堂

比例尺 1：300

与位于这一平台上的所有其他建筑一样，念佛堂楼高两层，面阔五间。一楼与二楼的正中三间都连成一厅，均为诵经礼佛区域，靠山墙的两边侧间充当就寝区（参见图128和图129）。其中底楼的一个寝间被分隔成若干个单间，僧人可由外面一条狭窄的独立走道进入单间。逼仄的单间内除了一张床之外，还堪堪放下一张桌子和一把椅子。

一楼大厅除了供二十四位高僧集体诵经之外，有时也接纳其他僧人进行礼佛活动。位于正中的主佛坛罩在玻璃之内，其上供奉的除了三尊年代久远的三世佛坐像之外，还有法雨寺创寺之祖以及其后所有历任已故方丈的牌位。事实上，这里是一个纪念堂，所有佛教寺院中都开辟有这样一处独一无二的场所。寺院的所有僧人集合起来，被看做是一个家庭。无论是僧人还是家人，成员间以相同的形式互相依靠，并以相同的形式世代传承。僧人们自然无法结婚，但人们会将极年幼的男孩托付给方丈或是众多年老僧人。他们教导孩子，引导他们学习佛法，孩子们因此在之后也剃度为僧。方丈养育并教导徒弟，无论从精神还是宗教角度而言，两者都可称得上父子关系。方丈圆寂之后，作为"儿子"的徒弟接过方丈之位，这种事情并不罕见。由此，方丈衣钵及寺院传统得到全盘接收与延续，一如家庭中的父子传承。倘若没有出现这种类似父子间的师徒继位，寺院方丈的接任也不会出现中断，只不过过程更加凸显宗教色彩。由此可知，寺院的这一纪念堂事实上更像是一个祠堂，且与常见的宗氏祠堂具有相似的重要意义。它通常紧挨着"方丈"，即方丈住所。只不过，此处法雨寺的祠堂位于方丈住所附近东侧的这个特别的建筑"念佛堂"之中，两者并未相连而建。

祠堂中的牌位大多雕刻精美，边框带镀金纹饰，牌面棕红底色上写有金色文字。这其中最显气派考究的便是明代寺院开山鼻祖大智法师的牌位。其牌面完整铭文为"大智开山祖师"，意为"具崇高智慧者，开辟山野、创立寺院的先祖与法师"（参见图130）。

群山中深藏着自然之魂。圣人们隐居山中，以山为家，在山中建起座座寺庙。第一位感知到山神存在的圣人，便被视为山神的化身。他告诉众人这个神圣的存在，发现了这一秘密，也揭开了蒙在大山之上的神秘面纱。寺庙创始人也被称为"开山之祖"。最初的寺院总是建在山中，即使到了今日，大山仍是建院的首选地点。"山"与"寺"这两个概念几乎连为一体，不可分割，举例来说，在现代日语中，寺号也通常表示山名。这其实是一种传统的中国文化观，佛教吸收了这一观点。

中国传统文化非常敬畏逝者，尊崇"死者为大"，没有一个人愿意写下或仅仅是誊抄逝者真名，故此处没有记录下祠堂中那些已逝方丈的名字及其含义。我曾经有一位翻译，他是名受过良好教育的绅士，讲得一口流利的英语，可他断然拒绝做此类事情。即使那只是将墓碑上表明逝者名字的文字抄录下来的小事，我也不能勉强他。但除此之外，对于诗歌及其他铭文，他都非常乐意抄写。类似的情况也发生在随后的另一位翻译身

图130. 法雨寺创始人大智法师牌位

上。他还曾在一所德国天主教学校接受过教育，是一位虔诚的基督教徒，可当我说起请他抄录逝者名字时，他马上流露出一副犹豫的神态。虽然最后他还是这么做了，却感到良心不安。中国人认为，抄写名字这样的做法会引起已埋于地下的逝者的注意，这会打扰到亡灵，抄录者就好像一个外来闯入者，侵扰了亡灵的清静。名字本身就是亡灵的一个组成部分，抄写名字会让逝者感到不安与不快，这就好比人们不打招呼便直接闯进他人的屋子。

大厅地上规整地摆放着数列蒲团。虽说念佛堂中只居住着二十四位僧人，只需要相应的二十四个蒲团便可，但这一数量经常根据实际人数而增加。一天之中的数个小时里，那些老僧们呈冥思状坐于蒲团之上，整个人一动不动，口中喃喃轻语。他们连续不停地口诵"阿弥陀佛"，声音时而略微大起来，复又降回一贯的喃喃之声。在这不间断的念佛声中，伴随着持续且有规律的引磬敲鸣声与木鱼击打声。两旁侧壁上一共挂着十六幅卷轴罗汉像，每侧各八幅。画中，罗汉打坐冥想，呈入定状，其周围有山崖、森林环绕。

底楼空间上方架着一个清晰可见的木制搁栅平顶。绕过佛坛后壁，其背后开着两扇通往室外的后门，还有两道对称如双臂的楼梯，将底楼同二楼连接起来。每道楼梯都修有两条上下通道。二楼正中大厅夹在左右两个寝间之中，是二十四位老僧的主要活动空间及个人礼佛场所（参见附图20—1）。二楼中的梁架清晰可见，地面简单地铺了地板。中轴线靠后壁处设有一个别致的佛龛，外罩玻璃，里面摆放着三尊佛像。正中为阿弥陀佛，头顶蓝色肉髻，袒露的胸前有一个万字符"卍"。其右手下垂，左手上抬，手心处托着一个金莲台。细看之下，这个小巧玲珑的金莲台还带着分层底座（参见图131）。

阿弥陀佛东侧立着观世音菩萨，她能感知世间疾苦，听到万物之声。只见她头戴毗卢帽，左手持柳枝，右手拿一个长玻璃瓶（参见图132），瓶中是她采集而来的佛法之甘露。在轻柔黑夜与光亮黎明之交，在星月与旭日的角力之中，宇宙间降下甘甜的露珠，它是降于地上的法雨，给人们带来幸福，精致且珍贵至极。观音便是用手中柳条，将这甘露洒向人间。

阿弥陀佛西侧立着大势至菩萨，他拥有且能够运用法力，使世人得以从困厄中解脱出

图131. 阿弥陀佛手中的金莲台，位于
念佛堂二楼佛坛之中

图132. 观音手中的净瓶，瓶中盛有
甘露

来。他的头上带着一顶同样的毗卢帽，双手拿着三朵带枝莲花苞，这代表了他手握救人于困苦的大权。不过，只有当莲花绽放，他方会使用这一法力。

位于屋子正中的供桌前方两侧各摆放有一头锡制麋鹿，它们头上有着巨大的鹿角。不过，这一对艺术品给人一种相当死板的负面感觉。它们均扭头朝向正中方向，口中衔着一段树枝，上面结着两颗寿桃。树枝的末端为代表幸福的蝙蝠形象，中段则安放着一个油碗，碗中有一尖钉子，用以插放蜡烛。

大厅中给人留下最深刻印象的便是那一张张靠墙摆放的念经桌。按理来说，这里应该有二十四张桌子，每人一张。不过，或许因为空间有限的关系，此处只放置了十四张，几个人轮流使用一张桌子。只见老僧有时结跏趺坐于坐席之上，有时端坐，有时又作跪姿，往桌子上叩头。他双手合十，默读神圣的经文，而这只不过是摆在他面前桌上厚厚一摞中的一卷。所有的桌前几乎总有僧人念经，老者们完全沉浸于礼佛修道之中，对外界不闻不问，丝毫不受我在一旁的影响。正因如此，我才得以用相片记录下他们诵经时的模样。每张桌上都放着一个供奉有佛像的小佛坛、一只放有鲜花的碗（这个季节，碗中是水仙花）、一座小香炉、一个装有签牌的签筒，当然还有必不可少的茶杯。这些虔诚的老者以寂静无声的举动潜心向佛，场面肃穆且令人动容。人们在这里，感受到寺院的空寂安宁，感受到自身作为尘世芸芸众生中的一员，从喧嚣尘世中抽离而去，踏入释迦牟尼所创的博大佛法之中，这些震撼而强烈的感受，是在其他任何地方都无法获得的。

11.2　游廊

念佛堂底楼前方连接有一条途经了整个建筑的前廊。其实，正因为念佛堂正面上方为单侧坡面屋顶，才有了这条下方的游廊。游廊过了念佛堂之后，稍有隔断，接着便继续向前延伸，贯穿了整个最北端平台。不过，就精美角度而言，游廊在念佛堂前的这一段并不突出，倒是在平台其他四座建筑之前的几段更为漂亮。这其中最富丽堂皇的便是位于方丈室及达摩殿前的那一段。这两座建筑位于寺院中轴线之上，地位自然非同寻常。这里的游廊上方横跨着一根半圆状月梁，其梁枋斗拱处均带有极为丰富艳丽的彩绘与雕饰，且外涂大量金粉（参见图133）。各处游廊的顶部建造规格随建筑的重要性发生变化。位于精美度次席的是珠宝殿前方的游廊。相较于方丈室及达摩殿游廊，它占地略小、彩绘雕饰略少，但也仍是雕梁画栋、外涂金粉。相比之下，位于大客厅前方的游廊则样式简单，仅以棕色月梁支撑，其上并无彩绘及金粉（参见图134）。最朴素的便是西面最外侧的卧室游廊。其顶部为普通的吊顶，横梁裸露在外。这些木制月梁及木制穹顶结构，在中国中部及南部寺院中极为常见，而在四川尤甚。玉佛殿前堂屋顶结构便是一个美轮美奂的范例，前文已对此作过介绍。法堂前堂中也架着一根木制横梁。此外，我们还将在下文"佛顶寺大殿"一节中了解另一个此类范例。

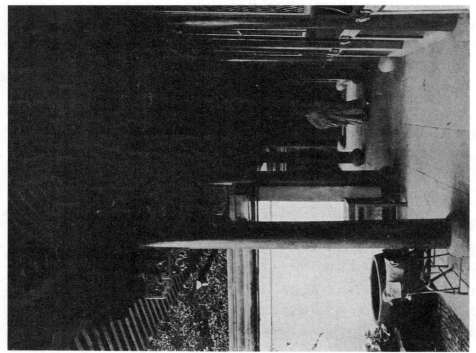

图 134. 大客房前方游廊

图 133. 达摩殿前方游廊，游廊内人物为法雨寺仅次于方丈的第二大高僧

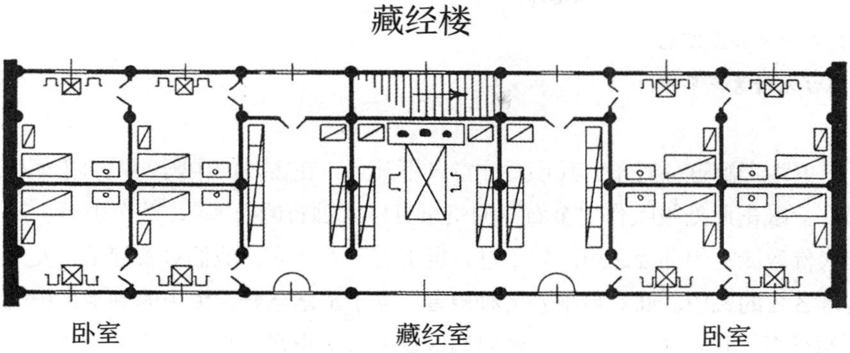

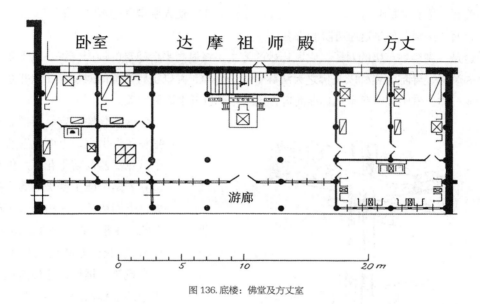

藏经楼

卧室　　　　　　　藏经室　　　　　　　卧室

图 135. 二楼：藏经室及卧房

卧室　　达 摩 祖 师 殿　　方丈

游廊

0　　　5　　　10　　　20 m

图 136. 底楼：佛堂及方丈室

位于寺院建筑中轴线上的达摩祖师殿

11.3 达摩祖师殿

建筑面阔七间，一楼正中三间连成一个大厅，供奉着大名鼎鼎的达摩（参见图136）。这位跋山涉水、永不疲倦的云游者，被奉为所有中国佛教徒的祖师。[1] 我们已经知道，一般而言，达摩多被供奉于寺院禅堂之中。此处大厅的后壁中轴线位置挂着一幅画工精湛的达摩卷轴画像，两侧还挂着其他卷轴花卉图。此外，后壁上还有一副对子：

1　达摩被奉为禅宗始祖，并非德文作者所言"所有中国佛教徒"之祖师。——编注

原文：

金石千声云霞万色
楼台先曙莺花早春

为了更好地理解这一对子，我们要注意以下几点：在古时的中国，人们在举行祭拜神祇仪式时，会敲击此处被唤作"金石"的贵重且样式独特的石头[1]，以作乐声。对子中用此声音指代佛教徒礼佛诵经之声。只不过，世上有千万亿人，他们对着佛祖，发出各自的声音，祈求各自的愿望。面对着千万亿种声音，立于茫茫慈悲云海中的佛祖，仍能知晓每一位信徒的祈愿，并以祥云的千万亿色彩回应这千万亿声音，从而使信徒愉悦幸福。他以自己的方式，拯救每个人于困苦。不过，那些已登上高塔之人，那些较他者更相信佛法的力量、更能舍弃外物羁绊之人，会最早沐浴到佛之光芒，就如同云雀与花朵能最早感知春天的美好。对子左联中的"花"与右联中的"云"两字，使人引申联想至"天花"与"法雨"两词，而"法雨"便是这座寺院的寺名。

这是一副精妙至极的对子，它以巧妙的笔法，将最高平台建筑的地理位置、对于圣僧达摩的颂扬、寺院的名称以及佛之大法藏于句子之中，并以工整严谨的对仗，将这些意象组合成一体。就中国诗赋审美标准而言，这副对子也近乎堪称完美。

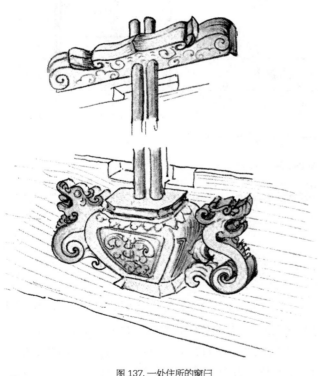

图 137. 一处住所的窗闩

这些画像前方靠墙摆着一张长条形供桌，上面放置有一个常见法器及若干花瓶。供桌边立着两个雕工精美的镀金托架，上面横放着一根经人工斫凿的长木棍，看起来像是树根，怪异的外形仿佛是大自然开了个玩笑。据说，这便是达摩手中的那根弯曲而多节的云游手杖。在几乎每一个类似的方丈室及达摩殿中，都摆放有这样一根手杖，这已成定例。它彰显着达摩精神，激励人们以此为表率。此外，它还能唤起人们对于那些千里跋涉、虔诚向佛之人的怀念与敬仰。这些人不仅包括穿越整个中国、直至抵达印度的僧人，还有来到

---

1 作者所描述的应为中国钟磬一类的乐器。——编注

这座圣岛与寺庙的虔敬香客，更有那些行走于世间的人生朝圣客。

达摩殿又名"新法堂"。大厅供桌前设有一席配有桌椅的讲台，专供方丈使用。在某些非常时刻，方丈在此对其他僧人诵经念佛、传达命令、就一些内容作某种程度权威的讲解，又或是由此出发，同众人就寺院重要事务及佛法精义进行讨论。这张位于方丈室旁、专供方丈使用的讲台，也同样存在于几乎所有的较大佛教寺庙之中。大厅每年通常只举行两次礼佛仪式，一次是达摩诞辰日，一次则是其圆寂日。大厅东侧连接着方丈室的两间卧房，每间中摆放着床、柜以及若干桌椅。方丈的待客室则横向位于这两间房的南面，部分与游廊相通，

图 138. 方丈室内的脚凳

内设一张宽敞的坐炕，靠墙摆放着四张桌子与八把椅子。室内还挂着一张现任方丈的精美画像，为一位几年前来此进香的艺术家所绘。人们很难见到方丈本人。在我住宿法雨寺期间，仅同他有过一次短暂交谈。据说，方丈学问高深，但避世绝俗，遵守着寺院严格的清规戒律。

大厅西侧有四间房。南面的其中一间放置着一个大型柜子，里面装有袈裟。另一间中同样立着一个柜子，此外还设有一个佛坛，其上供奉着阿弥陀佛、观音以及大势至菩萨。北面两间后室则供方丈近身的几位僧人使用，从某种意义上也可以说，他们是方丈的私人秘书。

厅中修有一条通往二楼的单臂楼梯。二楼的空间划分与底楼一致（参见图 135）。东西侧各有四个卧室，总数为八个。正中三间连为一体，是为藏经室。在所有较大佛教寺院的这个位置，即整个寺院建筑的尽头，都会设有这么一个贮藏佛经典籍的地方。

八间卧室都配有床、柜、佛坛、桌子各一，椅子若干。这里的居住者为管理藏经阁的僧人及几位德高望重的僧人，偶尔也有自他处而来的访僧居住于此。

藏经阁立柱间筑有隔墙，整个区域被划分成三部分，很好地容纳了众多大型而精美的书柜。柜子外壁大而平滑，大量涂漆，其上雕刻有巨大的文字，配以精美夺目的黄铜饰片，书柜由此显得雄伟震撼。柜中共存有八万四千经书，这一数字也是固定的，它是衡量一个佛教寺院藏经楼是否完美至善的标准。在这三个大进深的区域中，中间的隔室最为宽阔，充当小佛堂及阅览室（参见附图 20—2）。开放式佛龛正中供奉着释迦牟尼佛。他坐于一把雕刻精美的金椅之上，体型略为丰满，双手置于膝间，蓝色肉髻，部分胸脯袒露在外，所穿长衫做工精致。他的东侧端坐着文殊菩萨，他留着光头，脸带蓝色络腮胡。西侧为普贤菩萨，他同样面带络腮胡，下巴处则留着山羊胡，衣衫包裹严实。这三尊佛像前方有一尊立于莲花佛坛之上的阿弥陀佛像。雕像由红木制成，雕凿技艺精湛。莲花佛坛前摆放有一张长供桌，上面放着一尊精美的藏式铜塔。塔的一格里有一尊佛祖坐像，佛祖跟前还有一尊释迦牟尼太子小像。他位于莲花宝座上，右手指天，左手指地，这是一个著名的佛法手势。铜塔东侧为一尊镀金观音坐像，其右手放于右膝之上，手中拿着一根莲花花茎，上头绽放有莲花，花内带着点点水珠。其左手拿着另一根莲花花茎，长长的花茎一直伸到她

附图 20—1.念佛堂二楼禅房

附图 20—2.达摩祖师殿上方的二楼藏经室中室.整个寺院建筑主轴线之上的终端建筑

的右肩处，右肩上还坐着一只孔雀。观音座下的基台上环绕有一条神龙，它张着巨口，朝上看向观音。供桌前方边缘放置着一个上了锁的木制香盒，盒身带多个透风孔。此处藏经楼不允许焚燃气味浓郁的香棒，取而代之的是使用产自广东的小巧香木块。此外，桌上还放着两个烛台及一些书籍。

这个隔间陈设优美，充满书卷气息，是一个真正适合佛法研习的僻静一隅。在此处中轴线位置，位于整个寺院建筑的最高点上，高僧们心无杂念，从寺院的喧嚣中抽身而出，全身心地沉浸于佛法奥义之中。他们从高大结实的书柜中抽出珍贵典籍，热情地向我做讲解。他们对自己的这座藏书楼感到自豪万分，这与我们普通人的情感一样。不过，他们也悲观地认为，向我讲解佛法并没有多大意义，因为我并不信佛。虽是如此，他们坚信，世界上的所有宗教本质相同，只不过其表现形式各有区别。这一点也为中国众多的宗教学者所赞同。佛教学说或许是这众多宗教中最为宽容慷慨的一个，就其整个体系而言，佛教可以把其他宗教的所有变体吸纳加工，收为己用。所以，佛教号称集世间万物于大成者。

11.4 大客厅

达摩祖师殿西侧建筑为客房，供偶尔到访法雨寺的贵宾居住（参见图139、140）。建筑面阔三间，高度同这一平台其他建筑一致，也为两层（参见图141）。底楼三间连成一体，形成一个极为敞亮的待客大厅，里面家具陈设齐全，具有浓郁中式风格（参见图143）。大厅靠后墙处设有一张宽敞的双人坐炕，坐榻两侧平行于中轴线放置着四张桌子、八把椅子。这两个数字也有讲究，象征了东南西北四个方位以及传说中的八仙。靠外的东西侧墙边上也摆放有桌椅。中轴线上放着一张圆形餐桌，可供用餐宾客人数较多时使用。窗边还放有若干上菜桌，以作为对正中大圆桌的补充。后墙上挂着若干卷轴画及对联，前方为一张长桌，上有花瓶及其他珍贵物件，桌子两旁立着精美而高大的竖镜，镜面应为欧洲制造。厅中的所有家具皆为黑色实木材质，在广东打制而成。在光绪十九年，即1894年，一位天津高官将这些家具整体捐赠给了法雨寺。此人是对法雨寺发展居功至伟的著名方丈化闻大师的弟子。

后墙上挂着的对子如下：

原文：

　　（上联）坚忍真修可历万劫 [1]

　　（下联）空明妙谛不着一尘

1　"劫"为入声词，尾仄声。根据对联"仄起平收"规则，"坚忍真修可历万劫"应为上联，盖作者原书有误，中文版改之。——编注

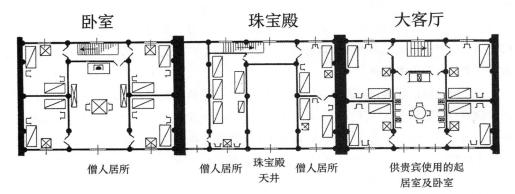

卧室　　　　　珠宝殿　　　　　大客厅

僧人居所　　　僧人居所　珠宝殿　僧人居所　　　供贵宾使用的起
　　　　　　　　　　　　 天井　　　　　　　　　居室及卧室

图 139. 二楼平面图图

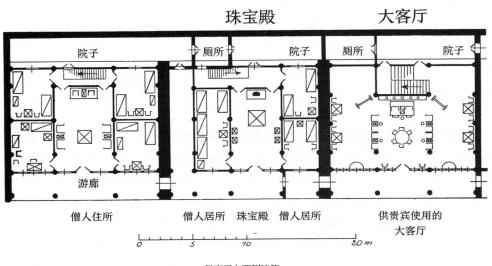

珠宝殿　　　　　大客厅

院子　　　　厕所　　　院子　　厕所　　　　院子

游廊

僧人住所　　　僧人居所　珠宝殿　僧人居所　　　供贵宾使用的
　　　　　　　　　　　　　　　　　　　　　　 大客厅

0　　　5　　　10　　　　　　20 m

最高平台西侧建筑

140. 一楼平面图

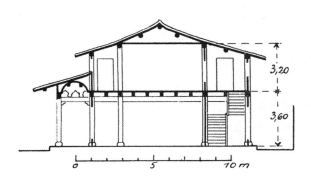

3,20

3,60

0　　　5　　　10 m

图 141. 大客厅截面图

图 142. 备有宁波式样床榻的卧室

图 143. 接待贵宾的客房建筑底楼待客大厅

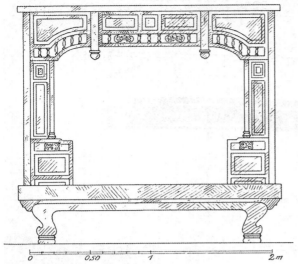

图 144. 供贵宾使用的床榻正视图

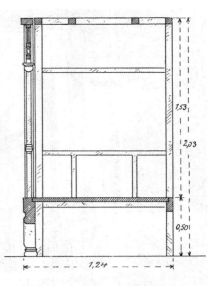

图 145. 床榻栏杆横截面

来访至此的宾客大多为世俗之人，注重男子气概与坚忍不拔，这是人生成功的先决条件。这一点在对子右联得到体现。不过，在句中，这些生命中的困厄被冠以"劫难"这一极具佛教色彩的词汇，现世生活与佛教教义由此紧密相连。这种不可分割性也体现在左联中。左联指引我们摆脱任何不纯净的羁绊，升华至崇高境界，这又是从现世生活出发的感悟。对子隐晦而精妙地将佛教的断舍离与世俗的行动力量相结合，由此可被视为又一对句杰作。

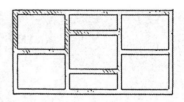

图 146. 床榻上方框架，供安放蚊帐使用

二楼有四间卧房，每间房中配有两张床，供访客及其侍从使用。中间的小厅用于起居、进餐及非正式接待。楼后的狭窄小院中设有厕所，院侧连接着一个小厨房，它将这栋客房建筑同位于其东侧的方丈室分隔开来。

11.5 珠宝殿

建筑面阔三间，楼高两层，从西侧紧挨着大客厅（参见图 139、140）。上下两层的东西侧间均为卧室及起居室，正中区域则上下贯通，站在底楼抬头往上，楼顶的屋架清晰可见。这里设有一个无比珍贵、雕刻精美且大量镀金的佛坛，其上供奉着一尊观音像，这尊雕像几乎可以被称为镇寺之宝（参见附图 21）。它不仅享誉中国，很多外国人也听闻过它的大名。装有隔离玻璃的佛坛中有一个同样异常珍贵的香柏制小罩子，罩子也安着玻璃。玻璃

附图 21. 珠宝殿佛坛

后有一个莲花宝座，其上便安放着这尊约十二厘米高的小型观音坐像。据说，其头部与所穿长袍均为纯金打造。其裸露在外的胸部及部分下肢由一颗独一无二的大型珍珠雕凿而成。这颗珍珠虽然被打磨成极少见的矩形形状，但仍保有并焕发着迷人的光芒，尺寸超过3厘米。这绝对是一件价值连城的宝物。

小巧的观音佛龛背后立着一尊镀金铜宝塔，它同样位于主佛坛罩子内。宝塔下部无法得见，上部由四根女像柱支撑起一尊六十厘米高的观音像。四根柱子雕凿了四位菩萨，它们双手交叉，坐于莲花宝座之上。整个佛坛无论是从陈设内容还是雕凿工艺角度来说，都称得上是伟大而完美的艺术作品。它在这个空间狭小、位置偏远的建筑中，显得尤其震撼人心。在庞大的法雨寺中，人们必须好好找寻——更确切地说，探索发现这个隐藏于此的宝地。佛龛为宁波工艺，风格精美（参见附图21）。在这座极具艺术气息的城市中，有着无数类似的美到极致的佛坛，它们生动表现与诠释了宁波精湛的工艺水平。宁波人自豪地认为，自己这座城市有着中国最美丽的建筑。事实也确实如此，自古以来，宁波便以其独特优美的建筑风格及高水平的木雕艺术而远近闻名。

11.6 卧房

位于平台建筑群最西侧、同时也是整个寺院最西北角的地方坐落有一座二层小楼，它面阔三间，供地位仅次于方丈的寺院班首及其他高级别僧人居住。建筑上下正中均为起居大厅，内放坐炕，上层大厅中还设有一个佛坛。两个起居室四周都设有四间卧房。这边居住的僧人均为寺院付出过自己的辛勤劳动，做出过不小的贡献，在进香高峰期，他们远离前院的喧嚣，悠闲隐居于此。

图 147. 一座建筑正脊上的一块装饰

第四章　寺中及岛上的宗教生活

1 船员的佛事活动

一日，一艘巨大的中式帆船进港停泊，几乎所有的船员都下了船，来到法雨寺中。他们事前预定了一整天的佛事活动。这些船员来自厦门，船主是一位精瘦的男人，沉默而严肃，是个真正的航海好手。此外，他还是个穿着讲究的商人，跑船便是出海经商。船上共计约有船员二十五至三十名，他们全体出动，来到寺庙，参加由僧人住持的谢神、祈福等佛事活动。为此，他们已事先支付了六十美元。船员们常年来回航行于台湾、上海、福州及广东之间。不仅是他们，几乎所有沿岸渔民与船都一年来一次普陀岛，并在岛上的某座寺院进行一次佛事典礼。

比如，还有一次，一支约百艘船只规模的大型船队停靠在寺庙附近的海湾。船员们不停地在他们的小舢板和陆地间来来回回。海滩上是如此忙碌喧嚣，就好似这里驻扎了一支战舰队伍。这其中的很多船员来到法雨寺进行祭拜。不过，同来自那艘华丽大帆船上的船员相比，他们的佛事活动并没有那么场面盛大、仪式繁多。对家境贫寒的他们而言，买一捆香、在众多佛坛前挨个虔诚磕头、插香、再磕头，已是足够。这种方式非常热闹，但也显得匆忙、随意、缺乏仪式感，不若那些豪华大船上的船员来得庄重虔诚。但是，对于贫苦的人们而言，生活又怎能允许他们大操大办呢？

上文提到的厦门海员的佛事活动，非常值得进行深入描述。据我观察，其礼佛仪式可分为三部分：

A. 谢神祈福
B. 上供米食、焚香仪轨
C. 晚上礼拜地藏王

A．谢神祈福

上午九点，祈福仪式开始。门后左右两侧放置着长条供桌，上有一些乐器及其他用品。桌后各站三位僧人，他们如唱歌般吟诵佛经。佛经便摆在他们面前，但很少被翻看，因为僧人们对此都已熟记于心。诵经期间，他们会演奏乐器，其中一人还会敲击立于地面东侧桌子边的大鼓。除此之外，殿内陈设与往常一致，只有观音佛坛上跳动着两支燃烧的蜡烛。悬于正中的挂灯亮着灯光，似平时一般。

每名船员均手拿一大束香，依次列队，走到位于两张长供桌之间的一个正中圆形蒲团前。只见他对着佛坛及供奉于其上的观音，双手高擎起香火，肃穆凝神，静立几秒，继而跪倒在蒲团之上，俯身叩首，一共三下。这一系列动作完成，他起身走到观音像前的铜制大香炉前，将几根已经点燃的香插在里面。接着，他绕殿一圈，在每个神像及韦驮像前的香炉中插上自己的燃香。所有二十五位船员均按这一流程进行仪式，其间僧人们的吟诵未曾中断过。仪式进行到最后，殿内弥漫着无数香烛燃烧产生的浓厚烟云。那些已经进完香的船员，三三两两地站在四周，专注地看着僧人。他们当然根本听不懂僧侣们口中的经文，或许只有一个大概的概念，知道自己的美好愿望和祈求可能会通过僧人，呈送到大慈大悲的观音菩萨面前，继而得到她的庇佑。尽管如此，他们未表现出任何随意或亵渎举动。常常有人在寺院法会场合大笑、聊天、抽烟或者喝茶，但这些船员并未如此。相反的，所有人都极为严肃认真。就他们整个举止而言，我们或许可以猜测，他们具备真正的宗教意识，明白此刻到底有何神圣意义。再说了，他们之前还付了六十美元——这足以说明他们的诚心。有旁观者随意且满怀好奇地走到这仪式周围，这其中有偶然至此的陌生中国人、我和我的翻译，还有几位未参加仪式的僧人。大家相互闲聊，并不十分关注殿内的宗教仪式进行流程。这并没有妨碍到仪式参加者。对中国人而言，仪式顺利进行才是最重要的。至于外在环境的肃穆、安静以及神圣气氛，则是可有可无。宗教活动的首要任务便是完成规定的仪式，中间不出差错，流程无一遗漏。这之后才是对信徒的内在提升。祈福活动可以完全从使用角度而加以理解，人们甚至还可以将它比作是一场交易：人们付出一定的劳力，献给神祇一场仪式，继而期待着可以从神祇处获得帮助。真正操作进行这场仪式的僧人，从某种意义上说扮演着"代理人"角色。仪式必须举行，至于由谁举行，则没有多大区别。祈福进行过程中，我们会发现，整场仪式内含深意。而这种内在意义并不会被"具体由谁代理"这个问题而影响。

祈福仪式持续约两个小时，于上午十一点结束。在此期间，人们已在厅中放置好了供桌，贡品也已摆放其上。

B. 上供米食、焚香、仪轨

仪式第二部分开始于十二点左右。已摆好供品的供桌放在屋子中间，同其他几张桌子一起，组成了一个祭台组群（参见图148）。

这时，船员们需要向观音菩萨敬献上供品及供米，仪式结束之后，这些大米会被带回船上。每日行船途中，尤其是碰上暴风雨的日子，虔诚的船员们会向水中撒一些做过供品的米粒，咆哮不安的海面便会平静下来，这份安宁也随之抚慰上船员们的心头。这种风俗不仅常见于出海船舶，还适用于航行在内陆江河之中的船只。每天早上起锚开航前，船只都会进行类似的祭祀仪式。祭台组群中间为敬呈供米的供桌，其上刻着"水陆平安"四字。字面意思看来，此句表达了保佑船员们在陆地及水面出行平安的愿望，但同时又可引申理解为"人生长路中，灵魂始终得保平安"[1]。这种精妙的双关之意，一贯为中国人所喜爱。

祭台组群最北的一张桌子较高，有1.3米，紧挨着主佛坛前方摆放。其上放着：
1. 一个托盘，盘中放有许多糕点、坚果和水果；
2. 两盏四角立式灯，每盏都由四根边柱及玻璃片构成，玻璃内燃烧着蜡烛；
3. 一个铜制香炉。

---

1 "水陆"一词在中文中既可指水上与陆地，也可做为"水陆道场""水陆法会"的简称，有宗教含义，此处为一语双关。——编注

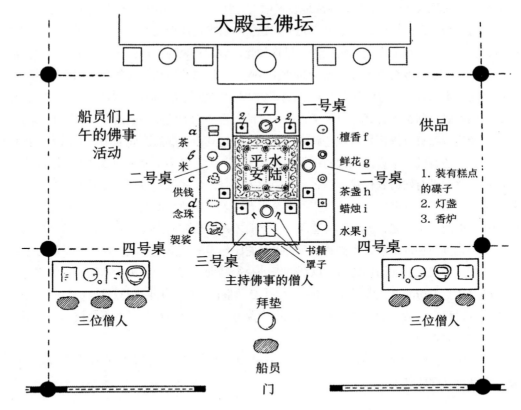

图 148. 船员的祭典仪式

桌子正面中央垂下一块红色丝质供桌罩布，上面绣有人物、神龙及纹饰。紧挨着这张桌子的南面摆放有另一张高约八十厘米的正方形桌子，它位于组群正中，比北桌矮了五十厘米。其桌子边缘围绕着一圈宽沿装饰带，带中填充着谷粒。之前已有僧人用手指在带子上灵巧地戳了道口子，里面的白色米粒露了出来，原本被带子遮住的深色桌面也显露在人们眼前。饰带内圈堆着九个圆形小米堆，米堆中央均浅浅地埋着一个小铜碗，碗中盛着油，插着一支燃烧的蜡烛。九个米堆将桌面划分成了四大区域，每块区域中都巧妙地用米粒拼成了一个字，合起来便是"水陆平安"，其意思上文已有阐释。

正中的这张桌子两侧还各有一张与其等高的长桌，即二号桌。三张桌子拼在一起，宽度明显增加。在这两张长桌同正中供米桌相连的角落各立有两个燃烧着蜡烛的烛台，烛台之间放着一个香炉。此外，两侧长桌上面各放着垫有红色丝绸的五个小碟子，碟中盛着各式物品，依次为：

a 两罐茶

b 米

c 一开始空着，之后会放上供钱

d 一串念珠

e 一件折叠放好的袈裟

f 檀香

g 插在花瓶中的鲜花

h 一杯茶

i 一根插在烛台上的蜡烛

j 一些小而圆的黄色果子

每个碟子之间还放着一些锡纸叠成的元宝，类似鞋子的模样，之后会被烧掉。

祭台组群最南面的是三号桌，它与二号桌等高，其上同正中供米桌相连的地方同样放着两个烛台，烛台间为一个香炉。由此，供米桌被八个烛台及四个香炉包围，自成一个小小的宇宙。香炉中的香火始终燃烧着，烟雾弥漫了整个大殿。正因如此，我遗憾地未能用相片记录下这些充满艺术表现力的陈设。三号桌正中摊开放着一本尺寸巨大的经书，旁边还有几本小书。桌子正面垂下一块华丽的桌裙，该手工艺品出自福州，红色的底面之上绣着金色的观音及其两位侍从。

住持仪式的领诵僧人站在三号桌前，面朝佛坛，手持一个造型醒目的烛台，上面还燃着一炷香（参见图 149）。[1]位于进香队列之首的船员双手中也拿着一个相同的行炉，他将烛台虔诚地举于胸前，站在大门附近的一个圆形坐垫之后，肃穆而立，一动不动。

整场仪式的各个环节都伴随着六位僧人的经文吟诵。入口的左右两侧各放置着一张长条桌，即四号桌，六名僧人分成两组，站在桌后，诵经同时使用祭祀礼乐。他们低声且快速地重复念诵着相同的经文，伴随一声轻而快的木鱼敲击，音量顿时放大，喃喃之语瞬间变为缓慢而高声的吟唱。仪式中，引磬声代表停顿，鼓点凸显高潮。激昂的序曲突然转为领诵僧人的单人独诵，鼓声停息，继而汇合成柔缓流淌过灵魂的小型合唱。所有尖锐、独特的唱段都融合进盛大的整体之中，快速单一的诵读作为主基调，贯穿始终。佛教徒从沸腾的情感世界抽身而出，收起喜悦的欢呼或历经劫难的苦涩，在感恩与祈祷过后平复心境，远离颠倒梦想，究竟涅槃。这便是中国人所为。在中国佛教观点中，这份脱离世俗的淡泊超然被视为理想境界。中国人并非通过狂热的鼓吹来强调这一境界的至高伟大，他们以坚定的行动获得

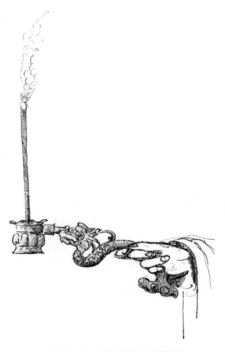

图 149. 锡制行炉及雕凿成神龙造型的长柄

---

1 根据作者文字与画稿描述，此处燃香的"烛台"应为行炉，带长柄者又称柄香炉或鹊尾炉，是佛事礼器之一。盖德文原书论误，下文据此统改之。——编注

内心的平衡，其自身的践行便是对这一境界的最有力赞美。或许，这就是如此奇特的祭祀礼乐的深意所在。音乐初听时觉得死气沉沉，尤其是我作为一个外国人，完全无法欣赏。但是，在长时间的聆听之后，听众似乎会被音乐所传达的深意所说服，几乎是不由自主地忘却身外世界，陷入专注沉思之中。

仪式第一部分时间较长，在此期间，住持的领诵僧人一直靠祭台组最南面站立，时不时俯身叩首。手持行炉的领头船员也跟着他一道，同时跪倒磕头。显然，这一环节表达了对于观音恩赐的感谢，在其他仪式中也能经常见到。此环节一结束，音乐骤然变得生动活泼起来，住持僧人缓慢而庄严地走向每碟供品之前，将其敬献给菩萨，并点燃纸元宝。每完成一个碟子，他便返回自己的位置，接着又肃穆地缓步走到下一碟供品前。最终，他完成了所有九种供品及桌上所放米供，并将米粒交予船员，殿内的祭祀仪式由此结束。

紧接着，殿外开始进行另一个环节。所有船员站在殿门前的宽阔平台之上，面朝位于南侧的巨大铜制香炉。一旁放着数不清的纸元宝，堆得像山一般高。银色的锡纸元宝被涂上各种不同的颜色，或是单个散落着，或是被线串成一吊。还有一包包正方形的香纸，贴着如假包换的金箔，其间凝练地写着几个文字，是为佛言短句。僧人们同领头船员一道，把这些全部投进香炉之中，让其焚烧。青淡的香云裹挟着纸张余烬，从炉口袅袅飘出，萦绕在这个造型精美的艺术品周围，包裹住其顶部的那颗宝珠，久久不散。这颗宝珠象征着对善笃之行的一种奖赏。与此同时，有几人使用老式礼枪，鸣枪多发，巨大的响声将游荡于空中的恶灵驱散干净。在这一过程中，众人同样保持虔诚肃穆。这场上供米食仪式持续三小时，于下午三点左右结束。

C. 礼拜地藏王

整场仪式的最后礼拜部分开始于晚上六点半左右，供奉与瞻礼的对象为地藏王菩萨。他同充斥着恶鬼的阴间关系密切，发誓度脱一切恶道众生。船员们有绝对的理由求得他的庇护，因为，他是黑暗力量的真正掌控者，主宰与支配着人们对于黑暗的恐惧。关于这一点，船员们在无数航海途中深有体会。对于死亡、受难及恶灵的忧思一旦袭上心头，人们便会供奉起地藏王，以求获得他的庇佑。

此时，主佛坛前的布置发生了变化（参见图150）。佛坛前的小型讲经台上放上了一把椅子和一张桌子，桌上有两根蜡烛及若干佛物与书籍。讲经台南侧连接着一张狭窄的长桌，其上摆放着一些乐器与供器，四个桌角上还各有一根蜡烛。参与法事的僧人三人一组，站立于长桌两侧，演奏礼乐并诵读经文。供台最南端，即大门附近，放置有一张正方形桌子，桌面正中为一小巧佛龛，里面巨大而华丽的华盖之下端坐着地藏王。他头戴由五个尖角组成的毗卢帽，身旁为两位侍从。桌子四角各装饰有一个烛台。除此之外，桌上还放了一顶高帽，同地藏王头上的那顶一模一样，这为住持仪式的僧人所有。仪式进行过程中，他在讲经台落座时，便要戴上这顶帽子。

祭台组群的东西两侧，紧贴大殿南墙处，设有两张长桌，上面摆放有菜肴，供饿鬼食

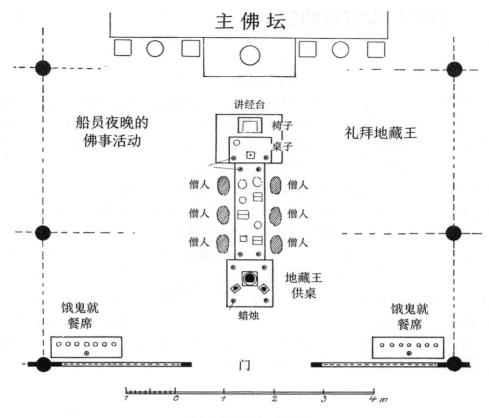

主佛坛

讲经台

椅子

桌子

船员夜晚的
佛事活动

礼拜地藏王

僧人   僧人

僧人   僧人

僧人   僧人

地藏王
供桌

蜡烛

饿鬼就
餐席

饿鬼就
餐席

门

1 0 1 2 3 4 m

图 150. 船员们进行的地藏王菩萨祭祀仪式

用。[1] 若有谁对地藏王不敬，甚至是嘲讽，又或是有谁不幸未能入土为安，无法飨食祭品，他就只得饿着肚子，历尽劫波，四处游荡。所以，招待这些可怜的罪人是一个善意之举，同时也能向地藏王展现出自己的慈善之心。因为，地藏王也正是出于这种慈善悲悯，才会将那些罪人从无尽的地府炼狱中拯救出来。正如我们在前文钟楼章节中所知，他同慈悲为怀的观音有着密切的联系。

　　仪式正式开始，漫长而单调的诵经吟唱声从未中断过，领头的僧人及伴随于身旁的六位僧人磕了无数个头。领头僧人从桌上地藏王像背后拿起尺寸合适的毗卢帽，将其戴于头上，鞠躬数次，进行了一系列动作，随后走上讲经台，在台上的椅中坐下。周围的诵经吟唱声还在继续，祭台上开始以象征的形式展现地府场景，阎王判案桌、人们的控诉与自我辩护、神祇的庇佑与拯救，坐于台上的僧人作为神在凡间的代理人，将这一切一一展现。这里又再次体现了"代理与象征"这个思想，它在中国文化观念中占据着举足轻重的地位。通过这种代理形式，神祇因人们的祈祷与致谢而心情愉悦、大发慈悲；另一方面，船员们则因为这场祭祀，认为自己今后将免受任何因自身错误而受的惩罚，故而可以安心离去。

---

1 根据作者文字描述，此处指佛教施食仪式，布施给饿鬼道众生。——编注

2 一位中国女富翁的法事

在此，我将叙述一位宁波女士的故事，它比较有典型性。

1907 年夏天，一位富有的中国女士同她的孩子一道来到普陀岛进香祈愿。在其一众已成年的儿子之中，有两位接受过极好的英文教育。他们一行人均举止有度，给人以良好的印象。女士的丈夫之前曾私吞他人钱财，之后直到他过世，也没找到机会将这笔钱还给相关方。可能他从未想过还钱这事，又或者对方已经放弃索偿。不管怎样，这位女士因此感到良心极度不安，所以她前来寻求观音的宽恕，并捐出五千两白银，即一万五千马克，以举行数场规模盛大的法事。夜晚，岛上的无数僧侣人手一根燃烧的蜡烛，列成浩大的长队，行进至普济寺之中，其数量或许超过千人。寺中燃起数不清的香火。僧人们一个紧挨着一个，排着长队走进大殿，在蒲团间绕圈行走，如平日礼佛仪式那样吟诵经文。佛坛附近有几位僧人，他们从一个大箱子中拿出一条条白毛巾，分发给每一位走至跟前的僧侣，供其洗手洗脸使用。此外，每人还可从一个大方盒中领取 20 分钱及一个铜板。盒子中的钱币被源源不断地补充着。这之后，僧侣们依相同次序，于重重席间穿过大殿另一边，由西门退出。整场法事期间，他们始终口念"阿弥陀佛、阿弥陀佛"，并于途中将手中香火插至沿途林立的香炉之中。这场法事宏大隆重，令人印象深刻。

3 僧人的每日工作

僧人们的一天非常忙碌，很少能有时间同我及我的翻译略做交谈（参见附图 22）。我们的谈话常常会因为僧人被唤去工作而打断，对方总是对此表示歉意，而且据我所观察到的，那些工作也确实要紧。这当中最忙碌的似乎得算司库了。他面若银盆，体型矮而胖。同很多中国人一样，他骨子中便有一种极致的热情好客，显得精力充沛、勤劳努力。他居住的院子是我前往邻所或返回住处的必经之地，只有偶尔在晴朗的好日子中，我才会看见他坐在自己的门前椅子上休息，而绝大多数时候，他总是专心致志地坐于窗前的桌子边，弓着背看着他的那本大开本册子，记下一笔笔支出与收入，将账目细细比对，再誊抄至另几本账册上。之后，他把这些账册整齐地归置到抛光或上了漆的木制大封皮中，并将其妥善放置到巨大的柜子内。

我们完全可以想象，管理运行一座拥有约二百名僧人、夏季又要接纳数千香客的寺庙，意味着多少的工作量。寺中到处可见正在工作的泥瓦工、木工、漆匠及其他手工匠人，单他们的数量便共计百人之多。道路需要翻新，库房需要进补，各殿房使用需要预约，挂靠的下属寺庙及僧侣的收支账目需要核对，必要时还需对这些账目进行细致的登录与过账。

身着袈裟的僧人

下跪诵经的僧人

着冬季长袍和风帽的僧人

合掌帽

戴合掌帽的僧人

平天冠

戴平天冠的僧人

戴平天冠的僧人

附图 22. 法雨寺僧人

这些操作同我们国家的企业记账工作并无二致。只不过，这些司库僧，或者说中国人在做这些事情时，极少显得手忙脚乱。他们似乎在不经意间，就顺带着处理完成了如此庞大繁杂的业务。他们总是保持着热情友善的态度，似乎他们所做的，不过是一项微不足道的小事。话虽如此，他们也仍需为此而整日工作，没法长时间的消遣或休息。所以，他们所完成的工作也并不比我们少。

　　数不清的香客、一位位贵客、一个个烧香团（如前文的渔民团队），还有那来来往往的云游僧，给寺庙注入了源源不断的活力与生机，但却也意味着巨大的工作量。寺院的财力肯定非常雄厚，可惜我没法确切得知其具体数额。不过，我们仍可由一些细节窥得一二。每年冬天，总会有一名高等级僧人，携带约一至两万马克的资金，前往上海及宁波，采购夏日佛事活动所需物品。我们或许可以由此衡量出寺院的财力。单单大米一项，寺院每日便需耗费一百至一百五十公斤，而在每年进香高峰期的三月及七月，这一数字可达三百五十公斤甚至更多。寺院在周边地区拥有少量田地，可出产大米及蔬菜，其中蔬菜几乎全年可收。岛上饲养了一些水牛，用以犁耕稻田。在这座禁食荤腥的佛岛上，它们是除了猫狗之外的唯一一家畜，所以它们在我们眼中显得近乎新奇有趣。在这里，即使是香客也只能吃素食，厨房备案中看不到一块肉。同中国其他地方相比，水牛在这座岛上尤其被奉为圣物。无需政府颁布命令，或是社会明确约法，人们都不会宰杀这些具实际功用及神圣宗教色彩的动物。寺院在沈家门对面的一座邻近岛屿拥有超过三百摩尔干[1]的耕地，这是它的主要地产。很多香客及船员前来寺院时，会献上米、菜、油及调料。不过，寺院的主要收入并非来源于此，而是依靠香客捐赠功德钱以及恭请香火、祭纸、开过光的经文、典籍及其他佛教事用品的费用。

4　僧人过斋

　　五号院东侧建筑的二楼内有一个巨大的就餐大厅，称"斋堂"或"斋楼"。厅内挂着巨大的纸质灯笼，其上便写着"斋楼"二字。每天晚上，这些灯笼会将整个大厅照亮。

　　每日共有三次僧人集体就餐。早膳在晨课结束之后的五点，主餐在九点半，晚膳则在晚课结束之后的十七点。

　　九点半的主餐之前没有礼佛仪式，膳房僧人敲响挂在厨房门前走廊上的乐器，宣告就餐时间到。依据时间顺序，以下对这一庄重仪式的各环节进行详细描述：

　　1. 厨房前廊的两根立柱之间挂着一个巨大的木鱼。[2] 厨师长先重重敲击三下木鱼，每次敲击间有短暂停顿，随后再轻而快地敲击约十至十五下。木鱼声一响，住在院西南面云

1　摩尔干（Morgen），旧时欧洲面积衡量单位，根据年代及地区不同，1 摩尔干为 0.25—0.34 公顷不等。——译注

2　根据作者文字描述，此处木鱼指"梆鱼"。寺院过斋前要"敲梆鱼，打云板"。——编注

图 151. 家境贫寒的女香客和她的儿子栖身在一处岩洞中

图 152. 水牛

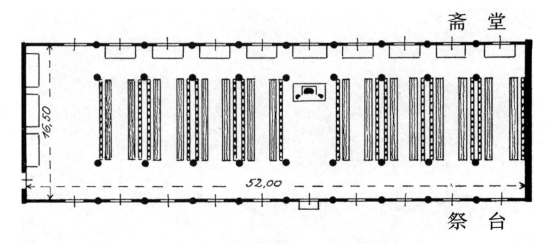

斋 堂

16.50

52.00

祭 台

图 153. 大型斋堂平面图，显示饭桌、上菜桌及祭台陈设

水堂中的客人们便知道饭点到了。他们身披长袍，有些人还戴着僧帽，排着整齐的长队，庄严肃穆地从大殿北侧经过，上至平台，跨过几级台阶，来到厨房前廊，右转，往下走几步，最终来到占地宽阔、陈设简单、光线昏暗的斋堂，在堂中央入座。他们安静地坐着，双手交叠，藏于宽大的衣袖之中，目视下方。

2. 在队列最后一位僧人还行走在厨房前廊上时，厨师长敲响挂在木鱼旁的铜锣，发出第二个信号。他手拿一根木制棒槌，先用力敲击三下，再往锣心轻击三至四下。这个信号是传达给居住在北端最高平台念佛堂之中及周边的僧人们的。同样地，他们庄严肃穆地列队行至斋堂之中，跟随在前一列队伍之后，在屋内就座。

3. 一分钟休息间隔之后，厨师长再次敲响木鱼，发出第三个信号，这一次是传达给位于厨房北面、被同一条前廊连接起的禅堂僧人们的。彼时，已有一位僧人等于禅堂门口，木鱼一响，他便卷起门帘，用钩子将它固定在大门上方。僧人们从禅堂列队而出，以同样的方式行进至斋堂入座。

4. 最后一名僧人入座之后，所有人静坐冥思[1]约三至四分钟。

斋堂共被划分成十个区域，每个区域中均相向放置着两排长凳和两张长桌（参见图153），每张桌子只有一边可供坐人。如此一来，僧人们就座时均面朝区域内侧，可相互对视。长凳之间的过道东面皆放着一张上菜桌，其上各有两个大圆木桶，一个装着米饭，另一个装着蔬菜。在全体静坐冥思期间，每条过道上都有一位侍者来回走动。他们从一个小圆桶中盛出米食，添加到区域内每位僧人面前的两个钵中。在位于斋堂正中的六号区域东侧放有一张桌子，上面设有一个小佛坛，其内供奉着一尊小型佛像，一旁燃烧有两根香烛。与佛坛处于同一水平位置的西墙之上开着一扇窗户，一位上僧立于窗前，面朝佛坛。

---

1 根据作者文字描述，此处的"静坐冥思"应指过斋前的"作五观"。——编注

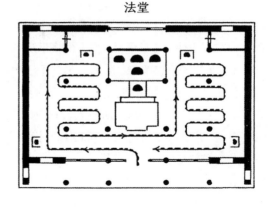

图 154. 斋堂中轴线窗户外的祭台　　　　　图 155. 用斋结束之后的法堂谢神示意图

5. 尖锐的引磬声。这一声响动虽然短暂，却极为尖锐突兀。它一响起，整个斋堂顿时打破原本的静穆状态。在其他礼佛仪式中，这一声音也同样代表了环节的急遽转变。此时，斋堂外响起一击重而短促的木鱼，接着又是一声引磬，屋内所有僧人开始清唱供养偈。他们反复吟唱着为数不多的几句话。吟唱开始时，立于西窗前的上僧将窗户关上。整个吟唱过程持续约五分钟。在此期间，八位侍者拿着小桶来回走动，为每一位僧人添上热气腾腾的饭菜。

6. 引磬声再响。全体肃静。一位小童将一个装着饭的钵递给窗边的僧人。后者打开窗户，将几粒米放到外面的祭台上，祭台就筑在这扇窗底的一楼顶篷之上（参见图154）。随后便会有几只鸽子飞来，啄食米粒。它们已经习惯了这种施食。在寺院其他殿堂前的祭台礼佛仪式上，也都有这样的环节。此后，这扇西窗未再关上。

7. 引磬声又起。所有僧人以同一种经过训练的动作、手势及一定的摆动弧度，用右手将菜钵放置到自己右侧，用左手将饭钵放到左侧，拿起筷子，开始用膳。夹取食物或拿取餐具时，他们的每一个动作、手指的每一个位置摆放都经过了极其严格的训练，所有人都整齐划一，就像是精心排练过的仪式现场。整个用膳食过程，斋堂内保持肃穆。

8. 用膳结束，所有人目视下方，静坐数分钟。随后，他们排着长队，整齐有序地前往法堂，进行一个简短的诵经仪式。[1]队列最前方由一位僧人领头，其后跟着两位上僧，他们后面是三位手持乐器的僧人，其中两人持引磬，一人拿木鱼。这之后便是长长的队列。以下为简短的诵经仪式各个环节：

1. 跨入正门，队列前部左转，继而往北（参见图155）。前方僧人沿着众多的小坐垫，缓步而行，排成几个弯。等到后续僧人全部进入西半边法堂，队列开始往东半边行进。所

1　根据作者文字描述，此处的"谢神仪式"疑指过斋后唱结斋偈。——编注

有人以沉缓的声音，虔诚呢喃"阿弥陀佛、阿弥陀佛"。队列以这样的方式绕整个法堂两圈，其间始终伴随有木鱼敲打声与小引磬的尖锐鸣响声。所有人双手交叠，掩于衣袖之中。

2. 较大的引磬发出一声清脆鸣响，所有人仍以原有节奏行进，但吟诵声以及乐器击打声变得节奏更快、音量更大。僧人们将手从衣袖中拿出，双掌合十，放于胸前，呈诵经姿势。

3. 第二声引磬响起，队列一半立于法堂西侧，不再行进，另一半继续往前缓行几步，前后依次排列至法堂东侧。

4. 第三声引磬响起，所有人转向中央。

5. 一声鼓响，所有人面朝北侧，叩首三下，期间伴随有乐器奏鸣，但无吟诵。

6. 所有人逐个有序离开。

在编号 4 至 6 的过程中，一位上僧走到放置于法堂中央的大跪垫前，俯身叩首，接着起身，转向大门方向，看着所有人鱼贯而出。待最后一位僧人离开大厅，他也接着迈出殿门。

晚餐并没有统一的开始时间，每个人随意找个位置，就可以开始用膳。礼佛仪式在餐前已经完成，用膳结束后大家各自返回自己的住所。

大部分僧人都来这个大斋堂集体用膳，但并不是所有人都参加。一些担任重要职位的僧人，比如负责行政管理的寺院九位主事、德高望重的老僧、寺院方丈等，经常可以在自己房间内单独用膳，或是同其他几位上僧一起过斋。这同我们欧洲的修道院类似，它们对高僧有一定的照顾，免除其一些义务。

在一些极为特殊的日子里，僧人以及整个寺院的住客，都可以享受到比平时更为丰盛的餐食，甚至还会有加餐。新年算是一个，还有便是腊月初八。今年的腊八是在公历一月十二日，当天，我在法雨寺亲身感受了这个节日。相传，这一天是释迦牟尼修身成佛之日，所以人们将这一天当作节日来庆祝。佛教徒们有精确的佛历，上面的所有事件都同佛祖释迦牟尼的生平相关，这其中较为重要的事件发生日，便被定为某些宗教节日。寺院自己承担这些固定节日的额外伙食花费，此外，也经常有富豪因某些特殊原因，借某个宗教庆典或举行法事为契机，提供资金，为僧人改善伙食，同时自己也能从中获益。当然，这通常意味着他们得支付一大笔钱。我曾经在福州经历过一场隆重的法事。当时，一位富有的男士为纪念几个月前薨逝的皇帝及太后，出资举行了一场长达十四天的法事。僧侣们整日诵经祈祷，每天都有加餐款待。这位出资者为此花费了一大笔，但这在中国并不少见。同我们相比，中国富人们更坚定地认为，为寺院及其他宗教活动捐钱是播种福田的善举。

5 作者日记节选

周二，1907 年 12 月 31 日

从沈家门出发，经过两个小时的航行，桅帆收起，船只于上午十点停靠在凸出的石驳码头，船头朝前固定。与我一同从宁波出发至此的僧人在附近的一间小庙中找了几名苦力，替我搬运行李。我原本打算住在岛上第一大寺前寺，不过中途遇到点困难，所以决定投宿至法雨寺，将这个岛上的第二大寺当作我此次普陀之行的大本营。途中，我碰到好多僧人，其中一些试图向我们化缘，大多数人则各自忙碌着，甚至还有僧人同工人一起劳作。石板路修得很好，路面始终保持两至三米的宽度。这里森林茂密怡人，路旁长着高大树木和低矮灌木。沿途变化着一帧帧风景：山腰幽谷中掩藏着座座寺院，白色的沙滩延绵伸展，突兀的礁石与海岬间翻涌起浪涛阵阵。船只驶过，平静的海面涤荡着无穷生机。更远处，一艘汽轮向海天之交平稳进发。

法雨寺占地极广，我住在里面一间新近装修的客房中。房间安着欧式的玻璃窗和门，其上装饰有金属小件，地上铺着木地板，此外还配有电灯、洗手池以及宽敞舒适的大床。由此可见，中国最为庄严肃穆的场所，也以兼容并包的态度接纳世界文明。僧人们热情地接待了我，我们一道饮了茶，吃了些坚果和糕点，随后又在中午用了一顿简单的佛家斋饭。下午，我在司库的带领下，参观了这座寺院。司库为人和善，一路上给我做了很多介绍，我对这里有了个大概的了解。寺院底蕴丰厚，内藏数不清的雕刻、塑像、针织及刺绣艺术品，我对此叹为观止。所见所闻，都透露出寺院的管理严谨有序。

外面持续下着恐怖的大雨，一开始还只是蒙蒙细雨，之后却越来越大，最终变成了磅礴大雨，倾泻了整个晚上。我那来自上海的随从兼厨师，还有来自广东却也会说北方话，且尤其说得一口流利英语的翻译盛先生，之前在船上的时候受了风寒，发起了高烧，现在每人吃了两片奎宁片。

周三，1908 年元旦

我掀开被子和毛毯，下了床。来到此处的第一个夜晚，我便是在这张宁波式样的床榻上安睡度过的。我的这个小房间刷着白墙，里面放着两张床榻，还有若干漆桌和椅子，看起来温馨舒适，即使是在没有暖气的寒冬，也能让住客感到舒服惬意。一整夜的倾盆大雨已经停了，雨后阴冷潮湿，北风呼啸，昏暗的云朵在空中互相追逐。那个上海小伙做了早餐并端到待客间的圆桌上，我坐在桌旁吃了早餐。这个小伙虽然看起来像个凶神恶煞的强盗，其实内里老实善良。虽然这里没什么烹饪工具，但他仍能烧出一桌好菜。寺院还为我安排了一个年纪很小的侍从，听我派遣。他乖巧且有教养，一直给我倒茶添水，并给我的随从上菜。这些可怜的人冻得一直在打颤，他们没有多少保暖的衣服。

1月2日

今天跟前几日一样。昨天夜里,即使盖着被子和毛毯,也觉得非常冷。上午我感觉极不舒服,几乎不想把手从口袋里拿出来。若不是寺院北侧还有半环形的群山略做遮挡,也许人们在这如刀割般的北风里就要倒下了。——今天,我开始细细考察寺院南边区域。带我参观的是那位第一天就曾陪过我的僧人。他亲切友善,应该受过很好的教育,介绍起事物来引人入胜。从他那里,我知道了很多自己一直想要了解,可之前还没能在中国找到答案的东西。说到这儿,我想稍稍抱怨一下翻译的懈怠。他是一个精力充沛、头脑聪明的人,可或许我那不间断的问题和讨论,让他觉得无聊且不得当。虽是如此,他在整个翻译过程中仍表现得客观、合作以及自律,这也让我敬佩不已。我显得相当不耐烦,但他总冷静地回答我的问题。就这点,我感到很恼火。——今天一整天都没有一丝阳光,好在到了夜里,我看到了灿烂的星空。

1月4日

昨夜的星空依旧如此美丽,我当时就预感到今天会有个好天气。果然没错。早上一起来便是艳阳高照、天空湛蓝,好天气持续了一整天。初始还是暖暖的温度,可很快就让人几乎有了炎热的感觉。今天出现了日食,可我在傍晚时分才感受到。今天一大早,我就已经听过僧人射鬼[1]的故事了。——给我讲这故事的是一位来自上海的学生。他身材矮小,脸上有些麻子,略懂英语,此番前来是看望寺中一位同他有亲戚关系的僧人。从昨天开始,我俩就交了朋友,他成了我亲密的伙伴。在我拍照、绘图的时候,盛先生早就不见了踪影,可他仍一直耐心地陪着我。——寺院对我来说总是如此充满意趣,人们在这里能够看到鲜活而富有生机的宗教生活。这片土地上确确实实存在着这种生活方式以及情感需求,宗教并没有完全消亡,至多不过是在精神表现上出现衰退之相。今天举行的厦门船员的个人大型法事活动,让我极为震撼。对船员们而言,支付六十美元,从而求得大慈大悲观音菩萨的保佑,并表明自己对此的谢意,这样的金额并不算很大。但僧人们为此显得十分勤劳忙碌,从清早到深夜,他们诵经念佛了一整天。对他们来说,这样的付出是一种愉悦与荣幸。为了各种各样的法事仪式,僧人必须掌握如此众多的经文、规则及环节形式,这些对我来说不啻为一门高深的学问。在我们欧洲人还未完全了解中国文化之前,我们并无权利对这一宗教发表任何肤浅的否定意见。除去佛教中蕴含的哲学思想之外,佛经还是一本适用于所有人的七戒之书。那些船员非常在意自己的出资是否得到了僧人们相应的虔心诵经以达天听,他们期盼着仁慈的观音能降下恩赐。船员们每人都供上几根香火,看着这些平日刚硬的汉子虔诚真挚的模样,着实令人动容。这些船员每年都会来此,而且几乎所有的船员都做着同样的事情。他们在众多的寺院之中选择一间,捐钱进行礼佛法事。虽然我的翻译无法对此在欧洲文化语境中给出深入的说明,但我仍想要从这一仪式中解读出一些东西。我们并不只是想要一个肤浅表面的翻译与解释,而是希

1　此处按照原文翻译。根据推测,这里或许指后羿射日的故事。——译注

望能够明白仪式精确的过程、各环节相互之间的关系以及出现各种形式与举办各种仪式的原因。可惜我的一些中国朋友无法理解这一点，他们缺乏探究因果联系的感知力。——很遗憾，我那聪慧的僧人朋友今天去了上海，他要为即将到来的香客集会采购物品。

周日，1月5日

天气同昨日一样晴朗。太阳照在身上，感觉非常温暖，所以大家都出来待在室外。——我今日去了供年老高僧居住的念佛堂，那里让我印象深刻。那里面的僧人或诵经念佛，或冥思打坐，又或者在宽敞的大厅中坐在桌边虔诚地独自阅读经书。他们友善且安静，我对他们极有好感。此外，这栋建筑建造得非常实用，人们居住在二楼，上面空气清新、阳光充足。这样的建筑布局也透露出，心灵的平静与专注源自于整体的基础。由此，我对中国人生活方式的内核与精粹有了一个全新而深入的看法。它们深深根植于中国传统风俗之中，所以对我们欧洲人而言，理解这种中式生活真谛需要漫长的时间，但无论如何，我们必须做此尝试。在这儿，我最切身的感受便是，中国人真正信奉着自己对外宣扬的理念与信仰。那位今天给了我几张佛像的藏经楼僧人就痛苦地表示，既然我不信佛教，那么给我那几幅画就没有任何意义。这听起来甚至有些劝我入教的意味。此外，还有一点值得说明：众多的寺院是民众信奉崇拜的自然载体。民众没有时间来献祭与诵祷，便将这一任务委托给了僧众。这便是僧侣们的存在理由与职责所在。那些批评僧人懒惰迟钝的无稽之谈，在这里根本站不住脚。

1月6日

今天天气很糟糕。雨从早上开始便下个不停，大风呼啸，天气阴冷潮湿。我几乎整日都穿着厚实的衣服与皮袄，就算在室内也不脱掉。可即便这样，寒意仍穿透层层衣服，刺入躯体。我很佩服我的翻译和随从，他们只穿了些薄衣服。当然，他们都冻得手脚冰凉，瑟瑟发抖。甚至据我那随从自己讲，他一整天都在感冒发烧。我怀疑他是否没吃我给他的奎宁片。他去看了趟中医，那中医就住在寺院布置考究的药房里。他花了3美元，在那儿做了检查、开了药。中国人完全不相信外来西药。——在这种坏天气下，待在这儿纯粹就像一场野外作战演习，我已经没有了丝毫的乐趣。——我今天参加了一场在法堂举行的礼佛仪式。所有僧人笔直地坐在蒲团之上，更确切地说，是笔挺跪于垫子上，面朝北侧佛坛，双手略微举高，叠放至胸前，拇指交叠着向外伸展。伴随着简单的旋律，他们始终重复吟诵着几句经文。这种曲调旋律很容易让人联想到我们的教堂唱诗。我觉得，真该有位音乐家把这个调子记录下来才好，这里面蕴藏着好多深意。整个诵经过程中，每隔五至十秒就响起一声短小清脆的铃声。此外，还有铜锣声响，这意味着仪式环节的转变。第三响锣声一起，所有人站立起来，磕头三次，每次间隔时间较长。在这过程中，领诵僧人总是先独自领做一遍动作。一百六十名僧人同时匍匐于地面，如同一个个颜色各异的圆形包袱，鲜明体现出人们对于神祇的敬畏以及同其相比的渺小，这一场景庄严肃穆，震撼人心。每一排僧人及其膝下的跪垫都依着排头整齐排列。大厅左右半边各有8

排，每排 10 人。排面秩序井然，如一条直线笔直排开，这当中没有人敢随意乱动。右后方站着一位上了年纪的僧人，他监控着队伍的一举一动。有时他会走到最后一排年轻僧人的队伍中，严厉纠正某些人的驼背姿势。纪律严明、气氛庄重，这就是整场仪式给我的总体印象。

1月7日

早上还是冷得要命。空中的云朵在刺骨的西北风中翻涌，我双手冰冷，身边的中国人就更不用说了。可有时，阳光似魔法般穿透阴云，笼罩住整座寺院，照耀在白色围墙、黄色屋顶、绿色树木与山坡以及灰色岩石之上。远处山巅上的灯塔变成了白色小点，在这金色日光中闪着光亮。我现在并不觉得这现代化的灯塔在此地显得格格不入，它更像是一个忠诚的守护者，一处圣地的中心。此外，那些建筑中的现代元素、电灯、玻璃以及众多其他的欧式物件，在我看来也并不与佛教及中国文化相冲突。这些只是外在表象，其文化的内在根本并未发生改变。——我在此处待的时间越长，就越发敬佩寺院的管理运行以及僧人的品格特质，他们从未给人留下不良印象。中午，我同两位僧人聊了很久。他们极为开朗自信，几乎没有让人指摘之处。他们十分了解铁路政策，向我询问，是不是我们德国人最先取得了京汉铁路的开发权，对此我予以了否认。他们又问我，柏林大图书馆中是否真的像他们听闻的那样有众多中国藏书，对此我给出了肯定的回答。——我在斋堂参加了大型集体餐，从而对这个建筑有了清晰而直观的了解。该建筑虽然构造简单，但内部陈设实用且大气。

1月8日

今天天气晴朗，湛蓝到无法描绘的天空中分散飘荡着一朵朵白云。不过，天仍非常冷。虽是如此，我还可以伸出手来画画。我完成了寺院的平面图，吃惊于纸上显示出的寺院整体建筑的面积之大。在夏季，寺院经常同时接待 700 至 800 名客人，因此，寺内的床铺及建筑数量也是惊人得多。——我的翻译看起来根本不适合这项工作，他只是拙劣地隐藏起自己索然的意兴，拿着厚书和折尺，和我一起整日在寺院中游逛，打扰众人。也确实，几乎所有的僧人都有大量事情要做。只有其中一位，偶然间来看了一眼我的工作。——饭后，我接待了来访的第二位僧人，我们一起待了近两个小时。他是一个很有意思的人，之前在北京待过两年，同喇嘛们有着密切关系。汉地佛教徒们总是跟喇嘛保持良好的关系，因为后者深受清代皇家宠信。他还拜访过中国所有其他重要的佛教圣地，像众多僧人一样云游四海。他精通摄影，当我跟他说起，前不久法国人发明了彩色摄影技术时，他顿时一阵狂喜。这些人就是如此与外面的世界相隔绝。——傍晚时分，我登上马鞍形山峰的高处，宏大的寺院建筑尽收眼底。它掩映在绿树成荫的山谷之中，傲然于天地，遗世而独立。宽阔的海湾中停泊着一支至少由百艘舟船组成的船队，夕阳刚才还在为这庞大的队伍洒下闪闪金光，下一刻便已下沉至西边林立的崖石之后。再远处，另一支船队张满风帆，朝着位于普陀东侧小岛之上的灯塔方向全速驶去。它们最终会绕过灯塔，一路朝东，驶入辽阔大海。这是一幅美丽而静谧的画卷。朝南眺望，众多群岛绵延不绝。数不清的岛屿探头于大海之上，越是远处，伸出海面的高度就越高。十几层的岛屿链如同一道道幕布，吸引着人们前往远方，去探索隐藏于这个群岛世界之中的神秘生活。

1月9日

今日天气晴朗。日光闪耀而温暖，空中无风无云，碧蓝的苍穹让人心生欢喜。我同翻译以及两位帮我担着设备的挑夫一起，登上了佛顶山。沿着舒适的石阶，由山谷上至山口，一路的景色美不胜收。我总是时不时停下脚步，陶醉于远处如镜般澄净的大海，海面上的点点舟船，掩映在粼粼波光之中。还有那数不清的岛屿，从四面八方环拥着我们的普陀，只在北面开了个口子，远远地稀疏散落着。我们一直走到东面的海陆接壤处，浩渺的大海一望无尽。众多小岛组成的重重岛链牢牢盘踞于海面之上。此刻的它们在波光映照之下，闪现着不同于刺目正午及银辉夜晚时的光芒。它们似乎就是鲜活而有生命的存在，只不过在神圣的普陀岛面前，它们保持了数千年之久的虔诚入定姿态。

目光转向近处。或黑或白的岩石层叠在崖壁与山峰之上，潺潺溪水欢快地跃下山谷，灌木、草地以及那四季常青的树木始终伴随左右，两头长着锋利牛角的水牛在山坡上悠闲地嚼着青草。我们在半路一个凉亭中稍稍歇了歇，又继续上山。一路碰到好多僧人，他们手拄拐杖，前往其他寺院办事、聊天或交流佛法心得。途中有一处山崖裂缝，无数巨大的岩块堆积层叠，我们不得不绕行一段。不过，我们并没有马上离开，而是停下脚步，向崖壁间望去。崖壁上雕凿有文字，这是虔诚且饱读诗书的信徒请人完成的。石刻与整个天地自然融为一体，对我们而言，自然与佛法指引着我们前进的方向，拥有了这两者，人生便已满足充实。沐浴在无比灿烂的阳光中，我们品读了这些摩崖石刻。——我还碰到了一位贫困的妇女，给了她点钱。她带着儿子来此进香，现在想乞讨点回家的路费。他们夜间栖身在路旁的一个岩洞中，洞顶敞开而没有遮蔽物。山峰下方有一片四季常青的幽深树林，林中建造有一座座形制考究的坟墓[1]（参见附图28）。站在这高处的墓地之中，放眼望去，脚下是宏伟震撼的岛屿全貌，远方还有座座岛礁以及那无边海天。只有中国人，才会把墓地建在一个地理位置如此优越、氛围深邃神秘的风水宝地。

之前，宁波天童寺方丈给了我一封介绍信，我让翻译拿着这封信先去了佛顶寺。上山之后，我受到佛顶寺代理方丈的热情欢迎与招待。我先吃了一顿小甜点，点心分装在九个不同的碗中。之后便是丰盛的佛教正餐，斋饭包括了米饭以及好多道蔬菜。我还同亲切友好的僧人们聊了会儿天，这实在可以称得上是一件乐事。——天黑之前，我们匆忙下山。暮色四合时，我们又回到了住处。夜空中挂着似镰刀般的一弯新月，散发着皎洁光芒，它指引着我不由自主地将目光投向山脉高处，在那儿，我度过了愉快的一天。

1　根据作者文字及附图描述，此处的"坟墓"应为僧人圆寂后的灰身塔。——编注

1月10日

今天天色阴沉，但温度较高，我同翻译及挑夫一道向南进发。在法雨寺附近的杂货铺中，我遇上了我的那个矮个子麻脸朋友。他是个很有意思的小伙子，总是乐呵呵的。对于能够帮上我，他感到非常自豪。——不久，从西边一处山谷里来了一队船员和僧人，他们手擎旗帜，低声唱诵，其后有一顶开放式软轿，一位僧人身着法衣，坐于其中。他身前放着一张小桌，上面有一尊小型观音像，还有若干法器及香烛。这些船员请寺中的高僧前往自己的船上，他们将在那儿举行观音供奉及祈福仪式。这一队人很快消失在我们的视野中，只有音乐还回荡在附近的山头。很快，就连乐音也完全消散。——在商贩云集的村庄中，我见识到了一些稀罕物。之后，我们前往太子塔。那儿的僧人本应熟知太子塔的历史、佛教文化及相关情况，可他们却差强人意，知道的还没有他处的普通僧人多。当然，具有较高佛教造诣的人数总是很少。其间，盛先生在前寺准备好了休息处。像昨日一样，我们先吃了些甜点，后用了一餐丰盛的斋饭，席间不见丝毫荤腥之物。一位普通僧人接待了我们，他远没有昨日佛顶寺僧人那般热心周到。我完全震撼陶醉于大殿的雄伟壮丽。在回来的路上，我还参观了一座寺庙。它由一位富有的上海药商出资修建，寺庙建成之后，药商便让僧人们进驻。其主殿正面外墙已用玻璃窗取代了密集型几何纸糊花窗（参见图 13），我们的新型工艺就这样逐渐占领原本由传统技艺式样所控制的领域。从现在的部分占领到真正取代，这一过程会有多久呢？——夜深了，天仍然很热，我于是开着门工作。星空澄净到纯粹，星辰在这样的夜幕下异常闪亮。

1月11日

一大早，我被短促又响亮的喊声吵醒。那声音来自于附近的农家院子，一阵一阵的间隔极短。它听起来极为恐怖，更何况我根本就不知道这到底是怎么回事。之后，谜底揭晓。原来，那院子里有一家生意兴旺的面点铺子。人们要把整篮面粉倒进捣臼中，加水搅浑，然后使尽全身力气，举着一个巨大的木槌一下下捶打，直至将面粉变成细腻的面团状态。三至四名男性轮流交替捶打，每人每次约进行十二下。捣臼边还蹲着一个男人，每次捶打过后，他要将里面的面团翻面、摆正，同时咕噜一下或是短促地喊叫一声，表示他已完成。整个过程一气呵成，没有丝毫停顿。喊完之后，他迅速地撤回手，上方的重槌紧接着呼啸落下。挥槌的男子发出一声可怕的喊叫，这算告诉下一个人前来替换。这声音在我听来，简直毛骨悚然。但这能帮助工人很好地掌握捶打及替换节奏，从而使工作顺利进行。一旁的大厅中，二十五名男子坐在三张长桌边，将面团揉成长条米糕样子，并在上面戳上寺院标记。屋内还有几名僧人监督着这一切。这些都是在为即将到来的中国春节做准备,今年的春节在三周之后的公历二月二日。——我还想在这里多待些时日，可随身的钱不够了，所以让盛先生去找了寺院中地位仅次于方丈的班首，想给他一张支票当做付款，或是请他派一位邮差去趟宁波，替我取些钱来，差费由我支付。那位僧人选择了后面一种方式。——几天前，我让我的厨师去了趟沈家门，买了几只鸡回来，可以吃点新鲜的肉食。虽然那些鸡贵了点，但我们总算是幸运地把它们装在篮子里，偷偷运进寺中，藏在一个房间内。僧人们私底下当然知道这件事，不过他们还是容忍了我的这等暴虐罪行。认真说起来，我在寺院做的这件事儿不仅是暴虐，甚至可以说是屠杀。但是，碍于面子的关系，他们也就睁只眼闭只眼了。

周日，1月12日

太阳直射。天非常热。——盛先生已经抄录下所有铭文，并正着手进行翻译。他对翻译得心应手，能将一般的语句意思译到位。可是，在理解与翻译古铭文时，他碰到了极大的困难，而且周围也没有僧人能给他解释。我现在很迷茫，不清楚这些僧人是否全都是完全未受过教育的文盲，还是其中仍会有几位颇有造诣的高僧，但我无幸遇到。我不知道答案。或许，即使学富五车的先生也真的无法参透这神圣古老的铭文。在中国，究竟有哪位中国人能读懂这些汉字，理解其背后的含义？若想要准确翻译铭文，就必须要有能真正理解此语句的人在旁进行阐释解析，这是翻译过程中的一贯传统。可是，要找到具备这种能力的中国人，实在太难了。

1月13日

天气晴朗炎热。下午，空中聚起浓雾，逐渐笼罩住一众山峰。虽是如此，气温仍然很高。这里的湿度一直很大。——又有一些人来到我这里，希望我能治好他们的疾病。其中一人患了耳漏，一人腿部浮肿得厉害，另一个则是脏器出现了问题。很遗憾，我无法帮到他们。今天，药房在寺内的院中晒药。人们将大约十五种不同的药材盛在一个个大型浅口筺箩中，置于阳光之下曝晒晾干，整个院子充满药材的气味。同所有圣山一样，普陀也因为其功效显著的药材而受到推崇。上午，大殿内进行了大扫除。人们先用水擦拭锡制灯具及器皿，随后用某种特定的干叶片将其擦干。他们向我保证，这样一来，物件得到清理，且不会被酸性物质腐蚀。总共有八个人参与大扫除工作，从这不少的人数中我们就可以了解到，这个巨大的空间内放置着多少器具。昏暗的光线中，我登上最西端建筑的高处，拜访了寺院班首以及与他同住的僧人。这场聚会一共有八人参加，我们喝着茶抽着烟，开始了长篇大论。所有人都满怀好奇，我只得向他们介绍了很多关于德国的情况，涉及军事、社会阶层、行政、教育、考试等内容，同时也将这些与中国相应领域做了比较。僧人们自己也知道一些德国情况，他们之前曾借助一本日历，了解了一些德国人名和重要日期、事件。他们对我所讲述的可操控飞艇表现出了极大的震惊。——今天晚上，我那厨师小伙又做了他拿手的鸡肉酱汁盖米饭。它非常美味。可这已经是我三天来吃的第六顿了。咖啡和面包都已吃光。是时候压缩开销了。

1月14日

天空阴沉，气温比前几日略低，可仍然很热。我的工作已接近尾声。用手中的绘图铅笔和毛笔去描摹与展现寺中的一切，这极为必要。因为，只有如此，我们才能窥探到深藏于其中的理念，感受到它们所体现出的无比珍贵的价值、深邃的思想以及震撼的艺术表现力。如此一座寺院，完全是一个极为美好耀眼的存在，单是其深厚博爱的基本思想，便赋予了其中每一个最为简单朴实的物件庄严肃穆且意义非凡的内涵。——今天，又有来自一个大型船队的二十七名船员来到寺院，举行供奉法事，其具体步骤与那些厦门船员在一月四日做的法事一样。他们长着四方脸，身材魁梧，毛手毛脚地四处游逛，那大大咧咧的样子同德国的水手一模一样。他们出于好奇，还差点弄翻了我坐着画画的那张脚凳。下午，他们来到我住处旁的斋拜，坐在四张桌子边狼吞虎咽。今日的寺院一如往常人流不息。许多香客来此供奉祭拜，他们看见我与众不同的外貌，都惊讶地中断了手中的动作。——是时候离开这里，继续前行了。我坐立不安，急切地想要出发。

1月15日

昨夜降下滂沱大雨，今天雨水也断断续续地下着，天气十分寒冷。今天，寺院中到处都是船员，他们对我表现出的好奇让我几乎得不到半刻清静。他们一整天都在举行供奉祭拜活动，僧人们的诵经声时刻萦绕于耳，礼枪礼炮的轰击声时不时地让人一惊，浓重的香烛味笼罩了整个大殿，继而飘到户外。——下午，我与小友一道前往海滩散步，感受那肆意追逐嬉戏的海浪。在离我们约一海里的远方，一支由百艘船只组成的船队沉浮于海波之间。更远处，暮色已包裹住海面与那些遥远的岛屿。灰暗的天空渐渐拉下夜幕，我启程返回寺院。此刻正是晚上，同往常一样，他们正在祭拜掌管冥界与主宰生死的地藏王菩萨。

1月16日

一整天风和日丽，天高气清，凉爽的温度令人精神焕发。白云在微风的吹拂下，高挂于澄净的碧空中。——明天就将启程。我登上位于前寺北面、普陀岛南侧的高山，俯瞰法雨寺全景，以作临行前的告别（参见附图6）。远处佛顶山山巅处矗立着泛着白光的巍峨灯塔，灯塔偏左方的小径之下则有深色密林突兀于岩石之中。林中建有两座方丈的灰身塔。东北方向的岬角上聚集着一众小型寺院与片片小树林，岬角舒展的姿态为整个岛屿勾勒出一副充满动感的轮廓。主体山脉的山脚中央生长着一片小树林，我的法雨寺便坐落于这丛林掩映间。那些白墙灰瓦的小型建筑敬畏地臣服于雄伟主殿的耀眼金顶之下，就好似忠诚的仆人对尊贵的主人俯首帖耳一般。东边，一条长长的金色沙滩将岛屿与大海区分开来，金带几乎一直延伸至我脚下的所立之处。海面翻涌，惊涛拍岸，卷起千堆雪。几艘船只仍安静停泊在海港之中，另一些则已扬帆起航。远处，千百艘船张开风帆，从沈家门启程，浩荡而安静地沿着航线，向西南偏西方前行。它们逐渐消失在海天交界处，可后方又有新的船只源源不断地加入进来，船队如一条无尽的飘带，从不断裂。了不起的天地自然！如果来米置身于静默、强大且不容抗拒的天地之间，我还能在哪里更深切地感受到如此处的浩渺无穷？——此刻，夜幕中的月亮近乎饱满，院子因满地银辉而显得幽深神秘，星辰借着月光闪耀夜空。我登上最高处平台，享受这份银色的静谧。

第五章 佛顶寺

目 录

图 156. 佛顶山高处佛顶寺周边的小树林

佛顶寺是普陀第三大寺院，坐落于岛屿最高峰附近。其东南侧是被称为"天灯"的大型灯塔，对面为法雨寺寺门通往西南方向的必经山口。佛顶寺北面只有一座低矮的小山丘作为遮挡，所以冬季的寒风常常呼啸于寺院之中。幸得其周边还有一片树龄悠久、葱茏茂密的小树林，使这朔风不至长驱直入。在前往佛顶寺的上山途中，人们就会被前方林中高大苍虬的树木所震撼。林中还修有两座形制精美的僧墓塔，它们紧挨着佛顶山西坡一处光裸开裂的崖顶南侧而建。沿着干净的石板路走到尽头，佛顶寺周边的这片深绿色美景完全展现于人们眼前。林海中只有大殿那金色屋顶露出峥嵘面貌，其他建筑则全部被掩映于绿色之下。向北远眺，海面闪着粼粼波光，其上散布有无数岛礁。向西望去，目之所及仍是数不清的岛屿，那便是我们所说的舟山群岛。离寺门一步之遥的右侧密林中隐藏着许多坟墓。沿着往北通向斜坡的道路走到尽头，几座整齐的建筑物出现在眼前。这是一座从属于佛顶寺的小寺庙。

我们左转西行，穿过钟楼边一道极具中国南方特色的精致小门，来到处于寺院中轴线上的高大简洁的影壁旁边。佛顶寺占地面积并不十分巨大，但其建筑体现出人们的虔诚用心。它的知名度丝毫不逊色于另两座寺院，不过因为其地理位置偏僻，所以虽也有众多有钱香客捐资乐助，但收入应该不会特别多。看样子，大部分香火钱被用在了寺院装饰维护之上，且成效显著。

1 四大天王殿

一踏进寺院，我便被天王殿（参见图157—161）那四色条纹状琉璃顶所吸引。从正脊至檐口的坡面上，八列平行的宽幅瓦片以白、黄、黑、绿四种颜色交替出现。这些琉璃瓦来自南京。殿中的雕像同寺院其他地方一样，堪称精美的艺术品，其中部分雕像栩栩如生且造型优美（参见附图23）。玻璃佛龛中供奉着弥勒佛，它身后立着身披华丽铠甲、背带清晰完整大光相的韦驮。四大天王雕像被刻画得精细优美，它们脚下都踩着乌龟等小动物。[1]天王像前还立有几尊小型女性像，其面庞均刚毅孔武，极富特色。就建筑结构而言，天王殿堪称杰作。它左右对称，面阔三间，并向北面寺庙庭院方向扩建了一间。东西三间上方均为由椽木及镶板构成的拱顶，带有无数挂件与连接件的梁架与托架上雕刻有精美的图案。正中主殿的每一个交叉拱处都覆盖有一个八边形藻井，这些八边形由重叠的四边形构成，每一圈四边形则由三层斗拱支撑。飞椽与外部的走道相接，走道上方同样架设有道道月梁。如此一来，整个建筑雄伟恢弘，同时也凸显了内部供奉着的神明雕像地位尊崇，这种建筑理念极为巧妙。藻井的各层斗拱颜色各异，可这缤纷色彩并不错乱无序、使人产生视觉负担，反而相互融洽统一，让人生出一种亲密感来。殿内支撑椽木的系梁粗壮结实、造型美观，其上装饰有大量图案。此外，柱础也造型别致，值得一看。其上方的柱头则支撑起向外大幅延伸的屋顶托架。

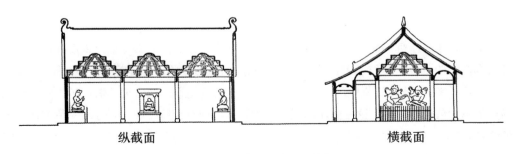

纵截面　　　　　　　　　　横截面

图157.158. 大殿纵截面及横截面图

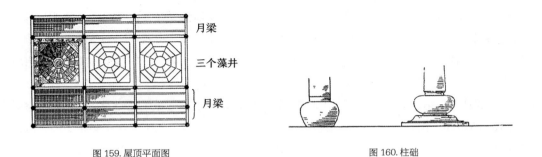

　　月梁

三个藻井

月梁

图159. 屋顶平面图　　　　　　　　　　图160. 柱础

1　根据作者文字描述，此处的"乌龟等小动物"应为天王脚踩的恶鬼。——编注

图 161. 天王殿屋顶，四色八条纹

2 大殿

　　大殿位于寺院唯一的一个大型庭院边上，其前堂紧挨着四大天王殿，未设外廊。整个建筑向内部收缩，上方覆盖着由椽木与镶板构成的弧形拱顶，十分美丽（参见附图 24 与 25）。系梁架外涂油彩，遍布精美雕饰。前堂紧连三间主殿，两者被清晰可辨的屋架及大弧度的屋脊线相互连接。这一区域的系梁结构同样雕刻有大量纹饰，同时又保留雄伟大气的线条轮廓。系梁结构中还带有无数插件、短柱、斗拱等构件，营造出一个更为宏伟的空间效果。挑高的空间之下，正中佛坛及附属设施自成一体，各物件位置摆放清晰明确，展现了一流的艺术效果。东西两间主殿的北面各设有一个次佛坛，整个大殿的北墙及山墙处也修有基座，其上供奉有十八罗汉这些次等神祇。罗汉均为坐像，通身镀金。此外，基座上还供奉着二十四尊色彩华丽的站立诸天像，他们在前文"二十四孝"一节中已有介绍。西间南北两端立着韦驮及关帝像，房顶垂下诸多造型精美、带大量华丽垂饰的锡灯。韦驮佛坛上方有一匾额，上写"永护法门"四字。

　　大殿屋顶样式简单，并未采用重檐设计，仅是单檐延伸覆盖了前堂及主体区域（参见图 162 与 163)。虽是如此，此屋顶也颇具亮点。其两侧带传统的中式镂空雕花山墙，南面檐脚大幅向上弯曲，划出漂亮的弧度。平直的正脊被四个汉字分隔成若干区域，两端设有无尾螭吻。由正脊延伸而下的四条垂脊末端也同样安有螭吻。整个屋顶均铺着黄色琉璃瓦。

　　与前寺及后寺不同，佛顶寺中没有修建法堂。该寺的僧侣数量也不可同另两者相提并论。

图 162. 佛顶寺庭院及大殿

图 163. 大殿。香炉左侧可看见祭台

附图 24. 佛顶寺大殿主坛

附图 25—1. 系梁

附图 25—2. 内前堂雕刻华丽的月梁，锡制灯具及帷幔

佛顶寺大殿

3　大悲楼

大悲楼高两层，面阔三间，紧挨着大殿侧边（参见图 164）。一楼内绕着墙砌有一圈石制基座。基座外立玻璃，里面似乎按照一定的顺序，修建有多层递进的壁龛平台，平台上摆放着众多小木牌（参见图 166）。每块牌子上刻着一位捐赠者的姓名。据僧人讲，每一位能出现在此的捐赠者，至少捐了五百两银子。这里有好几百块这样的牌子，这意味着一笔何等巨大的金额。不过，这一数字可能也只是夸大之词，僧人们的目的或许仅仅是想让我也捐一笔钱，但他们并没有成功。主间末端修有一个壁龛，进深空间因此得到拓展。北面林立的木牌前方端坐着三世佛，每一尊佛像的玻璃外罩及佛坛边上皆镶嵌有图案繁复的镀金纹饰带。

二楼殿厅是建筑最精美的地方（参见图 165），这里供奉着观音大士的一体三身及其八十四应化身。[1] 二楼三个开间各设一个佛坛，中轴线上供奉着如音观音，拆字解析，"如"表示"等同、一样"，"音"表示"声音、心声"，"观"表示"看见"。综合起来，这尊观音的意义便是：观音能看见你的祈求与心声，并令你如愿。也就是说，她会接收你的请求，用心助你实现愿望。[2] 东间供奉着一尊浮海观音坐像，这一形象漂浮于海面而不下沉。"浮"字又意为，观音现身在现实生活中，浮现于我们逗留于尘世的人生之海上。西间供奉着一尊送子观音坐像，这一形象为人们送去子嗣。环绕大殿墙壁四周的基座上还摆放着八十四尊小型雕像，她们是观音的八十四个不同化身，被称为"八十四大悲像"。

这八十四尊雕像各有一个体现观音某种品质德行的偈语，它们表现了观音满怀悲悯之心，救助处于各种生命困境中的芸芸众生。尘世间有相对应的八十四种悲苦，而观音能庇佑身陷这些困境的人们，正因如此，这座建筑得名为"大悲楼"或"大叹息楼"。十年前，一位来自宁波的艺术家来到此处，独自完成了这些雕像，这其中部分作品精美绝伦、自然逼真。其后，若有香客捐资，寺院便会时不时地为这些大悲像镀金。这里有一些木刻书牍，对观音的这八十四相做了逐一介绍，并附上偈语。我从寺中便拿到了一本这样的书。

我站在楼梯窗户前向北望去，看到了难忘的一幕（参见图 167）。一个僧人坐在一堆巨大的瓦片之上，半是冥思、半是打盹的样子，时而艰难而缓慢地挪动一下身体，看起来疲惫至极。他隶属于佛顶寺，已在此处居住许久。为实现多年前发下的誓愿，他从不开口说话，远离喧嚣人群，同尘世生活甚至寺院宗教生活完全隔绝开来，终日打坐，以求化身为佛。不久，另一位僧人走上瓦堆，坐到这位苦行僧的身边，试图与他交谈，可后者未做理会。这其实是在模拟一个同佛祖相关的著名事件。相传，魔鬼引诱佛祖，妄图将佛祖带离圣洁境界，重返尘世欲念之中。这两位僧人便是将这一剧本重新演绎了一遍。中国人、

1　这里作者所言"八十四应化身"，应指观音八十四相。——编注

2　事实上，人们通常将这观音化身称为"如意观音"而非"如音观音"。"如意"意为满足人们的意愿与追求。汉字"意"由"音"与"心"两个字上下组合而成。所以根据这个意思，"如音"与"如意"两种称呼其实含义相同。佛顶寺僧人将常用的"如意"改成"如音"，实则是运用了一个与观音有关的巧妙双关游戏。——原注

大悲楼

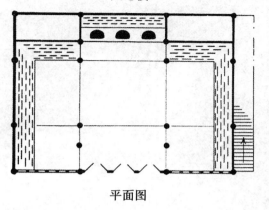

平面图

图 164. 大悲楼底层平面图及环形层级壁龛示意图

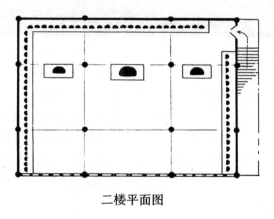

二楼平面图

图 165. 大悲楼二楼平面图及八十四大悲像分布示意图

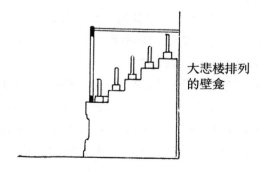

大悲楼排列
的壁龛

图 166. 大悲楼底层壁龛截面图，内放置有纪念木牌

图 167. 苦行僧与引诱者

尤其是中国僧人，非常喜欢在日常生活中模拟这样的历史事件。

佛顶寺整个西面区域建有一座大型客房，用以接待来访的有钱人。该建筑高两层，外观精美，内有众多客厅与卧房，每间卧房配三张床榻。有时，一些来到此地的家族或是较大团体会包下两至四个房间，用以居住。比如，多年来，一位有钱的中国男子每个夏天都会带着众多家人和仆从来到这里，住上几个星期。底楼的回廊上方覆盖有单坡斜顶，屋顶由斗拱支撑，向外部延伸。

较大的佛教寺院中都会有的藏经楼，在这里也不见踪影。若要建起藏经楼，首先必须筹得资金。为此，之前已有几位中国人捐赠了数量可观的善款。此外，在去年，怡和洋行的一位买办还捐资 3000 两白银，即 9000 马克。一旦资金到位，寺院的二把手便会前往北京，暂时以方丈的名义谒见皇帝，请求皇帝恩准其购买由皇廷印刷贮藏的佛经典籍。届时，整个藏书楼会有书籍约 84000 册，共需花费 11000 两银子——这其中的大部分钱应该会落入中间经手官员的腰包。僧人便是这么告诉我的。

在我逗留期间，佛顶寺方丈不巧去了宁波和上海，不过，预计他春节时候就会回来。这里的僧人待我都非常友好，同终日忙碌、无暇顾及我的法雨寺僧人相比，他们更热情、更关心我。不过，我受到如此优待的原因或许在于我手中有一封与我交好的宁波天童寺方丈给的介绍信。同我们欧洲相比，这样的介绍信在中国有分量多了。

第六章　墓与铭文

目　录

1　僧人墓

普通的修行者或是有一定修为的高僧在圆寂之后，几乎无一例外，都要火化其躯体。一般的僧人去世，其遗体会在棺木中保存一段时间。而那些位列禅堂或念佛堂的高僧，以及生前终日打坐入定或极其虔诚的圣僧，其遗体则会以直立的姿势封入木棺或大缸中。在四川峨眉山，我曾恰巧经历过这样的坐缸过程。当时，峨眉第一高僧于山顶坐化，人们将他的遗体以坐姿装入一个样式简单、组装迅速的四方形箱子中，箱体开有几个小通风口。人们把箱子放在一个临时搭建的佛坛中央，并在遗体前持续诵经。八天之后，火化进行。这种将僧人遗体保存在一个由陶土制成的大缸中并进行焚烧的做法非常普遍。中国所有省份的陶器厂都会生产此类高达 1.5 米的坐化缸，并将其销往各地。湖南首府长沙偏北、湘江边上有一个地方，称得上是最著名的坐化缸产地之一。这些大缸多烧制成棕色，并装饰有象征死亡的鲜明图案，如两条神龙之间围绕着一道龙门，或是门中有一颗宝珠。它们象征着，僧人肉体死亡，便是获得解脱，跨越了认知与真理的局限，从而达到完满。这些装着尸身的瓮缸会被放进一个充当火化炉的小龛中，或放在龛前，进行焚烧，并最终被葬在寺院集体僧人墓林中。法雨寺就有这样一处墓林，其距寺院约五分钟路程远（参见图168）。这些火化龛炉顶部为四角攒尖顶式样，上盖大量砖瓦，尖顶处呈陶土烧制的葫芦状。[1] 其内部为穹顶式样，顶上开有排烟口，供空气进入。这些龛炉只供高僧遗体处理使用，其他僧人遗体就直接在炉子前的平地进行露天火化，而且通常是三至四口棺木同时火化。我们能看到的此类龛炉，许多都同佛教寺院有关。它们通常被选址于风景秀美的小片林木中央，或者直接是在浩大森林之中。有时，紧挨着龛炉旁还修有一个带围墙的拱顶形特殊建筑，环墙雕凿着一个个壁龛，里面放置着骨灰盒以供瞻仰。这便是最简易的一种灰身殿式样。

那些年老上僧去世之后，其遗体在棺木中马上进行火化。其他去世僧人的棺木则会保留至集体火葬的那一天。一年中，这样的火葬只在两天中举行，即每年三月的清明日以及冬至日。

关于如何长时间保存尸体这个问题，中国人十分擅长。而至于为何许多时候尸体不立即下葬这件事，原因有很多。很多时候，穷苦之人客死他乡，他的亲人必须先筹齐钱款，才能将其尸首运回遥远的故乡。原因之二则是，堪舆师可能一下子找不到适合下葬的风水宝地，或是他认为此时节甚至是这一年都不适合下葬。而那些富人去世时，很多还没有将自己的墓地建造完成。此外，延迟下葬也有可能是出于死者自己的意愿。如此种种，皆导致了很多中国人逝世之后，其棺木长达数年都未能正式安葬。在中国中部及南部的旷野中经常摆放着无数临时下葬的棺木，它们外面只是草草捆扎覆盖了一些稻草而已。在广州，人们甚至造出著名的"死城"建筑，由此，长时间保存尸首的方法发展成了一项具有艺术

1　根据作者文字及图片描述。此处的"火化龛炉"应指佛教的荼毗炉。——编注

图 168. 法雨寺僧人火化龛炉

性的系统工程。广州的大型寺院多建有长长的走廊与数不清的独立小佛堂，里面总共可以放置有上千口棺木，且很多一放便是数十年之久，直至棺木主人最终入土为安。所以，僧人们因为多种原因，不急于死后立即下葬，也是非常可以理解的。

集体火葬结束后，被焚真身的骨灰及未化的骨头被收放进小布袋中。每一位逝者的遗骨均分开捡出，并一起被安葬在集体墓室中。墓室建筑肃穆且富感染力（参见图 174）。

山谷尽头，两座高大的圆形山峰远看好似一头雄狮的头与躯体，其间有一道小溪飞流而下。就在这两座山峰的北面山脚筑有一对称露台，露台朝着地势较高的一边山坡倾斜（参见图 169—171）。沿着侧边或正中主台阶拾级而上，人们首先到达第一个平台，该平台上摆放有五件石制祭器。在这里，所有一切都被高大群山与茂密森林所围绕，形成一个遗世独立的隔绝空间。眼下这个时节，许多树木都枝叶飘零，秋天将灌木与落叶染黄风干，所有缝隙之中与剥蚀风化的碎岩之间爬满了苍凉黯淡的苔藓。这是一副真正的枯萎与消亡之景。站在高处，透过横亘的枝叶望向远处，只见那道山间小溪斜着横于塔林前方，汩汩流水形成一道绝佳屏障，保护着这方塔林免受外界鬼魂侵扰。再远处，植被茂盛的山脚下修着一条林荫路，路的另一侧是片片稻田。而在那稻田背后，便是绵长的金色沙滩。海涛翻涌至此，已是强弩之末，只溅得稍许白沫。更远处，停泊于海湾中的船只如秋千一般，随着浪涛起伏摇摆。近岸的岛群突兀在海面之上，从背后环拥着这些船只。视线越过这些岛群，所及之处便是那无垠的浩渺海天。时值冬季，强劲而寒冷的西风裹挟着云团四处翻腾飘荡，可墓地却好似不受外界激荡的侵扰，一如夏日的静谧平和，在这一片风起云涌之下，给予逝者一份安宁。这片自然之中盘踞着那神龙，它欣然环拥着这里的群山、峡谷、溪流、

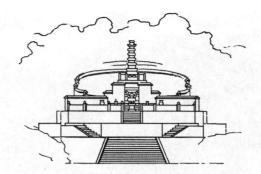

图 169. 法雨寺僧人集体墓地正视图

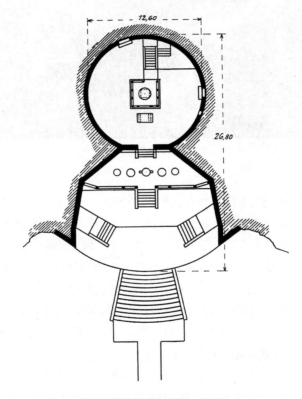

图 170. 法雨寺僧人集体墓地平面图，比例尺 1:300

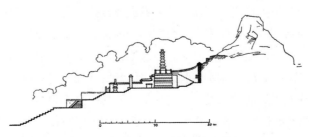

图 171. 法雨寺僧人集体墓地纵截面图

田野以及大海，其龙脉于天地间平和跃动。此处万物和谐，人与自然交融一体。神龙便是自然之魂，它陪伴着安眠于此的人之魂，共同经历古今岁月。

以上便是墓地选址于此的原因。不过，佛教徒们并不直接露天葬于自然之中，而是选择灰身塔作为自己的最后安放之所。一些传统的中国老人会将自己的遗骸葬于地下，此举意味着回归自然本原，让自己相融于天地之中，消失于尘世之上。对佛教徒而言，他们此举还出于一个原因，那便是他们的主人，那高高端坐于九重天之上的佛祖。他们虔诚信仰佛祖，即使在临死时仍深信，佛祖能助自己获得解脱。所以，僧人的骨灰被安放在接近天空的神圣墓塔之下。

法雨寺最高平台之上便矗立有这样一座墓塔。它下带高大的四方形基座，周围修建着一圈护墙。护墙墙体之上凿有几个壁龛，用以摆放祭祀物品。人们通过一组特殊的楼梯，登上高大的塔基。基座部分区域雕刻有遒劲有力的纹饰图案（参见图 175—178），造型精美飘逸的围栏望柱顶端呈纤细的球形把手造型。宝塔本身也纤细修长，塔身被相轮分成五部分（参见图 172）。塔顶为飞檐状式样，最上方安有一球形物件。塔基由巨型石头打磨成球状（参见图 173）。这球状基底内部凿有一条小通道，向下通往昏暗墓室的深处。和尚的遗骸便安放在这个墓室之中。人们把逝者的骨灰和未燃尽的遗骨装进一个简单的小袋中，用钩子挂到一条绳上，再把绳子下放、去钩，遗骸便这样长存于墓室之内，外界再无可能触碰侵扰。这条通道的上方开有一个窄小的口子，供绳子下放及上拉使用。

想象一下，当燃烟从炉中飘向天空，身着华丽法衣的僧众围绕墓地而立，香火味弥漫了整片树林，神圣的经文唱诵伴着古老的乐音响起，逝者遗骨被缓缓下葬，那场景定是盛大隆重，令人震撼。

地位尤其崇高的僧人则享有单独的墓室。于清康熙初年圆寂的法雨寺第一任方丈，便是单独安葬在寺院边茂密树林里的一处小型墓室中。他的骨灰被安放在鼓状基石之内，基

图 172. 大型墓室中的墓塔

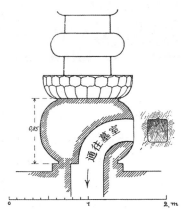

图 173. 墓塔塔基，内有通道，通向墓室

图 174. 法雨寺僧人墓塔林

图 175 与 176. 大型僧人墓葬宝塔基底上的纹饰

石之上矗立着一座庄严朴素的墓塔。这位方丈声名显赫，在其圆寂前的约三十年，寺院在他的住持下进行了彻底的改扩建。他的附近安葬着另一位德高望重的僧人，这位僧人同样拥有自己的墓塔，遗骨也被保存在塔基之中（参见图 179）。而在其旁边的同一块墓地上，还挺立着第三座塔。该塔目前空置，仅出于左右对称的原因而建。或许在未来，某位同样为寺院建设贡献良多的僧人骨灰将会被安葬于此。

其他的墓地式样则更多地同宁波附近郊野之上的坟墓类似。一个圆形土丘之前被开辟出一块平地，周边的围栏望柱之上雕凿有狮子，碑上刻有铭文。有时，墓碑里还修出一个

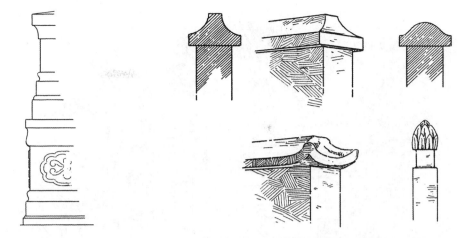

图 177. 大型僧人墓葬宝   图 178. 大型僧人墓周围的护墙盖板及望柱顶端造型
塔底座侧面像

图 179. 法雨寺旁的一处僧人墓，墓中修有平台、带基座的宝塔及供桌

露台，用以祭祀之用。土丘中安放着装有遗体的木棺。这便是按照中国传统方式进行的土葬，而非火葬。一些地位较高的僧人出于某些特殊原因，可能会提出这样传统的土葬要求。若其留下足够的钱财，那他的这一愿望便会得到满足。也就是说，此类安葬方式只适用于富有的僧人，可事实上，这种资财充裕使他们已完全不符合佛教对于出家人的定义。虽是如此，时不时仍会有僧人被允许进行土葬，其原因便是根深蒂固的传统中国观念。中国人认为，棺木土葬才是安葬的唯一正道。在佛教界，这个观点同样极具影响力。

依据资财的富有程度不同，僧侣们被分成三六九等，这一现象不足为奇。虽然根据佛

图 180. 普陀岛东沙滩边的一座僧人墓

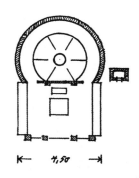

图 181. 如图 180 所示僧人墓的
平面图

法教义，出家人四大皆空，不应拥有财产，但事实上，这一条同其他所有要求平等一致、一视同仁的教规一样，均未能被严格遵守。从实际操作角度来看，在一个庞大的社会共同体中，这种要求是无法实现的。中国人是务实的一类人，他们更着眼于现实。中国人完全清楚神明旨意与其相应的现实情况，一旦宗教那些抽象的教义与理论同现实生活需求相矛盾，他们便不再严格遵循教义，而是毫无顾虑地在这两者之间做一个折中，且这种折中与妥协多倾向于满足实用与享受目的。富有的僧人通过一些途径获得收入，且经常收入极多，比如出家前的工作收入、来自于家庭寄送的财物、遗产继承或是其他捐赠。这些幸运儿可以给自己购置很多东西，而其他僧人则没法办到。由此，他们也受到了更多的关注与照顾——在我们欧洲也是这种情况。所以，不时地会有僧人选择传统的土葬方式，为自己建造起耗资巨大的墓地，我们从以下多张图片中能感受到其华丽程度。

这些坟墓的正面大多辟有一块平地，其上摆放着供桌、石制祭器、长椅以及供焚烧香烛纸钱使用的香室（参见附图 26、27）。土丘周围常修有一圈护墙，有些护墙上方还带有大量装饰。土丘顶端雕凿着石制球形柱头。其背面也多连接有弧形护墙（参见图 180、181），这一方面是出于风水考虑，另一方面也将墓与山分隔开来。这些僧人墓大多距离主路不远，它们与普陀岛上那数不清的寺院与圣迹一样，吸引着游人前往。同时，它们不似另两者那般神圣而高不可攀。对访客而言，它们是一种常见而熟悉的存在，它们能触动访客的内心。小岛因为它们，变得生动灵活。

形制最独特、外观最精美的僧人墓葬坐落于岛屿海拔最高峰佛顶山山巅附近，它属于

附图 26—1. 普陀山僧人墓

附图 26—2. 墓碑碑顶的狮子造型

附图 27—1. 普陀东端的僧人墓

附图 27—2. 普陀东端的僧人墓林

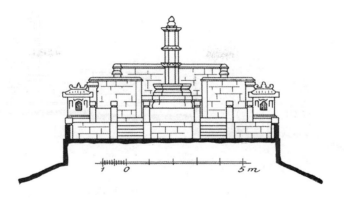

图 182. 位于佛顶山山峰之上的东侧僧人墓截面图，比例尺 1∶150

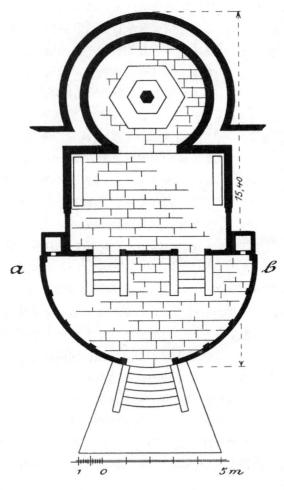

图 183. 位于佛顶山山峰之上的东侧僧人墓平面图，比例尺 1∶150

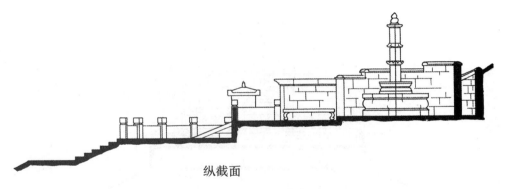

纵截面

图 184. 如图 182 及 183 所示僧人墓纵截面图，比例尺 1 : 150

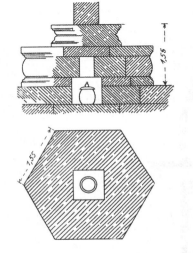

图 185 及 186. 如图 184 所示墓塔底座截面及平面图，内部的骨灰盒形状与摆放位置仅为作者的猜想

普陀第三大寺院佛顶寺。同寺院一样，这一规模较大的墓葬群藏身于毗邻寺院的一处树林中（参见图 198）。林中树木极为茂密，橄榄树、樟树、松树、柏树以及众多阔叶树遮天蔽日。这里安放僧人骨灰的墓塔大多样式简洁，其下方的石制平台高度也多较低，平台上仅有供桌及少数几样其他物件。虽是如此，可墓群规模巨大，整体造型古朴浑厚，营造出庄重肃穆之氛围。

一处起伏柔缓的山丘坡面上有一片密林，林中有两座僧人墓，它们当属这众多墓葬中最具观赏性的两座，其精美程度远超其他。立于此处，人们可以眺望远处的大海以及由无数小岛组成的舟山群岛。那些小岛如一叶叶扁舟漂浮于海面之上，又好似片片云彩从天空飘落于此。这两座墓中安葬着的，是两位在世于道光年间（1821—1850）的前方丈。中国各地大规模的华丽墓葬修建，便是兴起于那个年代。[1] 从建筑各细节来看，这两座墓均十分相似（参见图 182—197）。人们可以沿着侧边或依中轴线修建的道路上到一个露台，该露台南端修有近乎弧状的多边形低矮石制护栏。露台上又建有一组左右对称的小型双梯，通往祭祀平台。祭祀平台上只简单放置了一些石制单人坐凳与长椅。平台北面修成弧状，与祭坛的圆形护墙相连。此祭坛是整个墓地建筑的最后一个部分，也是我们口中真正的"坟墓"。祭坛中央矗立着一座六边形或八边形的分层墓塔，塔尖为葫芦状造型，底座中设有小墓室，里面存放着骨灰盒。整个墓地建筑的各部分依斜坡分级而建，最外圈以修凿于岩石之中的护墙同外界隔开。至于东侧那座僧人墓，更是在护墙之外，从同一个圆心出发、取更长的半径，修筑了第二道围墙，从而对墓地形成又一重特殊保护。这两圈护墙之间形成了可供通行的走道。宽阔露台与较为狭窄的祭祀平台相互连接的两个角落各

1　此为德文作者对中国文化的片面解读。中国厚葬习俗远早于清道光年间。汉墓出土之豪华可见一斑。——编注

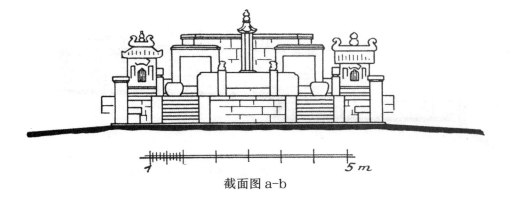

截面图 a-b

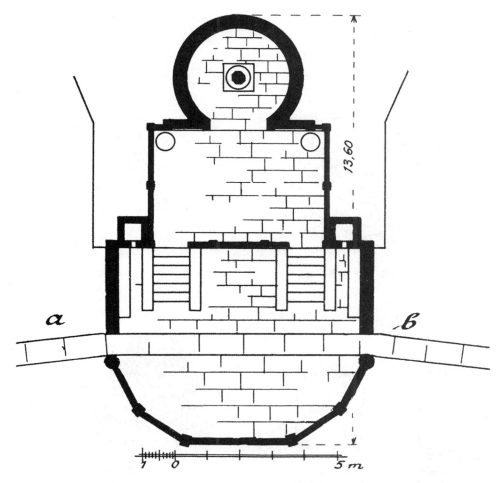

图 187 及 188. 位于佛顶山山峰之上的西侧僧人墓截面图及平面图，比例尺 1：150

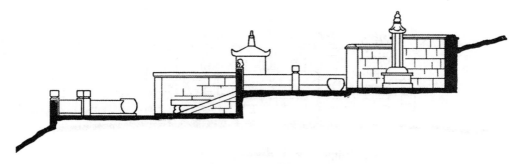

图 189. 如图 187 及 188 所示僧人墓纵截面图，比例尺 1：150

图 190. 墓前平地上的石制长椅

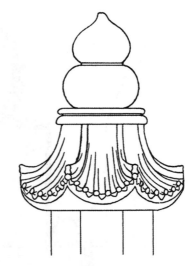

图 191. 八边形墓塔的顶檐及葫芦状塔尖

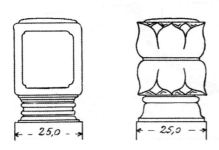

图 192 及 193. 石制围栏的望柱顶端造型

图 194. 另一处墓地围栏的顶部莲叶状造型

图 190—193. 如图 187 至 189 所示僧人墓的细节展示

图 195. 祭坛及墓塔

图 196. 墓前平台、台阶、石制长椅及东焚香石龛

佛顶山山峰西侧僧人墓

修有一间小龛，用以焚烧神圣的经咒与纸钱。墓地整体造型简洁美观，只带少量纹饰。围栏望柱的球形柱头同样雕凿大气，没有多少拘泥于雕虫的阴阳刻法。即便是在耀眼跃动的阳光下，这两座墓地仍是一副不疾不徐、安静从容的肃穆模样。

一部分中国人认为，大山是万物之宗，所有生命均从山中而来。若一个人去世，他的肉身便消散在宇宙之中，只留其魂魄升上天空。那飘荡在空中的朵朵白云便是逝者的影像，他们白日里环拥着山头，夜间则又消失不见。人们将逝者葬于山峰附近，其实就是送他们回到真正的故土。而那萦绕在上方的白云，便是他们的魂魄。部分基于这种想法，人们在墓碑上刻下优美墓志铭。以下为您呈现部分铭文。

两座焚香小龛的门口各环刻着三处文字，其一为：

（右联）贮收无限宝

（左联）给散有余财

（横批）多宝藏

此处实际上是为逝者设立的钱库，人们在这个石龛内焚烧纸钱，这些钱便是逝者在冥界的财产。焚烧过程中，青烟飘向空中，这又被视为是逝者灵魂的显现与停留。

铭文左联强调了，人只有为自己的日常开支留出一定的富余之后，方有能力将余财捐给贫困者或是亡灵。这是一个积极正确的生活观。另一方面，若人捐献余财，就说明此人工作勤劳认真，通过自己的劳动，获得了良好的经济条件。这又是一种虔诚的信念：为了使逝者获得足够的供奉，在冥界生活无忧，生者辛勤劳动、努力经营。而对逝者或是生者而言，无论纸钱金额多少，这份信念便是最大的一笔财富，这便是铭文右联所表达的内容。

另一处香火石龛上的铭文如下：

（右联）威灵镇海岛

（左联）豪气拥名山

（横批）后土祠

正中的"后土祠"这一名称含义同"土地庙"类似。土地庙供奉的是"土地"，即掌管一方地界的神祇。这一神祇形象深受中国人的喜爱与敬重，在各地享有众多的神坛供奉及铭文纪念。相比之下，"后土"这一称呼较为古老，指的是大地之主，是一个较为广泛的概念。同其相比，"土地"只掌管某一较小的限定区域范围。

铭文右联意为，逝者的魂魄此刻正飘荡于此，甚至可以说，它同"土地"或是"后土"的灵魂一道，共同守卫着这座小岛的平安。"小岛"一词除了指普陀岛之外，同样形象地指代了坟墓所在的眼前的这个小山丘。由此进一步引申理解，"小岛"亦表示栖身于普陀这个属于无尽魂灵海洋一部分的亡灵们。

图 197. 佛顶山山峰之上的西侧僧人墓

左联将亡灵与整个"风水"联系起来。风水汇聚于这座海岛、这处墓寝，从而带来祥瑞。将露台与祭祀平台分隔开来的护栏上同样刻有三处简短优美的文字：

（右联）白云归碧岫
（左联）皓月印清波
（横批）幻化空身

这一组对子及批语展现了一种对于"死亡"以及随之而来的"空无"的深邃认识。身处景色优美的墓地之中，脚下是孤寂无言的万仞山崖与浩渺无边的汪洋大海，人们对于"空寂"的感受会来得尤其强烈。逝者的躯体已发生了神秘变化，生命的终点究竟为何，对我们而言始终是个谜团。只有一点可以肯定：躯体会消失，成为一具空洞的外壳，就如其字面表述一样。什么都没有留下，除了那幻化成白云形象的魂魄。它如一缕青烟环拥着山尖，它便是从那里而来，此刻又回归到最初的地方。万籁俱寂的夜晚，皎洁月光洒在泛着柔波的海面之上，融成片片碎金（参见附图 28）。除了那自然宇宙的寂静无声，人们感觉不到周遭的任何存在。"明月"与"海波"、"白云"与"青山"，这些意象的组合对照使得自然成为一个不可分割的整体，这也符合中国人最基本的宇宙观。从内容、形式以及谋篇结构来看，这组对子堪称普陀墓地铭文石刻中的翘楚。

人们专门用"空想"一词来表达"无"与"空"这两个概念。邻近的另一座坟墓中刻

附图 28. 佛顶山山巅的僧人墓

图 198. 佛顶山山峰建有僧人墓的小树林，南面视图

图 199. 佛顶山山峰西僧人墓的前方平台及其低矮的护栏

有另一副对子，该对子便对"空想"做了进一步的表现与说明：

  （右联）海上三更月

  （左联）山头一片云

  这两座坟墓的其他几块石牌与石板上镌刻着一些人名，他们是这两位墓地主人的学生与友人，正是他们捐资兴建了这两座方丈墓。

  两座墓地附近还有一摩崖石刻，上书"净境"二字。

2 风水

对寺院、住宅、坟墓甚至许多机构而言，选择一处风水宝地意义重大。"风水"一词从字面解释看便是自然界中的风与流水，实际上指的是周围环境对于建筑的影响。寺院或墓地通常选择建在山脚，或者至少是在一处低矮丘陵脚下。这些山脉或丘陵的轮廓最好形似麒麟、凤凰或神龙这些传说中的神秘瑞兽，但也可以类似真实存在的狮子、老虎。人们认为，山陵具备这些外形，说明此处蕴藏了天地精华、自然神秀。若有可能，建筑的中轴线必须坐北朝南，不过，某些地方因其特殊的环境，也会出现例外。例如，宁波东面的运河边上建有众多墓葬。尽管岸边宽阔平坦，且在南北方向上没有任何阻挡，但由于坟墓位于两条运河的交汇处，故墓葬群均未采用坐北朝南的方位格局。据堪舆师断定，正是两河交汇这个特殊地形，使得整个风水方位发生了改变。除去此种特例不谈，法雨寺僧人墓的选址完美符合"风水"要求，生动诠释了其在实践中的具体运用（参见图174）。墓地选在某座山峰下方的一处平缓谷地之中，山体轮廓类似一头雄狮，谷地开口朝东。一条小溪发源于佛顶山山体上方，斜着流淌过这片谷地。立于谷口，朝东望去，壮阔海面映入眼帘，视线未受任何高起物体的阻挡。朝内望去，茂密的树木覆盖了整片谷地。据僧人们说，这里是极佳的风水宝地，一条龙脉安静有力地潜伏于此。若墓穴的风水好，逝者的家族便会人丁兴旺、富贵昌荣。鉴于僧人出家后便是放弃了原先的尘世家庭，将寺院作为自己真正的家，所以，僧人墓的好风水转而庇佑着寺院香火兴旺。

此类风水观的内核是什么？中国人推崇风水能说明什么？关于风水这个问题，我们欧洲人已有一定了解并经常对其探讨，但仍因其内容概念深奥艰涩而对它存有误解，那么中国人对"风水"的真正想法与感受又是什么？关于这些内容，我曾同法雨寺二号高僧做过交谈。谈话中，对方对我坦诚相告，毫无保留。就中国人的行为处事而言，这种交心是极为少见的。整场交谈长达数小时之久，下文为大家尽力呈现其中的重要内容。高僧的表达源自于其内心的信念与对当前现实的想法，此类从生活中感悟而来的思考虽只是以口述形式进行阐释，但其价值完全不亚于那些多已陈旧、并不总适应时势的所谓文学经典。

高僧的表述大致如下：

> 土、水、风这三个元素就是人类的灵魂，它们不只是人们外表所见的那副模样，而是灵魂本身。或者更确切地说，灵魂只是土、水、风的一部分，灵魂蕴藏于这三者之中。
>
> 地球时刻转动，生生不息，世界之景象也同样快速交替，一帧帧永远变换，从不往复。人的感受亦是如此。这便是人的灵魂。岁月演变至今，土地被分成几层，隆起高山，形成地壳，一如此刻它展现在我们眼前这般，同时它又时刻发生着变化。同一种土壤的分层与组合，在同一片土地的不同区域有着千差万别的表现。我们现在所感知到的人类自然有着类似的分层，并在各种因素影响下形成了某个看似特定的形态，但事实上，它同样在始终进行改变，不断适应与容纳新的影响元素。

同流水一样，我们的自然时而平缓安宁，时而又如风暴降临时般暴虐狂野。汪洋大海就是灵魂。那激越咆哮、奔向山谷永不复返的山溪，同样也是灵魂，因为那水流最终将汇入海洋。同样的，一个人去世之后，他会沉入无尽之海，沉入永恒。

那风时而呼啸，时而轻拂，时而安静。可一旦风起，它便一去不返，投入广袤的自然怀抱。宇宙自然孕育了这一切，又将这一切重新接纳入怀。风这般猛烈激荡，奔向死亡。灵魂亦是如此。

一个人若是死了，人们会把他葬在一个与其气质最契合的地方。生前平和、超然、持重之人的最后安息之地常为远离狂风与流水袭扰的幽林深处、山坡一隅。人们禁止打搅墓地的行为，因为逝者希望平静地安眠于此，一如其生前的淡泊生活。

生前反复无常、躁动不安之人，则会被葬于自然环境并不十分和谐安定之处。如此，人们给予其机会，使其可以在那儿探索、思考、反省。

所以，对于风水的考虑同逝者的品性相关。风水行家或堪舆师们会首先去逝者家中，了解逝者的品质特征，再选定下葬的时间及地点。这是墓地选址过程中的重要依据。

如果逝者是个良善的好人，那么其墓地选址怎样才算是上好风水？——所有力量都处于平衡状态，附近的山脉轮廓形似神龙，两侧山体向中间收拢，逝者灵魂从而可以如宝石一般，被收纳滋养于正中区域，进而最终达成完满。地点北侧上方还需有山峰矗立，阻挡凛冽刺骨的大风。周围应具备一切符合风水宝地的因素，且各因素方位正确，并同天上的星宿相对应，尤其要与主宰逝者生前命运的星宿相一致。墓地下方土壤必须干燥，山体稳固无断层，如此便可无惧水漫或石块滚落对坟墓造成毁坏。这里应该安静和谐，不受任何打扰。

这些知识称得上是一门学问，它建立在对规律的掌握以及实践经验的基础上，更是建立在对自然的一种感悟之上。自然与我们人类一样具有灵魂，那连接起四海八荒间的所有元素，均来源于自然之魂。空气、土壤、流水、星辰，无一例外。堪舆师凭着直觉对这些关系进行归纳，他最主要的工作便是思考如何将肉眼可见的自然界中的千万种力量通过某种特定关系相互串联整合。不过，自然之完满并不可能如此轻易地被人所探知，这不仅需要对相关知识的学习以及极高的天赋，还需要诸如预言之类的预知力。所以，风水学始终是一门高深的玄学，这门艺术只有少数天赋异禀的天选之人才可能掌握。

同我交谈的这位高僧看起来便是这些能者之一。我第一次拜访他时，就已知晓他有预言能力。他认真地给我的翻译和随从看了未来，说了很多。对于我，他则表示了歉意，因为这种事情很难在一个欧洲人身上进行。不过，犹豫再三，他还是欣然为我看了面相与手相，并由此做了预测。他眼睛虽小，却透着睿智敏捷的精光，看起来澄净无比，好似确实能预见未来。当我开口请他关于风水问题说一说以上看法时，他瞬间进入状态，侃侃而谈，全身焕发出一种兴奋与投入的精气神。他盘腿坐于窄小的脚凳之上，犹如一尊佛像，但又滔滔不绝，与佛的肃静形象完全不同。看着他，人们会感受到，他已完全沉浸在知识讲述与感知倾吐的世界中，所有细节如一幅艺术画，闪耀在他那双充满灵动之光的眼睛之中。

对他而言，按照先后逻辑将所有要点表述清楚，绝非易事。加之翻译的原因，其思维过程的真正精妙之处因此丢失，我深感遗憾。我所能做的，只有努力将其各表述要点整理串联起来。不过，无论如何，我至少再一次印证了这些僧侣对于风水堪舆术具备极高的水平与极深刻的理解。

3　摩崖石刻

一如我们所见，众多建筑在其突出位置以卷轴、横匾或对联形式书以文字，这种铭文也属于建筑学范畴，它们反映出建筑的基调与灵魂。中国人喜欢赋予自己创造的艺术作品以灵魂内涵，对他们而言，诸如岩石、树木、流水等有形自然同样拥有灵魂。从广义上说，自然也是建筑艺术的一部分。所以，一切适用于建筑的事物，均适用于自然。由此，中国各地遍布着雕凿于山崖之间的铭文，位于圣地、名寺、古迹附近的摩崖石刻自然尤其众多，而其中规模最为庞大的，当属雕刻在圣山之上的石刻。雄伟绵长的整面山体上刻着巨大文字或长篇诗赋，其内容或是历史、宗教事件，或是经文、哲言，又或是经典书籍摘抄。这些铭文尺寸宏伟，风格经典，为中国所独有，即使是著名的亚述崖刻或波斯崖刻也根本无法同它们相提并论。中国此类摩崖石刻或多或少都能为普通大众所理解，它们同千千万万的其他文化基石一道，塑造了华夏文明的深度与完整统一性。

拥有石刻数量最多、知名度最广的圣山当属位于山东境内的泰山。单是对其摩崖石刻作搜集整理，就能让人从中得出关于中国人整体哲学观的一个大致了解。从石刻数量角度看，普陀山紧随泰山之后，位列第二，岛上的道路两侧到处可见石刻箴言与诗赋。很多石刻的汉字下方还凿有藏文，其原因便在于，对藏蒙等地信奉藏传佛教的朝圣者而言，普陀同样是一个著名的朝圣地。或许，普陀这一名字来源于布达拉宫[1]，后者是达赖喇嘛位于拉萨的城堡。又或许，至少这两个名字同出于某句佛教经文。

某些小庙甚至对一些显眼的岩块进行充分利用，将建筑修在岩块夹角中（参见图206、207）。这些石块上通常雕凿有铭文，这被认为有助于寺庙风水。有时人们会修一条台阶，通往岩石上部平面，这一面上同样刻有铭文。其他岩块还会被凿出一个个壁龛，周围镶边，内部打磨成光滑板面，并雕凿出佛像。有些石龛中的佛像只有一尊，有些则为群像（参见图202）。不过，同中国其他地区相比，普陀岛上的这些岩刻佛像称不上特征鲜明。石像旁通常设有供人休息的长椅，或写有大字铭文。通往岛上最高峰佛顶山的主路上随处可见铭文。这条路行至一半处，建有一座小巧的开放式凉亭，名曰"半路亭"。其拱门内

1　"普陀"一词来自梵语"补陀落迦"（potalaka），与布达拉宫无关。盖德文作者谬之。据《佛学大词典》新华严经入法极界品曰："于此南方有山，名补怛洛迦，彼有菩萨，名观自在。"——编注

图 200. 向上通往佛顶山山峰的阶梯

图 201. 通往高处一座寺院的阶梯，两旁有众多刻凿着铭文与佛像的岩块

图 202. 山上的石窟，内有石像

图203. 通往佛顶山道路上的拱门，其内壁　　图204. 带有铭文的石板
　　　　弧顶刻有铭文"朝长"

图205. 石制三官神坛

壁上方镌刻着"朝长"二字，重复七次，取与大熊星座的北斗七星相对应之意。"朝长"
一词意为"晨曦永恒"。紧挨着亭子边上修凿有一座神坛（参见图205），坛内供奉着三
尊神祇坐像。这三位神祇深受中国人的喜爱，其形象经常出现。它们是天、地、水这自然
三物的化身，即"天官"、"地官"与"水官"。可见，在浓厚佛教氛围下，古老传统的
中国民间信仰仍具有生命力。不过，神坛两侧的铭文又带有浓重的佛教色彩：

　　（右联）有路无尘地
　　（左联）永镇万安邦
　　（横批）三官殿

　　右联描述了真理国度中通往知识之光的道路，这条路在普陀岛上便被具象为那条通往
灯塔的阶梯。灯塔位于佛顶山山巅之上，它被视为佛之光。远离尘世的道路一尘不染，这

图 206. 摩崖石刻

图 207. 上部平面刻有铭文的石块

条通往崖顶的台阶亦是如此。真实可见的世界就这样以一种赏心悦目的方式，映射出抽象的精神与道德世界。对子左同样涉及普陀及佛教生活。

阶梯处刻有四字铭文"一路福星"，意为"此路对尔等而言如一颗福星"。这又是对高处灯塔的一种隐喻。

普陀岛上有着数不清的铭文石刻，此处仅呈现若干较短的铭文，其他大量的摩崖石刻均被收录在前文提及的《古今图书集成》一书之中：

"别有天地"，意为"此处是个别样的世界"。人们告别尘世，从世俗生活中逃脱出来，展现在眼前的是一个全新的天空与大地。而普陀便象征着这个新天地。

"海天佛国"，意为"大海与天空皆为佛的国度"。

"普天共戴"，意为"整个世界均处于佛的庇护之下"。

"梵音禅域"，意为"梵天之音即禅思之城"。

"寻声救苦"，意为"观音菩萨聆听真实心声，救人于苦难之中"。

"超凡入圣"，意为"引导人超脱俗世，进入圣境"。

"即心即佛"，意为"心如何，佛便如何"。你的内心，即你最本质的内核，便是佛本身。你就是佛。这一思想可能来源于上世纪欧洲哲学。[1]

"云扶石"，意为"云朵支撑着石头"。这是一个悖论。云海间蕴藏着佛法之雨，这佛法是如此强大，它支撑起所有尘世之物，即便敦重如磐石，亦不在话下。可当云雾四起，岩石看起来似乎是被托放在周围缭绕的雾气上时，这一描述又极为贴切。

"海上仙山"，意为"大海之上有一座仙人之山"。

"山高日升"，意为"旭日最先升起在山巅之上"。若你已努力攀上知识之峰，便可看见佛法的天空。

"当来成佛"，意为"若你来得恰是时候，佛为你而现身"[2]。

"慈渡汪洋"，意为"慈悲良善带你渡过无边海洋"。

"因心见相"，意为"你的所见皆依据你的内心而来"。寺院入口处的照壁、大殿中观音坐像身后大光相中的明镜等物件设置，均反映出这一铭文思想。你已做好准备，便能看到完满与神圣境界。

"渐入佳境"，意为"一级又一级，你终将到达最高点"。这又是一个双关。人们便是这样登上佛顶山山顶，到达灯塔，也即圣境。

与寺院建筑中的铭文一样，所有这些石刻铭文都以一种极为优美巧妙的方式，将人同自然、宗教联系在一起。秀美的山脉、峥嵘的高峰、壮丽的自然、磅礴的晴空与静谧的夜幕，还有佛教以及古老传统的中国思想，这一切汇集在一起，点燃了灿烂的思想之光，造就了绝妙的诗意表达。这其中最常见的是对于普陀海中之岛这一地理位置的描述。至于人

1　"即心即佛"是中国佛教流传甚广的开悟名句，在唐代马祖道一语录中已见记载，和作者所言"上世纪欧洲哲学"无关，盖作者谬之。——编注

2　"当来成佛"通常指"来世当得作佛"之意，与作者所言"来得恰是时候"无关，盖作者谬之。——编注

图 208. 舟山群岛

们在铭文中最爱表达的思想与情感，则是颂扬观音驾着小舟，救万物于苦海，容其栖身小舟之上，安然渡过巨浪滔天的汪洋。普陀突兀地深嵌于波澜壮阔的中国海之中，恰如传说中的观音之舟。结合这一特殊的地理位置，对观音慈航渡人的赞颂与这座海岛便是再契合不过。

慈悲之舟

一叶单薄的小船
驶离港湾安全的怀抱
背后是安宁平和，前方有风雨喧嚣
它曾酣眠于美梦之中

天空护佑着你，你这小船
在汪洋恐怖的浩渺之间
死亡飞奔在黑色风暴中
没有星辰指引你前往终点

黑暗来袭，分崩离析
小船狂舞在浪涛之上
船员在漆黑夜幕中
被生命之忧扼住咽喉

他对着死神祈祷
看啊，在这千钧一发之际

慈悲之舟向他靠近
舟中是救苦救难的观音菩萨

她用温柔的手握住船员
小船沉没，葬入海水墓场
慈悲之舟则带着他
安全抵达永恒的彼岸故土

第七章　返乡

目　　录

日记节选

周五，1月17日

在普陀的最后一个早晨！无情的时间推着我一直往前。阳光灿烂，碧空中漂浮着几缕白云，好天气似是也在同我告别。虽然万分不舍，但我不得不决定启程。在这里的工作已基本完成，辽阔中国还有其他任务等待着我。所以，我要离开这座美丽而幸福的小岛，这座给予我机会、使我深入了解中国人艺术情感与宗教情感的小岛。

翻译、随从以及挑夫带着行李已先行出发，我在寺院用了米蔬午餐。临行我在寺院同一众僧人以及那位麻脸矮个子朋友道别，在登船途中也同其他人一一作别。慢慢地，这座我停留了近三周之久的宁静寺院离我越来越远。下午时分，虽然东面的高山已暂时遮挡住太阳，可天仍然很热。我时不时回头看向寺院，它安静地坐落在暗色密林中央的山谷之中，遗世独立，不受打扰。那黄色的巨大屋顶探出树梢，明亮而骄傲，如一盏长明灯，从底下映照着白色灯塔。我再一次深切感受到自然与宗教的和谐统一。

一路上，我经过一个个起伏柔缓的山谷、向东延伸渐成陡峭悬崖的山脊、数不清的寺院和指向更偏处寺院的铭文石刻。我还路过一条小巷，巷中的店铺向虔诚的香客出售相关进香物件。位于普陀南端的前寺门口开凿有莲池，池塘中央低矮的石桥上修建有一座样式简单的凉亭。我走过莲花池，又越过一处小丘——小岛内部的风景已离我远去，我只能望见外围的几座小寺，提醒着我不要忘记这处重要的宗教圣地。在我来时，它们为我奏响神圣与艺术的序曲。此刻，它们却是这部名为"普陀"交响乐的终章。

普陀西南侧险峻的崖壁间显露出众多屋舍来。那里的山崖间辟有一处平台，其上建有一座大型寺院，寺院众多的房屋建筑便分布于这一面崖壁之上。建筑群下方还有一座供香客歇脚的休息室，内有成排的石制长椅及若干佛经铭文。船只登陆处附近用简易的木制脚手架搭起了一座灯塔，它在黑夜中为香客指亮了上山的道路。不过，它只是起到一个抛砖引玉的作用，它的光亮会最终将人们引向佛顶山顶峰处的大型灯塔。这个庞然大物屹立于海岛最高峰，被视为不朽的佛光，象征着观音菩萨那如春风化雨般静静滋润人间的永恒恩泽。上涨的海水冲刷着简易的石制防波堤，坝体一半已被海水淹没。堤坝尽头停着一条桨划小舢板。一分钟之后，它载着我接驳至附近那艘随着微波轻轻起伏的中式大型游轮边上。刚登上游轮，船员便吊起船锚，扬起风帆。强劲的南风绑架着我，瞬间远离了这座可爱的小岛。坚固的甲板之下是宽敞的内舱，我们的大量行李就堆放在那里。与我同行的三位中国人也蹲坐在舱内：翻译、随从，还有一位法雨寺僧人。这位僧人随我一起前往宁波，以取回我投宿寺中的费用。他们坐在那里，抵御正午近似夏日的炎热过后随之而来的日暮时分的寒意。一名船员坐在巨大的桅杆旁，降下风帆。另一名船员站在船尾，操纵着缆绳，并将其加固，以确保船只在风中艰难前行。第三位船员负责掌控又高又窄的桨舵。在他们的手下，另一张由无数竹制横杆做成的巨大船帆被顺利升起，随着海风灵活转动。游轮借着风力，满帆航行，虽左右摇晃，但一路向前。这艘中式船只如一羽海鸥，逐浪而去。

我回首眺望。那海岸以及岛上的栋栋建筑已模糊了轮廓，但位于海岛中部及北部的远山仍在后方彰显着自己的存在。山谷与沟壑间的深色小林中栖身着座座寺院，它们一直向上延伸至光裸的山头。灰色的暮光中带着一丝青蓝，这缥缈无定的背景色映衬着层峦叠嶂的座座山峰。随着游轮渐行渐远，群山剪影显得愈发暗沉。虽是如此，我仍能看见汹涌浪涛拍打着金黄沙滩与突兀礁石，溅起重重白雪。渐渐地，它们也消失不见，登陆口的小灯塔同样隐入灰暗之中，只有最高峰的灯塔亮着白光，伴随我们继续前行。我们此行的目的地是沈家门，它位于正对普陀的一座大型岛屿的东南角，是舟山群岛东部的重要港口。它是前往宁波的汽轮航线的终点，同时也是前往中国台湾、中国南部甚至日本的航线的起点，每天有数不清的船只从沈家门出发。我之前经常看见长长的船队从普陀启程，途经沈家门，继而一路往东，消失在海天之交。此刻，我便身处这船队之中，看着无数船只借着风力，静默地从我脚下的这艘游轮旁驶过。这其中有搭载游客的小型快速帆船，有满载物品、时不时升起三角帆布的较大型双桨船，甚至还有一艘吃水量极大的满负荷大型高尾三桨船。这艘船就像我们欧洲引以为豪的大航海时代的战舰，但其样式更美观、轻捷。

这片海域四周几乎都有岛屿包围，所以它给人一种内陆湖的错觉。海面中央孤零零地耸起一个低矮岛礁，人们给它安上了一个白色三角锥，以此告诫来往船只注意避让这一危险区域，同时也引导船只由此做入港准备。我们的游轮绕过这座岩石堆积而成的尖顶岛礁，进入沈家门港口。绕行时，我看到岛礁上停放着一条小船。事实上，沈家门只是一个200至300米宽、3海里长的海湾，同一条河流几乎没什么区别。不过，虽然外部洋流运动极为激烈，但此处却风平浪静，是船只绝佳的下锚之地。紧挨着岛屿最高处背后——或许可以说是岬角背后——有一处夹在丘陵之间、面向水域开口的开阔深谷。几乎水平的上山脊线将山体切成一个个半弧形状，一面面起伏缓和的山坡相互挤压、有序排列。两坡相交处形成的一个个平缓洼地向下方位于正中的沙滩倾斜延伸，由此汇聚成一处平坦盆地。盆地紧贴着海滩处坐落有一个村庄。这种地形像极了半张莲叶，它同样有着独特的边缘轮廓、粗壮饱满的脉络以及那向下深深凹陷的中间点。中国人喜欢以自己的想象力去诠释自然景象，该村庄因此得名为"莲叶港"。宝贵如珍珠般的露水晶莹闪耀在莲叶根茎之中，好似由神祇手中降下的超自然馈赠，赋予叶子以跃动的生命力以及神秘的光彩。此处这座幸运的村庄便如那颗象征完满的珍珠，坐落在由岩石组成的莲叶中央，始终赋予村民关于莲间珍宝、佛祖以及救世渡人的记忆与信仰。

几分钟后，我们的游轮夹在庞大的船队中间，抵达了沈家门。暮色四合，岸上的景象并不能清晰辨认。我们下了游轮，走上小汽轮"会宁号"[1]的船舷。"会宁号"同其他几艘类似的汽轮一起，每日往返于宁波与舟山群岛之间。行李很快被转运上汽轮，甲板上已经收拾出一间宽敞的舱房供我使用。随行的三位中国人则住在甲板下的一个简易小房间中。从现在起到明早启程之时，这艘汽轮便只属于我一人拥有。我可以在这又长又宽的甲板上从船头走至船尾，其间不受任何人的打扰。在中国，很多时候我都有类似今天的感觉，觉得一切都属于我，一切皆能为我所独享——就好比此刻，我似乎正在自己的私人游艇之上。

夜色沉醉。山鞍那一侧，落日刚释放完最后一抹热烈的红霞，饱满的婵娟已安静却不容抗拒

1　Hui ning，音译。——译注

地升上夜空，闪烁着柔和银光。四周座座岛屿上那些或远或近的山峰，不规则地环拥着状似凹盆的港口及毗邻的海湾。而那皎洁的月光，盛满了这个盆子，甚至还盈溢在外。近处的四周景象变得清晰起来。对比之下，远处的海岸、群山以及隐在亮着灯火的庞大船队背后的停泊点显得愈发模糊。停泊点附近那些低矮昏暗的房屋亮起灯光，隐隐有劳动、交谈等喧嚣嘈杂之声从那里传来。那是终日忙碌、永不停息的一群人。轻歌、奏乐、大笑、交谈、寺院锣鼓低沉的鸣响，同夏日夜晚每一个中国城市所独有的乐章一样，这声音有着难以用言语描绘的和谐美妙，它蕴含着东方与中国文明的精髓，表达着劳动的明快、生活的无忧，还有那纯粹的欢乐与满足。其间爆竹劈啪作响，焰火腾空而起，光芒在某些刹那将万物照亮。每逢满月，人们便要这般庆祝一番，因为对这座岛上的船员而言，月亮是他们特殊的密友与伴侣。在山峦投下的阴影之中，一支由灯笼与烛火组成的长长队伍始终变化着队形，从高处山脊走下来，如一条大蛇向着山谷、向着村庄缓缓移动。这是前往海神娘娘庙朝拜的队伍，他们要对娘娘表示感谢，同时祈求她继续降下恩泽。村子里还有另外一支队伍举着烛火，出发前往同一个目的地，一路上礼炮、小号、烟花爆竹声不断。

之前时不时为月亮蒙上面纱的零星白云已亲密相连，它们的前方常有阴沉的大团乌云飘过，继而投下大面积的阴影。下方几乎林静风息，可头顶上那些云团却悄无声息地快速游荡，它们攀上南方的远山之巅，接着又消失在近处的北侧山脊之后。浩大空间中，它们来来去去，永不停息，可这其中只有少数能向上、向前超脱自身，展现出锐意进取的姿态，从而成为那个一往无前、统一整体的一分子。

中国人将艺术同自己的宗教信仰及对自然的喜爱紧密联系在一起。在个体主义及割裂趋势成主流的当前，具有整体统一性的中国文化成为令人惊艳的孤独存在。面对取得压倒性优势的所谓"欧洲进步力量"，面对大举入侵的坚船利炮和外来思想，中国人那深刻的自然哲思还能存留多久？中国艺术与中国文化又能存留多久？我们会"夺走"中国人的哪些精神内涵，又会"给予"他们哪些外在形式？他们之后会为自己塑造出何种"全新"的人生观、哲学观、宗教信仰和艺术理念？这所有的一切，连我们这些自诩的"施与者"自己都还未能踏实而完整地拥有。为了给冷冰冰的所谓"进步"让路，以创造一个新的理想未来，那些古老珍贵之事物不得不陨落湮灭，这是何等残酷。我们只能悲哀地保留最后一丝希望，希望着这些旧废墟在新建筑的建造过程中能多少有些保留，从而不至于完全丢失不见。

如果人们以要求单独个体的标准要求一个民族，将是否具备充满艺术性的完整世界观、统一的思维与创造能力、统一的感知与生活能力视为其文化水平高低的衡量标准，那么可以说，崇高的文化整体性之光芒仍在中国闪耀，这轮红日仍悬于最高点。但同时，它已因"进步"的乌云遮蔽而显出黯淡之势。那所谓的"进步"，给这个民族带去了大量新事物，却也掠走了他们的灵魂。当遥远的未来出现一个新的理想文化，并最终得以实现，那么彼时的人们便会将如今这个时代看作是一段败落的文明，一如我们现在对埃及、巴比伦、希腊及墨西哥文明所持的态度。希望我们这些生活于今日的人们能够意识到，我们还有机会去研究何为真正的文化，这个文化今天还留存于世，而明天将不复存在，因为它之后会被我们毁灭。

云团散去，只留单独飘荡的云朵，夜空终于全部被月光星辉所照亮。在明亮月华的笼罩之下，星星尽情舒展着自己的光芒，即使在远处暗蓝的地平线上仍能看到它们闪亮的存在。风完全停息，夜微暖，月光之下甚至还有些燥热。在神秘月光的怀抱中，万物如沉睡般静止不动。

从村庄传来的喧嚣小了下来，虽未完全停止，但也只是一种混合了各种声音的轻微骚动，展示了深夜中的一些生活景象。甲板上的计时沙漏定时发出尖锐声响，一些晚班轮船悄无声息地驶入港口，寻找下锚点。村中与船上的灯火逐渐熄灭，只留少数几盏，宁静笼罩了这个平和的岛间海湾。

周六，1月18日

清晨时分，月亮仍散发着光华，挂在西天没有消失。而此时，太阳已从东山背后闪出红霞。不久，旭日便带着壮丽的光辉冉冉升起。六点刚过，第一批中国乘客来到船上。在往后的几处线路停靠点，上船的中国人越来越多。他们穿着厚重的衣服，带着数不清的篮子、行李，几乎占满了整个甲板。七点不到，船只异常准时地驶离狭窄的锚地。天气一大早便较温暖，上午时分更是近乎炎热。空中没有风，只有船只航行时带起的一丝气流波动才能让人享受些许清凉。我差不多时刻在舱外待着。我的客舱几乎被行李塞满了，它原本是供中国人使用的公共休息区。船费原本需要75分，而我因此只需支付50分。一开始没人敢走进舱来，最后有人带了个头，立马就有好多人跟着进来。里面到处蹲坐着心满意足的中国人，他们相互交谈，放声大笑，抽着烟吃着东西。过了一会儿，一桌丰盛的饭菜上来，供我的翻译、随从还有那同我前往宁波取钱的寺院采购僧人食用。这桌饭钱包含在我之前多付的船费里面。甲板上的货物多是装在篮子里的公鸡母鸡，其中还有些新鲜的鱼干。

在热情的骄阳与湛蓝的天空之下穿越生机盎然的舟山群岛，这堪称为一次美妙的旅程。右侧是群岛行政城市定海所在的大岛，左侧则是不断变化着的大小岛屿、礁石、如湖一般的圆形海湾、狭长的小河道。从这些河道中奔涌而来的水流常常来势强劲，小小的"会宁号"几乎就要侧翻。我时不时地望向翻着浪头的大海。岸上有村庄城市、光裸的岩石、成片的树林、一座座寺院，还有那被整齐划分的梯田，田中大多种着修剪成圆形的茶树。一片片梯田成排成列，黄色、绿色、棕色相互交替，色彩缤纷。大大小小的中式帆船、货轮、客轮、帆船以及桨划船，让海面显得生机勃勃。我们小船的甲板上负载过重，每一次大幅度转向时，它便往一侧严重倾斜，摇晃得让人心惊肉跳。于是船长便大声责骂，抱怨甲板上挤了太多人。不过，他也并没有用他的身份，把人往下面赶。中国人不喜欢发号施令，他们相信万事都会自己走上正轨——而现实情况也还不错。在驶入河道前夕，我们的小船碰上了一艘外形优美、正要起航的白色海关巡航舰，两船相互鸣笛三声，以示问候。我们驶过河口旁亘古不变的礁石与群山，在镇海港停留了较长一段时间。同第一段旅程的两个停靠点一样，这个港口充满着热火朝天的勃勃生机。借着涨潮，船只快速航行，沿途有绵延数公里之长的冰室。远处地平线上出现了突兀的山脉，那是环抱宁波的山脉。下午两点，小船停靠在宁波的码头栈桥旁。三周前，我们正是从这里出发，前去拜访那座供奉着大慈大悲观音菩萨的圣岛。

全书终

法

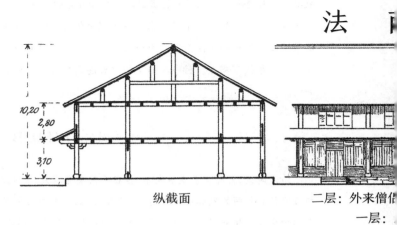

纵截面

二层：外来僧侣

一层：

29-1: 五

景观

29-2: 云水堂（外来僧侣居所）

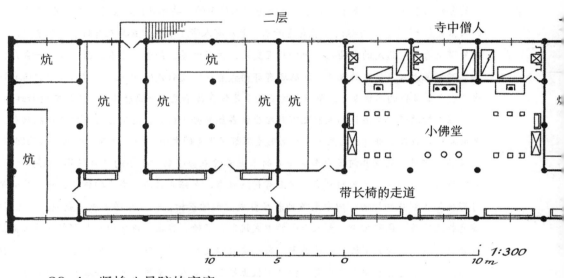

二层

寺中僧人

炕　炕　炕　炕　炕　炕

炕

小佛堂

带长椅的走道

1:300
10　　5　　0　　10 m

29-4：紧挨八号院的客房

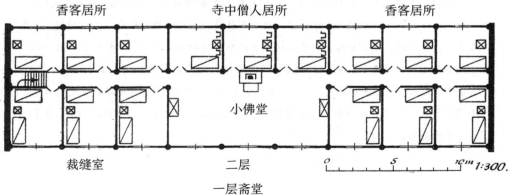

香客居所　　　寺中僧人居所　　　香客居所

小佛堂

裁缝室　　　　二层

一层斋堂

0　　5　　10m 1:300.

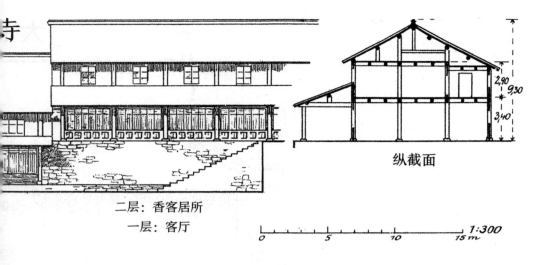

纵截面

二层：香客居所

一层：客厅

0　　　5　　　10　　　15 m　　1:300

29-3：客厅

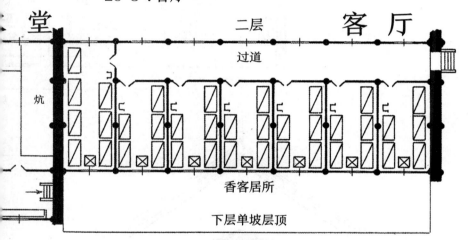

二层　　　　客　厅

过道

炕

香客居所

下层单坡层顶

下一层：殿厅与居所

附图 29—1 至 29—3. 五号院西侧建筑——云水堂

附图 29—4. 客厅、斋堂楼上的房间

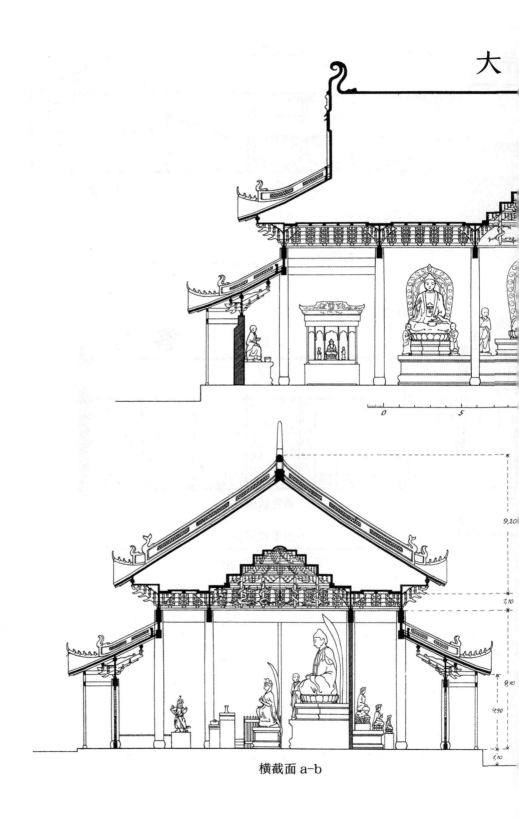

0   5

9,20

1,10

9,10

4,90

1,10

横截面 a-b

殿

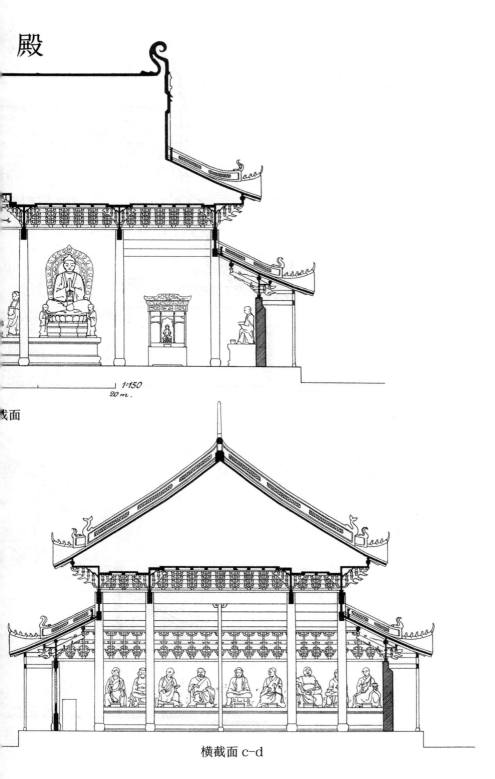

1:150
20 m.

截面

横截面 c-d

附图 30. 相应文字参见第三章第 6 节
建筑平面图，神祇 塑像名称参见图 84

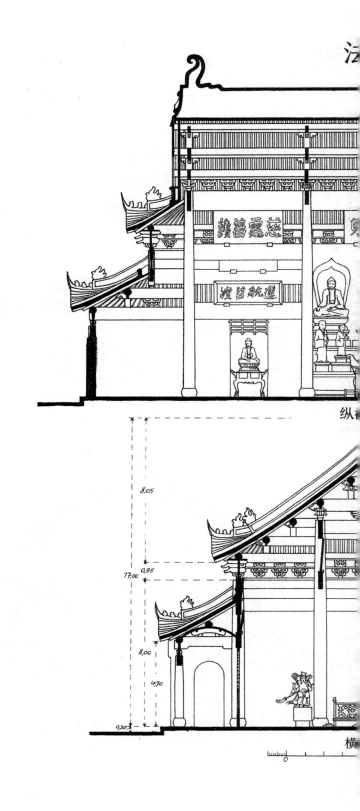

法

慈雲普護

慈航普渡

纵

8,05

17,00   0,95

8,00

4,70

0,30

横

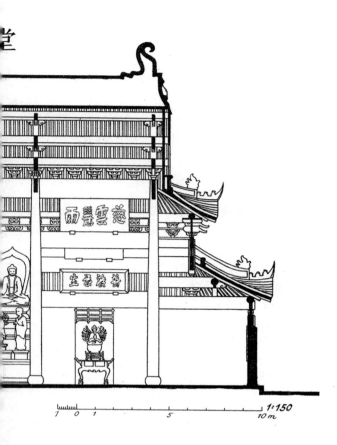

慈雲慧雨

得潇洒出尘

1:150

10 m

1:150

10 m

附图 31. 相应文字参见第三章第 9 节

建筑平面图参见图 116，神祇塑像名称参见图 119

参考文献

在此仅列出本人拜读过，且从中获益良多的文献资料。其他相关文章请参阅 Cordier: Bibliotheca Sinica, Vol.I. p.255。

1. Annales du Musée Guimet, XI, S.178—200. 关于观音极为详细的介绍。

2. Butler: Pootoo ancient and modern. A lecture, delivered before the Ningpo—Book—Club.　Chinese Recorder, vol. X, 1879, pp.108/124.

3. Edkins:Chinese Buddhism, pp.259—267.

4. Franke: Die heilige Insel P'u t'o. Globus 1893, Nr.8.

5. M. Huc: L'empire Chinois, Tome II, Ch. 6, pp.210—218.

6. Krieger: Putu, Chinas heilige Insel. Koloniale Rundschau 1909, Heft 12, S.762—770.

7. v. Richthofen: Tagebücher aus China, Band I, S.46—49.

8. 古今图书集成 [1]——皇家大百科全书，山水卷，皇家民族学博物馆馆藏。

1　德文原书中的附录写为《图书集成》，根据作者引用内容的推断，应为清康熙年间的《古今图书集成》。——编注